V.A.G
Handbuch
KÄFER

Dieter K. Franke

V.A.G Handbuch KÄFER

Do it yourself
Wartung und Reparatur
ab Modelljahr 1970

In Zusammenarbeit mit dem
ADAC Verlag

Gesamtherstellung: Sulzberg-Druck GmbH, 8961 Sulzberg im Allgäu

Printed in Germany

V.A.G Bestell-Nr. 000.5181.01.00

ISBN 3-87003-200-6

Inhalt

Der Käfer

Zu den beliebtesten, erfolgreichsten und markantesten Automobilen, die jemals gebaut wurden, gehört der Käfer, der deutsche »Volkswagen« im wahrsten Sinne des Wortes. Auch wenn Karosserie und Fahrwerk dieser genialen Konstruktion bis heute ständig den steigenden Ansprüchen angepaßt wurden, büßte er niemals seine ursprüngliche Originalität ein.

Entsprechend viele Superlative sind aus seiner langen Geschichte bekannt, ob es sich nun beispielsweise um den Produktions-Weltrekord von 1972 handelt, um die Durchquerung der Straße von Messina durch einen umgebauten VW 1200 im Juni 1964 oder um die Exporterfolge: Der Käfer, in fast allen Ländern der Welt zu Hause, wurde auch in den USA, dem klassischen Land des Automobils, zu einem Synonym für Sparsamkeit, Zuverlässigkeit und Qualität.

Wie die Werbung für den Käfer jahrelang Vorbild für Texter und Designer war, so regte er selbst immer wieder zum Gestalten an: Neben den zahllosen nützlichen oder phantasievollen privaten Umbauten werden Motor und Fahrwerk bis heute von vielen Karosseriebauern für exklusive Kleinserien bevorzugt.

So ist dieses Auto längst weltweit zur Legende geworden, und trotzdem werden noch heute in Mexico täglich 300 Käfer gebaut und in viele Länder, darunter auch die Bundesrepublik Deutschland, exportiert.

Die folgenden Daten sollen einen kurzen Überblick über die Geschichte des Käfers von 1934 bis 1981 geben.

1934 Am 17. Januar überreicht Dr. Ing. h. c. Ferdinand Porsche dem Reichsverkehrsministerium sein »Exposé, betreffend den Bau eines deutschen Volkswagens«, mit den damals fast illusionär anmutenden konkreten Anforderungen an ein solches Auto. Es heißt hierin u. a.: »Ein Volkswagen darf kein Kleinwagen ... sein, sondern vielmehr ein Gebrauchswagen mit normalen Abmessungen, aber verhältnismäßig geringem Gewicht, was durch grundlegend neue Maßnahmen zu erzielen wäre. ... Ein Volkswagen darf nicht mit komplizierten Einrichtungen versehen sein, die eine erhöhte Wartung erheischen, sondern vielmehr ein Fahrzeug mit möglichst narrensicheren Einrichtungen, die jede Wartung auf ein Mindestmaß herunterdrücken.«

1938 Nach gründlicher Erprobung mehrerer Prototypen ist der Volkswagen Anfang 1938 in seiner endgültigen Form fertig. Der Verkaufspreis soll 990 Reichsmark betragen. In demselben Jahr wird Dr. Porsche mit der Gesamtplanung des Volkswagenwerks betraut, für das der Grundstein am 26. Mai gelegt wird. Zugleich beginnt der Aufbau der »Stadt des KdF-Wagens«.

1940–1945 Während des Krieges werden 630 Volkswagen, etwa 52 000 Kübelwagen und 14 276 kleine Schwimmwagen gebaut. Durch Luftangriffe werden etwa zwei Drittel der Werksanlagen zerstört. Die Kriegsschäden belaufen sich auf 156 Millionen Reichsmark.

1945 Am 25. Mai erhält die Volkswagenstadt den Namen »Wolfsburg«. Am 17. September erteilt die britische Militärregierung einen Auftrag über den Bau von 20 000 Volkswagen.

1948 Am 1. Januar wird Dipl.-Ing. Heinrich Nordhoff Geschäftsführer. In diesem Jahr werden 19 244 Volkswagen gebaut und hiervon 4464 exportiert, was 23 % der Produktion entspricht und 21 Millionen DM an Devisen einbringt. Die Volkswagen-Produktion beträgt 64,4 % der deutschen Pkw-Herstellung.

1950 Am 4. März wird der 100 000. Volkswagen fertiggestellt. Nach wesentlichen Verbesserungen am Motor kostet der Volkswagen als VW-Standard 5050 DM und als VW-Export mit hydraulischen Bremsen 5700 DM.

1953 Am 3. Juli läuft der 500 000. Volkswagen vom Band. Die Produktion steigt auf jährlich 179 740 und täglich 673 Wagen. 68 745 Fahrzeuge werden exportiert. Der Herstellungsanteil des Käfers an der deutschen Pkw-Produktion beträgt 42,5 %. Am 23. März wird die Volkswagen do Brasil gegründet, die sich zur bedeutendsten ausländischen Tochtergesellschaft entwickelt.

1955 Am 5. August wird der 1 000 000. Volkswagen fertiggestellt.

1958 Im Werk Kassel beginnt die Aggregataufbereitung, im Werk Hannover die Motorenproduktion. Seit 1948 wurden 250000 Austauschmotoren fertiggestellt.

1960 Bis zum 15. Juni wurden 500000 Volkswagen in die USA exportiert. In Brasilien läuft der 10000. Pkw vom Band.

1963 Die Tagesproduktion kann durch eine vollautomatische Straße für den Zusammenbau von Käfer-Karosserien erheblich gesteigert werden. In der Bundesrepublik wird die 1000. Vertragswerkstatt eröffnet.

1964 Das Montagewerk Emden wird für den ständig wachsenden Übersee-Export gegründet, ebenso die Volkswagen Mexico S.A. de C.V., die Volkswagen aus möglichst vielen Teilen aus eigener Produktion unter Beibehaltung des deutschen Qualitätsniveaus und des günstigen Preises bauen soll.

1966 Da die Beliebtheit des Käfers in den USA immer noch wächst, wird für das Programm »See Europe by Volkswagen« ein Auslieferungsprogramm für Touristen aus Übersee in Wolfsburg gebaut.

1967 Der Käfer erhält die neue Sicherheitslenksäule und eine Zweikreisbremsanlage. Außerdem wird erstmals ein halbautomatisches Getriebe angeboten. In Brasilien verläßt bereits der 500000. Volkswagen die Endmontage.

1971 Der 5000000. Volkswagen wird nach den USA verschifft.

1972 Am 17. Februar wird der Käfer Weltmeister mit dem 15007034. Käfer, womit der bisherige Produktionsrekord des Ford T-Modells übertroffen ist.

1974 Der letzte in Wolfsburg gebaute Käfer verläßt am 1. Juli die Endmontage. Bei der Firma Karmann in Osnabrück wurden bisher 250000 Käfer-Cabrios gebaut, auch dies ein Weltrekord.

1981 In Mexico läuft der 20000000. Käfer vom Band.

Einführung

Voraussetzungen für Eigenleistungen

Do-it-yourself am Auto ist nicht zu verwechseln mit Bastelei oder mit Reparaturversuchen auf Kosten der Sicherheit. Das Hauptproblem ist die fehlende Ausbildung; hier will Ihnen dieses V.A.G-Handbuch helfen. Genau wie der Mechaniker sich in Werkstatt-Unterlagen über eine Reparatur informieren kann, sollten Sie vor dem ersten Handgriff das entsprechende Kapitel dieses Buches studieren und prüfen, ob Ihre eigenen Fähigkeiten ausreichen. Neben der Beschreibung des Arbeitsvorganges finden Sie an wichtigen und kritischen Reparaturstellen besonders gekennzeichnete Praxistips, deren Einhaltung wir für unbedingt erforderlich halten. Das gilt besonders für Arbeiten an der Bremse und der Lenkung.

Das zweite Problem für eigene Reparaturarbeiten ist das fehlende Werkzeug. Auch dazu liefert Ihnen dieses Buch wichtige Informationen. Zunächst genügt eine einfache Werkzeug-Grundausstattung, die Sie dann je nach Umfang der Eigenleistungen ergänzen können.

Ersatzteil-Beschaffung

Trotz vieler Eigenleistungen werden Sie nicht ohne Ihren V.A.G-Betrieb auskommen. Nur hier finden Sie Originalteile in geprüfter Qualität. Es ist schon ein erheblicher Unterschied, ob Sie ein Ersatzteil mit dubioser Herkunft einbauen oder ob dieses Teil die VW-Qualitätskontrolle passiert hat.

Zugegeben, die aufwendige Qualitätssicherung und die umfangreiche Lagerhaltung verteuern die Ersatzteile. Durch längere Lebensdauer wird jedoch ein möglicher Mehrpreis schnell wieder hereingeholt.

Praxistip

- Wir empfehlen, nur Originalteile zu verwenden; denn beim Kauf von Originalteilen im V.A.G-Betrieb haben Sie Gewißheit in bezug auf Qualität und Paßgenauigkeit. Bei Ersatzteilen von anderen Herstellern ist in der Regel eine entsprechende Beurteilung durch den Käufer nicht möglich.

- Erkundigen Sie sich, ob es für das defekte Teil ein Original-Austauschteil gibt. Original-Volkswagen-Austauschteile sind genauso gut wie fabrikneue Originalteile, aber erheblich billiger. Sie müssen jedoch beim Kauf das alte Teil zurückgeben.

- Bei Ihrem V.A.G-Betrieb gibt es gegen eine geringe Schutzgebühr sogenannte »Bildkataloge«, in denen die Zusammengehörigkeit aller Teile im Fahrzeug in Form von Explosionszeichnungen dargestellt ist, was Ihnen für den Ein- und Ausbau sehr nützlich sein kann.

- Notieren Sie vor Beginn der Reparaturen den benötigten Ersatzteil-Umfang genau. Sie ersparen sich damit unnötige Wege. Eventuell sollte man sogar die zu reparierende Baugruppe teilweise demontieren und zum Vergleich mitnehmen.

- Der V.A.G-Lagerist benötigt für eine exakte Bestimmung des Ersatzteiles meistens die Fahrgestell- und Motornummer, bei Reparaturen an der Scheibenbremse sogar den Namen des Bremssattelherstellers.

- Haben Sie Ersatzteile eingekauft und erkennen Sie, daß die Reparatur Ihre Fähigkeiten überschreitet, beginnen Sie nicht erst mit der Demontage, sondern liefern Sie Ihr Fahrzeug zusammen mit den Ersatzteilen beim V.A.G-Betrieb ab und lassen Sie die Reparatur dort ausführen.

Hierzu ein Beispiel:

Scheibenbremsbeläge werden heute vielfach schon im Verbrauchermarkt angeboten. Es ist keine Frage, daß Sie diese Teile auch für den Käfer passend erhalten. Passend heißt aber nur, daß die äußeren Baumaße stimmen; zur Qualität eines Bremsbelags gehört jedoch wesentlich mehr: Da wäre zu prüfen, ob der Belag die richtige Härte hat, das heißt, ob die Reibwerte stimmen, um die vom Gesetzgeber vorgeschriebene Mindestverzögerung zu erhalten. Sind die Beläge zu weich, verschleißen sie zu schnell; sind sie zu hart, läßt sich das Fahrzeug schlecht abbremsen, und die Bremsscheiben werden zerstört.

Die Fahrt zum V.A.G-Betrieb werden Sie ohnehin antreten müssen; denn bei jeder Reparatur braucht man Kleinteile, die Ihr Verbrauchermarkt sicher nicht auf Lager hält.

Achtung: Nachzutragen ist noch, daß viele Teile Ihres Autos, zum Beispiel die Auspuffanlage, bauartgeprüft und genehmigt sein müssen. Unseriöse Anbieter von Ersatzteilen sparen sich diese Prüfungen und können deshalb Teile preiswerter verkaufen. Für Sie als betroffenen Autofahrer ist der Einbau besonders peinlich, weil durch die Montage dieser Teile die Betriebserlaubnis erlischt.

Wirtschaftlichkeit von Eigenreparaturen

Auf keinen Fall wollen wir Ihnen Do-it-yourself um jeden Preis und für jede Reparatur empfehlen. Auch für den Hobbybereich gibt es eine Wirtschaftlichkeitsberechnung.

Dazu ein Beispiel aus der Praxis:

Sie benötigen einen Austausch-Komplettmotor für Ihren Käfer. Es ist durchaus möglich, diesen Motor in Eigenleistung einzubauen.

Schließlich ist das Aggregat, von den Bedienteilen und der Stromversorgung abgesehen, nur mit vier Schrauben befestigt. Der Motor kostet in der 44 PS-Ausführung rund DM 1700,–. Als Arbeitszeit fallen in der Werkstatt etwas mehr als eineinhalb Stunden an.

Wenn Sie diese Arbeitszeit mit einem mittleren Werkstatt-Stundensatz von DM 50,– multiplizieren, ergibt sich eine Einsparung von etwa 1,6 Stunden × DM 50,– = DM 80,– Arbeitslohn.

Praxistip

- In jedem Kapitel finden Sie, soweit möglich oder sinnvoll, eine Zeitangabe für die beschriebenen Arbeiten. Diese Angaben sind nicht identisch mit den V.A.G-Richtwerten, sondern dienen nur als Anhaltspunkt für Sie. Je nach Geschick und Sorgfalt können Sie diese Zeiten erheblich unter- oder überschreiten.
- Der V.A.G-Monteur wird mit Sicherheit schneller arbeiten können, da er nicht nur Routine, sondern auch Spezialwerkzeug besitzt.
- Trotzdem können Sie die Wirtschaftlichkeit Ihrer Reparatur errechnen, wenn Sie die angegebenen Zeiten mit dem Bruttostundensatz Ihrer V.A.G-Werkstatt multiplizieren.

Auf der Ausgabenseite stehen Kosten für einen Rangierwagenheber.

Bei dieser Reparatur riskieren Sie DM 1700,–; denn für den Motor gibt es beim Selbsteinbau natürlich keine Garantie, falls Sie den Motor nicht fachgerecht eingebaut haben. Niemand haftet gern für die Arbeit eines anderen. Die Eigenleistung und das notwendige Universal-Werkzeug haben wir bei unserem Vergleich nicht mitbewertet.

Wegen der geringen Einsparmöglichkeit und vor allem wegen der Gefahr, die Garantie für den Motor zu verlieren, müssen wir von dieser Art Eigenreparatur abraten.

Einsparung	**Ausgaben**	**Risiko**
1,6 Stunden × DM 50,– = DM 80,– Arbeitslohn	Für Wagenheber	DM 1700,– da keine Garantie

Ein anderes Beispiel:

Für das Ersetzen der Auspuffanlage fallen ca. 1,6 Stunden an. Diesen Wert multiplizieren wir wieder mit dem angenommenen Bruttolohn von DM 50,–. Der Do-it-yourselfer erreicht eine beachtliche Einsparung mit geringer Anstrengung und minimalem Werkzeugeinsatz. Das Auswechseln des Auspuffs (rund DM 100,– mit Dichtsatz und Kleinteilen) gilt als recht unproblematisch. Falls Sie etwas falsch machen sollten, hält sich das Risiko in Grenzen.

Einsparung	Ausgaben	Risiko
1,6 Stunden × DM 50,– = DM 80,– Arbeitslohn	Kein Spezialwerkzeug notwendig. Der Original-Auspuff wird nur verschraubt.	Sie riskieren DM 100,–, wobei eine Garantieleistung für die Auspuffanlage kaum vorkommt.

Do-it-yourself und Schwarzarbeit

Wenn Sie Arbeiten an fremden Fahrzeugen ausführen, stellt sich damit auch das Problem der Haftung für mögliche Folgeschäden. Selbst freundliche Nachbarn, die sich immer wieder mit Eigenleistungen unterstützt hatten, sollen sich schon vor Gericht getroffen haben, wenn Fehler bei der Reparatur schwere Schäden verursacht hatten. Beide Parteien sehen nach dem Richterspruch meist nicht gut aus; denn Schwarzarbeit ist strafbar. Dazu gehören übrigens alle Arbeiten, für die entweder Geld bezahlt wird oder irgendwelche Gegenleistungen erbracht werden.

Begnügen Sie sich deshalb mit Arbeiten an Ihrem eigenen Fahrzeug, womit wir nichts gegen Hilfe im Notfall gesagt haben wollen.

Werkzeug und Arbeitsplatz

Neben der fehlenden Ausbildung ist fehlendes Werkzeug der zweite Hindernisgrund für Eigenleistungen. Hier räumt Ihnen aber der Markt viele Chancen ein, relativ günstig an gutes Universal-Werkzeug heranzukommen. Dies gilt auch für elektronische Kleintestgeräte. Wenn früher in Kauf- und Versandhäusern reichlich primitives Werkzeug verkauft wurde, so gilt das heute kaum mehr.

Ihr V.A.G-Betrieb bietet neben Ersatzteilen auch Universal-Werkzeuge an. Wenn Sie sich eine lange Suche nach dem richtigen Werkzeug ersparen wollen, dann ist der Kauf beim V.A.G-Betrieb die richtige Empfehlung.

Bordwerkzeug

In fast allen modernen Fahrzeugen ist das Bordwerkzeug eine absolute Mindestausrüstung und erlaubt meistens nur den Radwechsel und das Auswechseln der Glühlampen.

Werkzeug aus Kauf- und Versandhäusern

Kaufen Sie hier Werkzeug in höherer Preislage, erhalten Sie durchaus gute bis ausreichende Qualität. Vorsicht ist dennoch vonnöten. Nicht jedes Superbillig-Angebot ist tatsächlich kostengünstig. Ausdrücklich warnen möchten wir vor zu umfangreichen Werkzeugsortimenten, wobei Sie für relativ wenig Geld eine Vielzahl von Werkzeugen erwerben. Zum einen ist der Preis-Leistungs-Vergleich bei solchen Sortimenten unmöglich, zum anderen erwerben Sie oft Unnötiges, das Sie dann später gar nicht brauchen. Stellen Sie darum Ihr Werkzeug selbst zusammen.

Qualitäts- und Spezialwerkzeug aus dem Fachhandel

Vornehmlich Fabrikate mit bekannten Namen sind für den Einsatz in Fachwerkstätten, also für dauernde hohe Beanspruchung gefertigt. Diese Einsatzart ist im Hobbybereich auch über viele Jahre hinaus nicht zu erwarten. Trotzdem raten wir Ihnen

Praxistip

- Besorgen Sie sich das notwendige Werkzeug bei Ihrem V.A.G-Händler.
- Bevor Sie Werkzeug einkaufen, sollten Sie unbedingt Preisvergleiche anstellen, besonders Angebote aus Kauf- und Versandhäusern mit dem Angebot des ADAC und des Fachhändlers vergleichen.
- Sinnvoll ist der Einkauf einiger weniger guter Werkzeuge. Die Grundausrüstung läßt sich dann nach Bedarf erweitern.
- Alle Preise in diesem Buch sind Circa-Angaben mit der Preisbasis von Mitte 1982. Es gibt hier regional starke Schwankungen. Auch der Fachhandel kann häufig mit Sonderangeboten aufwarten.

zu einem Besuch bei einem Werkzeughändler kleinerer oder mittlerer Größe. Häufig kann er Ihnen mit einem guten Angebot dienen.

Bestimmte Spezialwerkzeuge, z.B. Abzieher oder Steckschlüsseleinsätze für Innensechskantschrauben bzw. Vielzahnschrauben, erhalten Sie nur in einem Fachbetrieb. Das gleiche gilt für hochwertige Spiralbohrer.

Die Werkstatt aus dem Kofferraum

Universalwerkzeug: Bedenken Sie, daß unsere Werkzeugaufstellung nur eine Empfehlung ist. Sie müssen also nicht unbedingt gleich von Anfang an diese doch erheblichen Anschaffungen machen. Eine Mindestausstattung kostet voraussichtlich knapp DM 300,- inklusive eines einfachen Pocket-Motortesters.

Die jeweils in Klammern angegebenen Bestellnummern und Preise beziehen sich auf das Angebot Ihres V.A.G-Händlers.

Die kleinste Werkstatt ist für Sie der Kofferraum mit einem Werkzeugkasten.

Am langlebigsten ist immer noch eine stabile Stahlblech-Konstruktion, aufklappbar, meist fünfteilig (Z 010 733 TE; ca. DM 41,– ohne Inhalt).

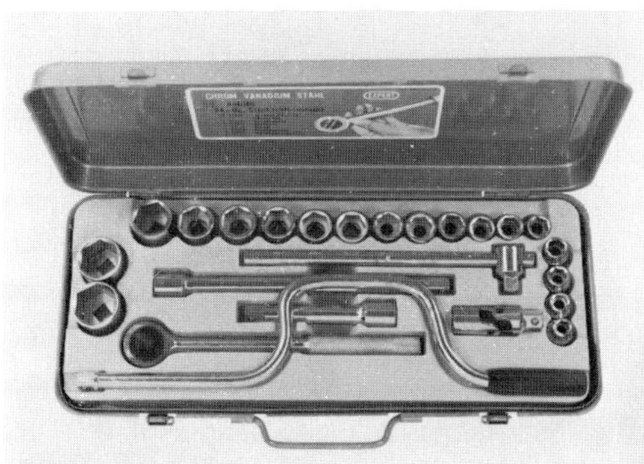

- 1 Satz Ring- und Gabelschlüssel kombiniert, 12teilig (Z 010 701 TE; ca. DM 52,–).
- 1 Satz gekröpfte Ringschlüssel, 12teilig (Z 010 702 TE; ca. DM 83,–).
- 1 Satz Steckschlüssel (gelegentlich auch Nüsse oder Pfeifen genannt) mit Ratsche, Verlängerungen usw. im Blechkasten, $^{1}/_{2}$ Zoll Antrieb (Z 010 703 TE; ca. DM 98,–; siehe Bild).

- Dazu Spezialsteckschlüssel für den Zündkerzenwechsel (Z 010 704 TE; ca. DM 20,–).
- Innensechskant- bzw. Vielzahn-Steckschlüssel, soweit notwendig; ab DM 7,– je Steckschlüssel.

- 3 Schraubendreher für Schlitzschrauben (Schraubenzieher), Klingenbreite ca. 3, 5, 7 mm; nur beste Qualität einkaufen; das Schraubenzieherheft soll möglichst gut in der Hand liegen (Z 010 705 TE; ca. DM 12,–).

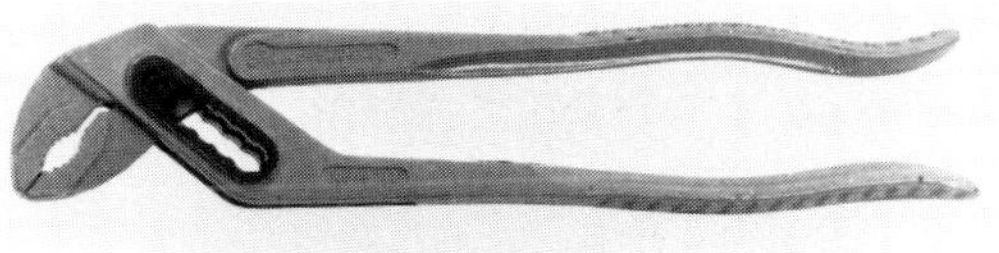

- 1 Wasserpumpen-Rohrzange (kurz WAPU oder Rohrzange genannt) (Z 010 706 TE; ca. DM 19,–; siehe Bild).

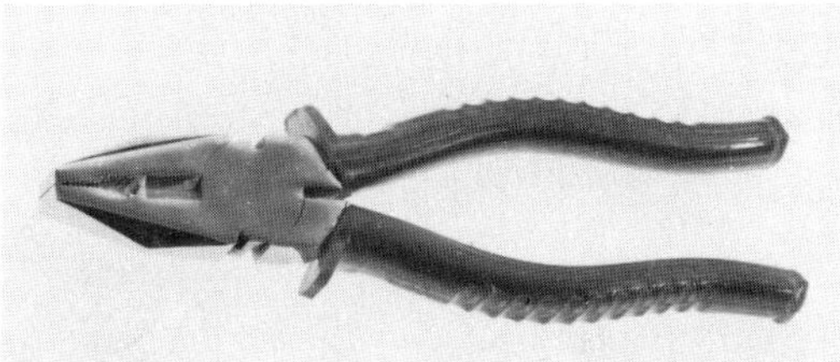

- 1 Kombizange (Z 010 707 TE; ca. DM 12,–; siehe Bild).

- 1 Seitenschneider (Z 010 708 TE; ca. DM 17,–; siehe Bild).

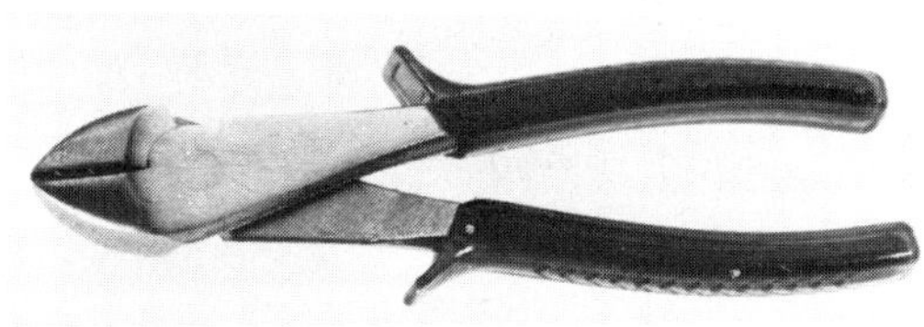

- 1 Popnietzange (Blindnietzange) (Z 010 709 TE; ca. DM 57,–; siehe Bild).

- 1 Quetschzange für Kabel-Abisolierung und Anbringen von Kabelschuhen (Z 010 710 TE; ca. DM 16,–; Bild siehe Seite 30).

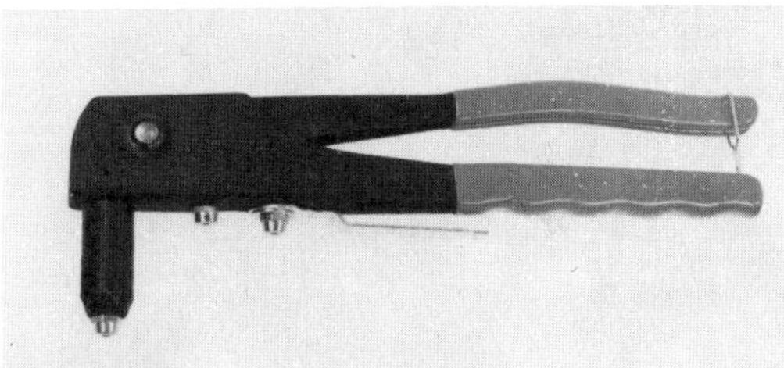

- 1 Schlosserhammer, ca. 300 g (Z 010 711 TE; ca. DM 8,50).

- 1 Schlosserhammer, ca. 800 g (Z 010 712 TE; ca. DM 12,–).

- 1 Gummihammer, mittlere Größe (Z 010 713 TE; ca. DM 9,–; siehe Bild).

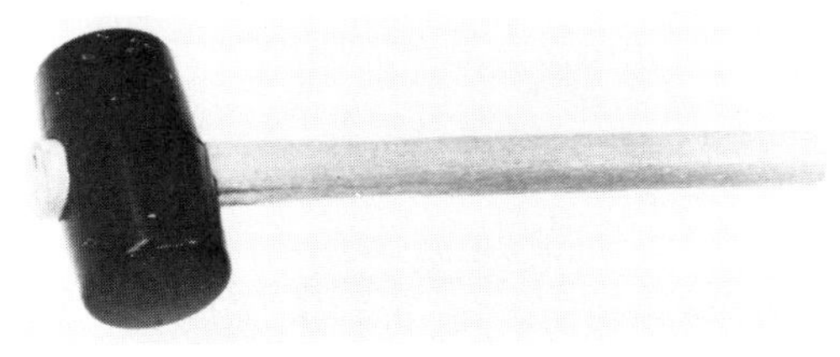

- 1 Körner (Z 010 714 TE; ca. DM 4,–).

- 1 Meißel (Z 010 715 TE; ca. DM 8,–; siehe Bild).

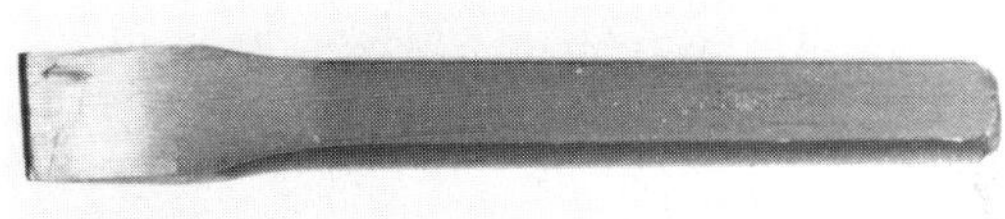

- 3 verschiedene Durchschläge (Z 010 716 TE; ca. DM 10,–).

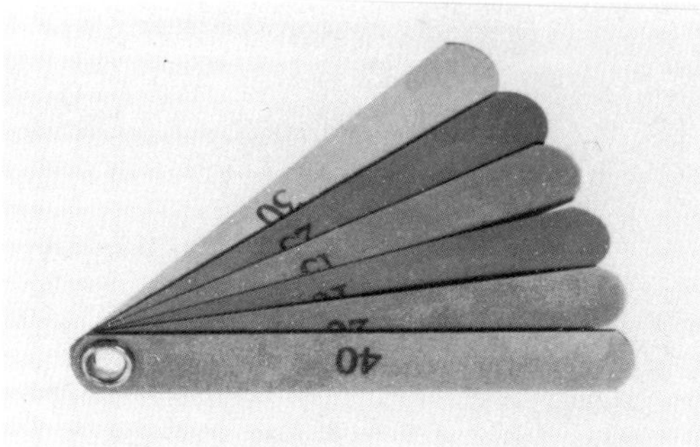

- Je eine Rund- und Halbflachfeile mit feinem Hieb (Z 010 717 TE; ca. DM 22,–).
- 1 Satz Fühlerlehren (Z 010 718 TE; ca. DM 2,30; siehe Bild).
- 1 Radkreuz (Z 010 719 TE; ca. DM 21,–).

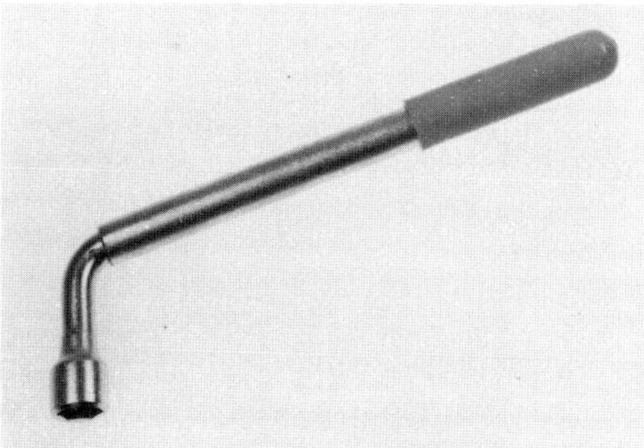

- Oder 1 Spezialschlüssel für den Radwechsel (Z 010 720 TE; ca. DM 19,–; siehe Bild).
- 1 Drehmomentschlüssel mit Torsionsstab (Z 010 721 TE; ca. DM 51,–; Bild siehe Seite 28).

- 1 Hydraulik-Wagenheber, kleinere Ausführung, nicht fahrbar (Z 010 722 TE; ca. DM 34,–; siehe Bild).
- Besser geeignet ist ein fahrbarer Wagenheber mit möglichst großer Hubhöhe (Z 010 723 TE; ca. DM 260,–).
- Dazu mindestens 1 Stützbock (Z 010 732 TE; ca. DM 32,–).
- 1 Handlampe 12 Volt, wenn kein 220 Volt-Stromnetz vorhanden ist (Z 010 724 TE; ca. DM 43,–).
- 1 Prüflampe 12 Volt (Z 010 725 TE; ca. DM 9,–).

Spezialwerkzeug

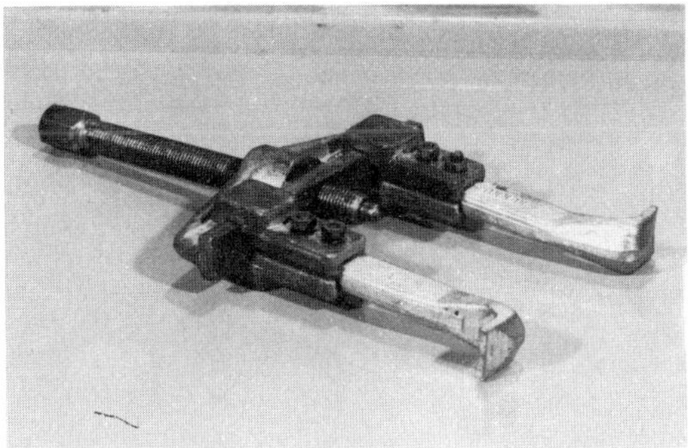

Wenn für die Reparatur Spezialwerkzeug – z. B. ein Abzieher – benötigt wird, wird dies im Text erklärt. Spezialwerkzeuge sind in aller Regel nur im Fachhandel erhältlich und nicht billig. Denken Sie daher an die Wirtschaftlichkeit Ihrer Reparatur.

Sonderwerkzeuge: Sonderwerkzeuge, mit dem die V.A.G-Betriebe arbeiten, sind für einige Reparaturen unbedingt notwendig, z. B. zum Einstellen des Ventilspiels beim 1,5 l- bzw. 1,6 l-Motor. Prüfen Sie auch hier, ob es sinnvoll ist, das Werkzeug zu beschaffen.

Testgeräte: Die moderne Elektronik-Industrie beschert uns erstaunlich preiswerte und präzise Testgeräte im Kleinformat. Ohne diese Tester ist eine Eigenleistung – von Pannenhilfe und Noteinsatz abgesehen – nicht möglich. Deshalb sollte der Kauf des Testers nicht an letzter Stelle Ihres Beschaffungsprogrammes stehen.

- Ein empfehlenswertes Koffergerät liefert z. B. die Fa. Neckermann; es ist der »Auto-Master« für rund DM 190,–; Meßbereiche für Spannung, Strom, Durchgangsprüfung (Ohm), Schließwinkel, Drehzahl und Hochspannung sind vorgesehen (siehe Bild).

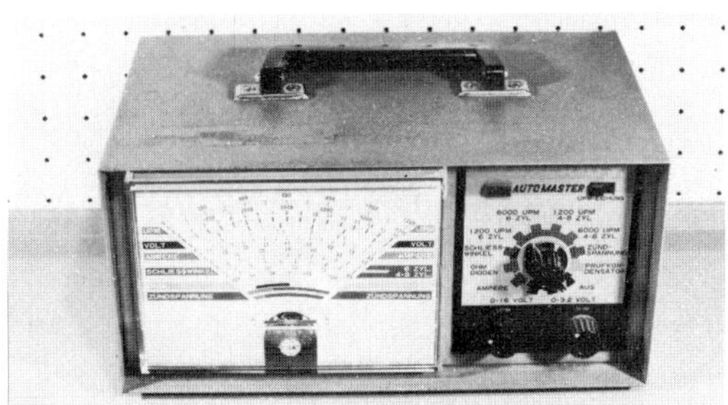

- Neben den Koffergeräten gibt es die Pockettester. Sie sind handlicher, haben aber meist weniger Meßbereiche, z. B. Drehzahl, Durchgangsmessung (Ohm), Schließwinkel und Voltmeter.

- 1 Kompressionsprüfer; ab DM 30,– (siehe Bild).

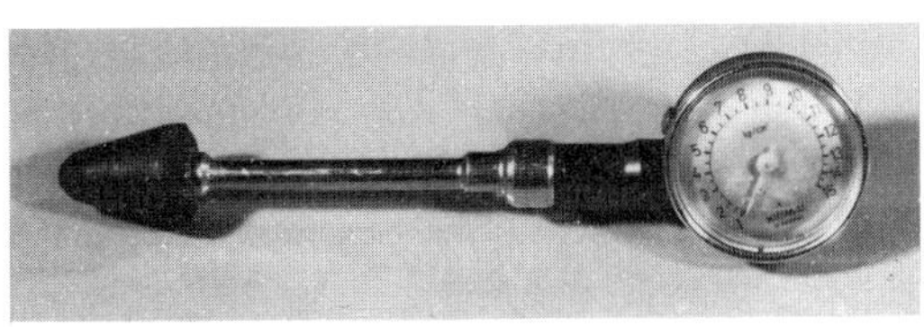

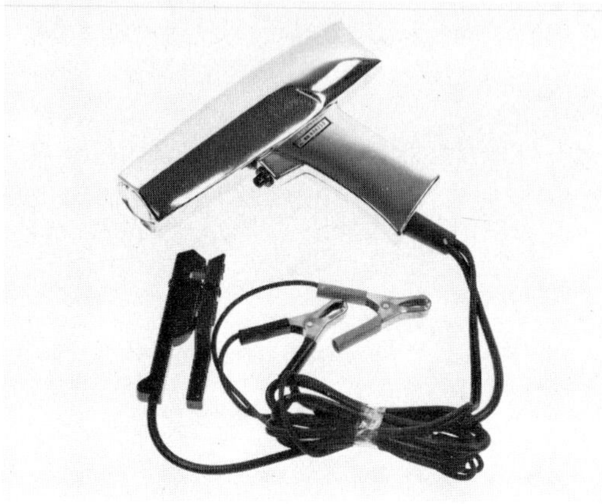

- Zum Motortesten gehört eine Einstellampe für den Zündzeitpunkt. Sie wird an die Klemme 15 der Zündspule angeschlossen und erhält den Impuls von der ersten Zündkerze mit einem Zwischenstecker (Z 010 735 TE; ca. DM 198,–).

- Besser sind Einstellampen mit kapazitivem Abgriff. Dabei wird der Impuls mittels einer Klemmzange von der Zündkerze abgenommen; eine Kabelunterbrechung ist nicht notwendig; ab ca. DM 100,- (siehe Bild).

Die Hobbywerkstatt

Dieses Kapitel ist für Sie nur dann wichtig, wenn Sie über eine eigene Garage bzw. einen eigenen Keller oder Stellplatz neben dem Haus mit Stromanschluß (220 Volt) verfügen.

Ein Schraubstock und eine Werkbank sind die Basis Ihrer Werkstatt; je größer der Schraubstock, um so besser. Ein ausgemusterter fester Schreibtisch ist hervorragend als Werkbank geeignet.

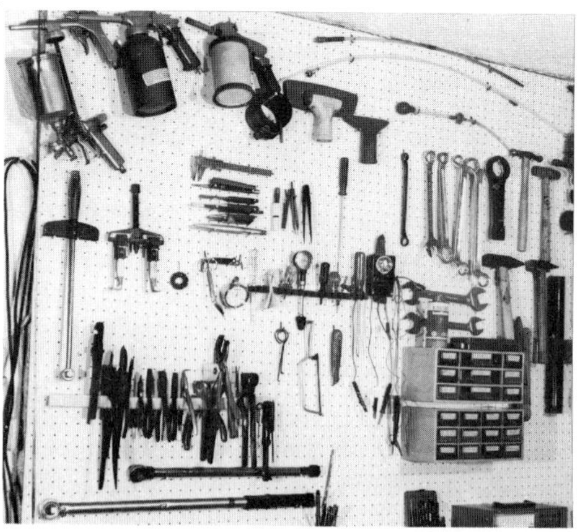

- Das Werkzeug bringen Sie am besten seitlich in der Garage an einer Lochwand an. Solche Lochwände mit Befestigungselementen führt jeder Hobbymarkt. Dazu gehören ein Kleinteilemagazin oder Kunststoff-Sortierkästen.

- Schraubstock, solide Ausführung mit mindestens 100 mm Backenbreite; Befestigung am Tisch mit Schrauben (keine Schraubzwingen; siehe Bild). Stahlgeschmiedete Schraubstöcke sind nahezu unzerstörbar (Z 010 726 TE; ca. DM 225,–).

- Gegossene Schraubstöcke sind schwerer, für den Hobbybereich aber ausreichend (Z 010 727 TE; ca. DM 95,–).

- Ein wichtiges Ausstattungsdetail für jede Kfz-Werkstatt ist die Preßluftversorgung. Kleinkompressoren bis 10 bar Druck und etwa 200 l Luftlieferleistung je Minute sind schon ab DM 700,– erhältlich.

- Preßluft-Ausblaspistole und Reifenfüllgarnitur kosten zusätzlich noch einmal ab DM 70,–.

- Eisensäge (Z 010 728 TE; ca. DM 17,–).

- Sägeblätter; nur beste Qualität kaufen (Z 010 729 TE; ca. DM 3,50).

- Bohrmaschine mit Rechts- und Linkslauf; die Bohrmaschine soll möglichst klein und ohne Schlagbohrwerk sein; eine Leistung von ca. 400 Watt ist ausreichend (Z 010 730 TE; ca. DM 233,–; siehe Bild).

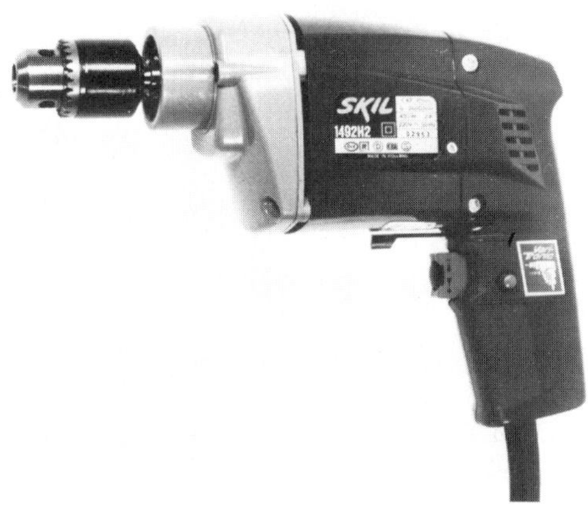

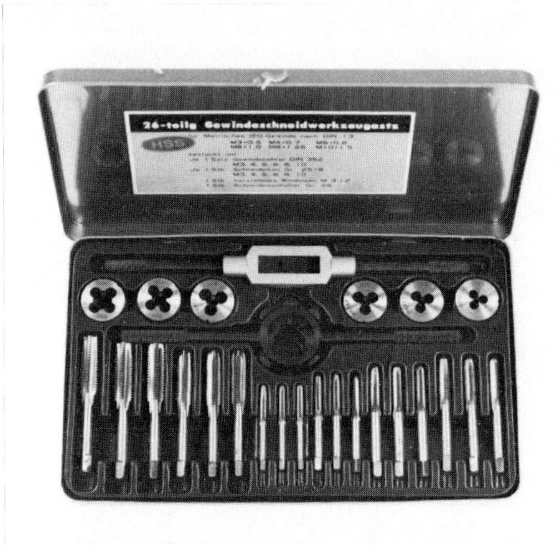

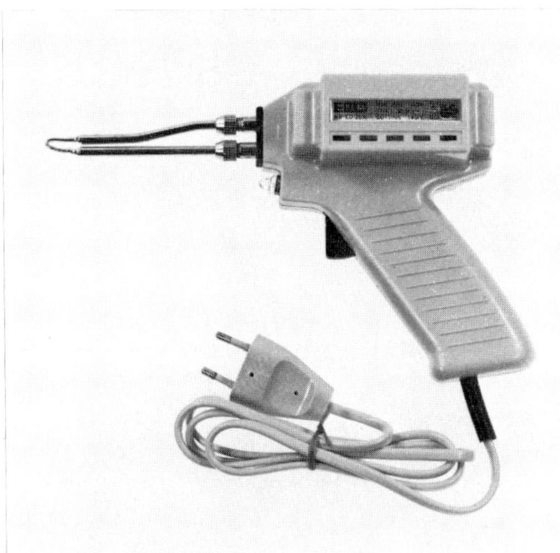

- Bohrer liefert der Fachhandel einzeln oder in übersichtlichen Kassetten; als Grundausstattung sollten Sie eine solide Blechkassette erwerben; Bohrer etwa von 1 bis 10 mm; bei Verlust entsprechend nachkaufen.

  WS-Qualität = Werkzeugstahl (CV) (Z 010 738 TE; ca. DM 28,–).

  HSS-Qualität = Schnellschnittstahl; für hohe Schnittgeschwindigkeiten; leider jedoch doppelt so teuer wie WS-Bohrer (Z 010 737 TE; ca DM 54,–).

- Gewindeschneidesatz; es genügt eine einfache Qualität; empfehlenswerter sind jedoch sogenannte Dreifachsätze, die man am besten je nach Bedarf kauft und dann eventuell mit einem Schneideisen ergänzt; komplette Schneideisen- und Gewindebohrsätze in einfacher Ausführung und gängigen Gewinden kosten ab DM 70,–.

- Im Verbund mit Bohrern und Gewindeschneidern ist eine Schieblehre erforderlich (Z 010 740 TE; ca. DM 50,–).

- An der Fahrzeug-Elektrik muß gelegentlich gelötet werden. Empfehlenswert ist dafür eine Blitzlötpistole, die eine sehr geringe Anheizzeit hat; ab ca. DM 50,–.

Sonstiges: Entsprechend den Arbeiten, die Sie sich vorgenommen haben, benötigen Sie weiterhin Arbeitskleidung, Unterlegmatten (alter Teppich), Putzmaterial (saubere Lappen, Putzwolle), Stahlbürste, Schleifpapier, Rostlöser und Kontaktspray sowie viele andere Kleinigkeiten (Unterlegscheiben, Schrauben der entsprechenden Festigkeitsklasse etc.), an die Sie vor Beginn jeder Arbeit denken sollten. Mit der Zeit erhält man so ein richtiges Kleinteilelager.

Arbeitstechnik

Ein gutes Arbeitsergebnis hängt nicht zuletzt vom Einsatz des richtigen Werkzeuges ab. Sie werden im Laufe der Arbeiten an Ihrem Käfer eigene Erfahrungen sammeln.

Hierzu ein Beispiel: Der richtige Schlüssel

Eine große Schraube soll gelöst werden. Sie wählen einen Gabelschlüssel mit der richtigen Schlüsselweite aus: Das ist die falsche Wahl. Der Gabelschlüssel ist nur für das schnelle Anziehen bzw. Beidrehen von Schrauben gedacht. Bei größeren Anzugskräften werden sowohl die Schraube als auch der Schlüssel beschädigt. Hohe Flächenpressung an den Ecken des Sechskants sorgt dafür, daß Sie bald eine neue Mutter brauchen.

Richtiger ist daher die Wahl eines großen Ringschlüssels bzw. eines Steckschlüsseleinsatzes mit Knebel.

Das richtige Drehmoment

Viele Schrauben an Autos haben ihr vom Konstrukteur vorgegebenes Drehmoment, d.h. sie werden mit einer bestimmten Muskelkraft mal Hebelarm angezogen. Für den Laien ist es manchmal schwierig, das richtige Drehmoment zu erkennen. Zu locker angezogene Schrauben lösen sich. Überdreht man eine Schraube, reißt sie sofort oder bei späterer Belastung ab. Üben Sie deshalb den Umgang mit bestimmten Schraubengrößen, und verwenden Sie nur Originalschrauben mit dem richtigen Festigkeitswert.

Bei vergüteten Schrauben lesen Sie auf dem Schraubenkopf beispielsweise die Bezeichnung »8 G« bzw. »8.8« oder »10 K« bzw. »10.10«; dieser Wert gibt die Festigkeit der Schraube an. Eine 8 G-Schraube kann immer durch eine 10 K-Schraube ersetzt werden, da letztere die höhere Festigkeit besitzt.

Zur Übung: Klemmen Sie beispielsweise eine 8 mm-Schraube in Ihren Schraubstock und versuchen Sie, diese mit Gewalt abzureißen, damit Sie ein Gefühl für die Festigkeit bzw. das notwendige Drehmoment bekommen.

Für bestimmte Schrauben und Muttern am Käfer sind Drehmomente in der Arbeitsanleitung vorgeschrieben. Dazu ist ein Drehmomentschlüssel erforderlich, dessen Benutzung wir Ihnen dringend empfehlen.

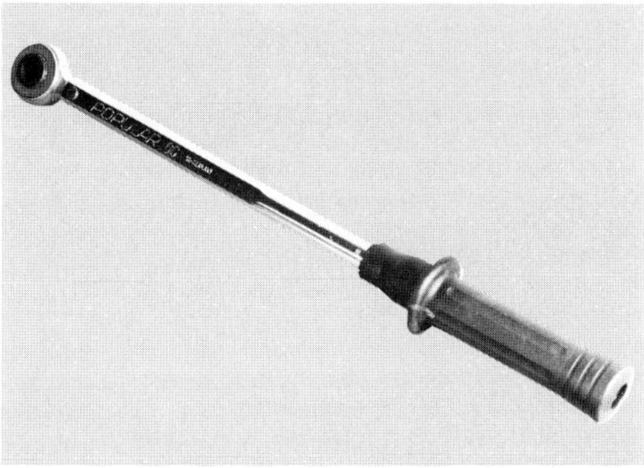

Am besten geeignet sind Drehmomentschlüssel mit Kurzwegauslösung, d.h. ein Knackgeräusch ist hörbar bei Erreichen des eingestellten Momentes.

Gewindeschneiden

Gelegentlich werden Ihnen Rost, Salz sowie Straßenschmutz die Arbeit erheblich erschweren. Bei festsitzenden Schrauben ist folgende Vorgehensweise empfehlenswert: Das freie Gewinde mit einer Stahlbürste reinigen und mit Rostlöser einsprühen; einwirken lassen. Die Schraube bzw. Mutter lösen. Gelingt dies nicht, versuchen Sie zunächst einmal, in Richtung »fest« leicht weiterzudrehen, um dann die Mutter bzw. Schraube eventuell leichter lösen zu können.

Ist die Schraube abgerissen, muß sie ausgebohrt werden. Sorgen Sie mit einem Feilenstrich für eine ebene Fläche am festsitzenden Schraubenstummel. Im Mittelpunkt der Schraube ankörnen und mit einem 4 mm-Bohrer anbohren. Dabei beträgt der Durchmesser des letzten Bohrers 0,8 des Gewinde-Nenn-Durchmessers.

Beispiel: Eine 8er Schraube ist abgerissen; letzter Bohrer $0{,}8 \times 8 = 6{,}4$ mm, abgerundet 6 mm-Bohrer.

Beim Anbohren das Originalgewinde nicht beschädigen. Grundsätzlich ist wieder der gleiche Gewinde-Durchmesser herzustellen, der schon im Originalzustand vorhanden war. Bei Schrauben im Bereich des Fahrwerkes sollten Sie besonders präzise arbeiten, damit das neu geschnittene Gewinde das vorgegebene Drehmoment aufnehmen kann.

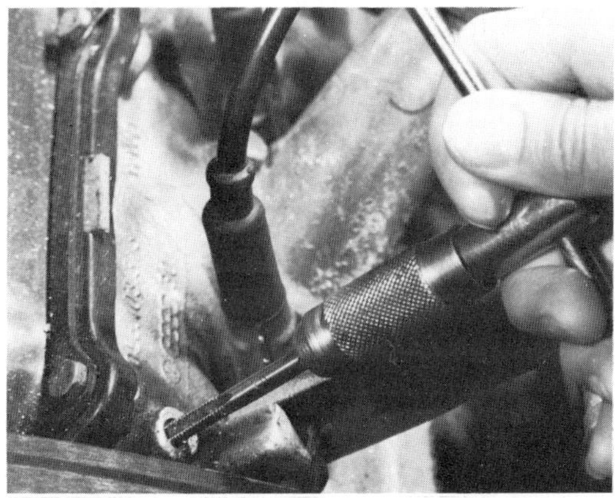

Nehmen Sie nun den Gewindebohrer Nr. 1 (Bohrer mit einem Ring am Schaft) und schneiden Sie ein neues Gewinde in die Restschraube. Dann folgt der Bohrer mit 2 Ringen am Schaft und dann der Fertigschneider (entweder 3 Ringe am Schaft oder kein Ring).

Bei einer anderen Methode zum Entfernen abgerissener Schrauben wird die hier erwähnte 8er Schraube mit einem 5 mm-Loch versehen. In dieses Loch dreht man einen Schraubenausdreher (Linksdrall) in der Hoffnung, daß sich dieser festsetzt und die Schraube mitnimmt.

Blechschrauben

Viele Teile am Fahrzeug werden nicht mit Gewindeschrauben, sondern mit Blechschrauben befestigt. Dazu wird nur ein einfaches Loch ins Blech gebohrt und die Schraube eingedreht. Der Bohrer-Durchmesser ist dabei immer kleiner als der Durchmesser der Blechschraube; z.B. für eine 3,5 mm Blechschraube werden nur 3 mm gebohrt.

Sollen Blechschrauben Karosserieteile verbinden, benutzt man besondere Klammern, auch Preßlochmuttern genannt.

Sicherungstechnik

Nahezu jede Schraube hat ein besonderes Sicherungselement. Verwenden Sie stets nur neue Sicherungselemente, wie sie vom Konstrukteur vorgegeben wurden. Blechschrauben haben keine zusätzliche Sicherung.

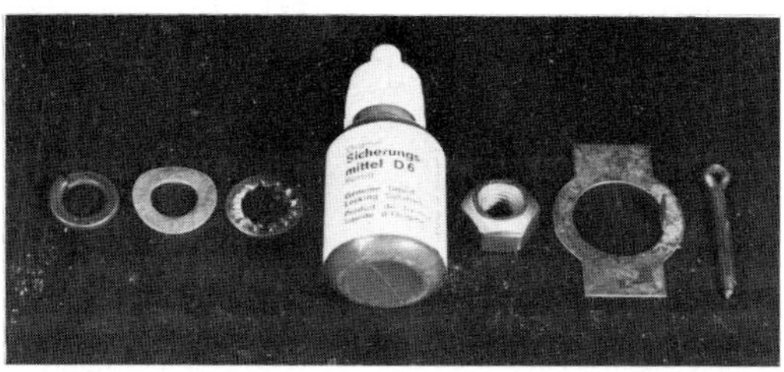

Von links nach rechts:

1. Federring; 2. Wellscheibe; 3. Zahnscheibe; 4. Kleber, der auf das Gewinde aufgebracht wird (z.B. VW D 000 600); 5. Selbstsichernde Mutter; 6. Sicherungsblech; 7. Splint
Die Sicherungen nach Pos. 6, 7 und 8 stets nur einmal verwenden.

Kabelverbindungen

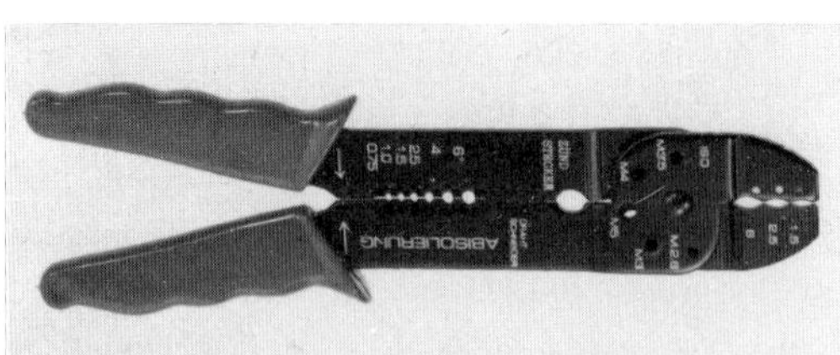

Die Verkabelung an Fahrzeugen wird heute in aller Regel mit Quetschverbindungen vorgenommen. Dazu benötigen Sie eine besondere Zange und ein Sortiment Verbindungselemente.

Gelegentlich muß auch gelötet werden. Dabei wie folgt vorgehen: Das Kabel abisolieren, die Blitzlötpistole anheizen, die Spitze des Lötkolbens auf das Kabel setzen und es so erwärmen. Nun den Lötdraht, der auch das Flußmittel enthält, hinzugeben. Die Lötung ist falsch ausgeführt, wenn sich Lötperlen, die sich relativ leicht abziehen lassen, auf dem Kabel befinden. Bei richtiger Lötung führen das Kabel und der Lötkolben das Zinn, d. h. es fließt selbständig. Nach Erkalten kann die Lötstelle nicht mehr getrennt werden.

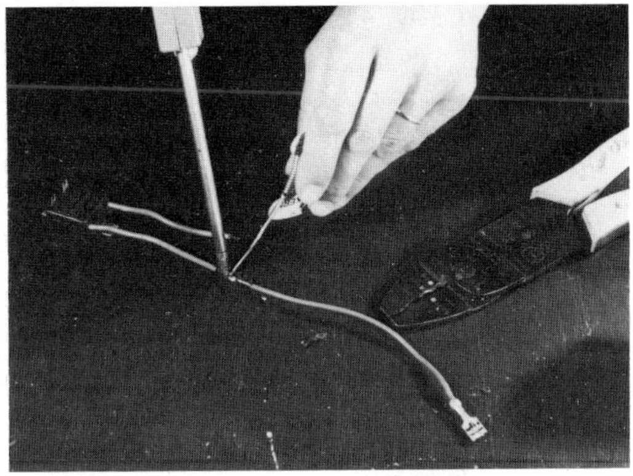

Nieten

Eine andere Technik ist das Befestigen von Bauteilen durch Hohlnieten, z. B. das Anbringen von neuen Bremsbelägen auf dem Bremsbelag.

1. Die beiden Bauteile gut zusammendrücken; den Nietkopf ausreichend unterlegen.
2. Die Niete vorstauchen.
3. Die Niete fertigstauchen.

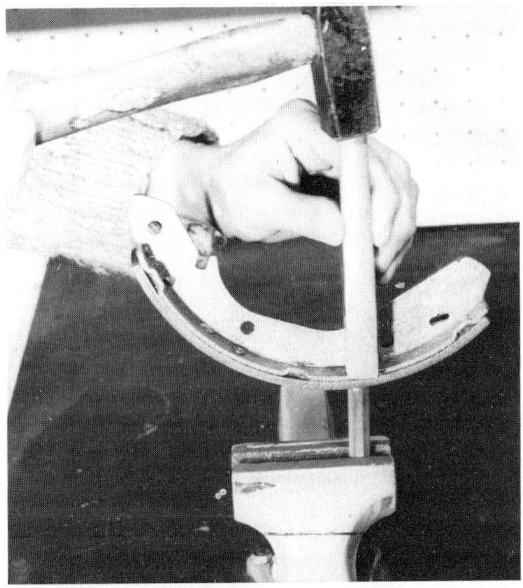

An Karosserieteilen finden Sie eine weitere Form der Niettechnik, die als Blind- oder Popnieten bezeichnet wird. Dazu benötigen Sie eine besondere Nietzange.

Ein Loch gemäß Nietgröße bohren. Das zu befestigende Bauteil mit der Niete in das Loch stecken und die Niete mit der Popnietzange zusammenpressen; dabei reißt der obere Stift der Niete ab.

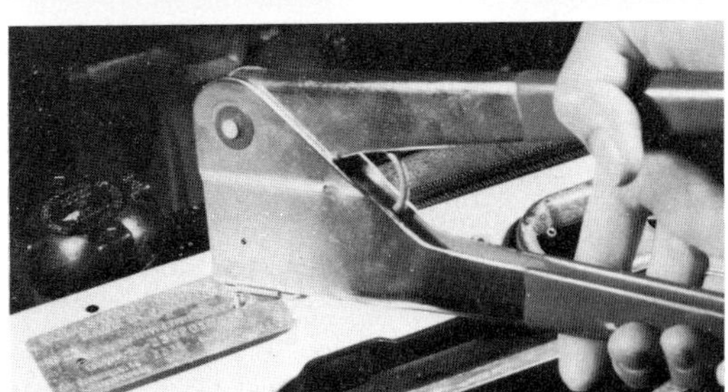

Clipse und Klemmbefestigung

Diese Montageart beschreiben wir nur der Vollständigkeit halber. Sie werden recht bald an Ihrem Käfer feststellen, daß viele Teile, z. B. die Türverkleidung, nur mit Spezialstiften angeclipst sind. Eine schnelle und preiswerte Montageart, die freilich ein sorgfältiges Vorgehen verlangt. Am besten verwenden Sie einen großen, flachen Schraubenzieher, stecken ihn hinter die Türverkleidung und lösen diese ab. Zum Befestigen genügt dann ein kräftiger Schlag mit der flachen Hand. Ähnliches gilt auch für viele andere Bauteile aus Kunststoff, die ebenfalls nur angeklemmt werden. Auch hier bitte vorsichtig arbeiten und möglichst immer einen Schraubenzieher als Hebel einsetzen.

Umgang mit Flüssigkeiten und Ölen

Öl

Daß Öl unser Grundwasser verseucht, ist längst bekannt. Deshalb grundsätzlich kein Öl ins Abwasser geben oder ausschütten. Jeder Automobilclub berät Sie über Altöl-Annahmestellen.

Kann beim Arbeiten Öl austreten, stellen Sie eine Auffangwanne unter das Fahrzeug; dazu genügt eine einfache Kunststoff-Haushaltswanne.

Kraftstoff

Benzin und Diesel-Kraftstoff sind brennbar. Deshalb gelten für diese Flüssigkeiten besondere Sicherheitsbestimmungen, auf die wir Sie noch einmal hinweisen wollen. Besonders Otto-Motoren-Kraftstoffe können noch in geringen Mengen Explo-

Praxistip

Bei Arbeiten am Vergaser bzw. an der Kraftstoffanlage eines Fahrzeuges nicht rauchen und kein offenes Feuer entfachen. Gefährlich bei Benzin ist nicht so sehr die Flüssigkeit selbst, sondern das verdampfte Benzin: Explosionsgefahr!

sionen auslösen. Dies gilt z.B. für einen Kraftstofftank, auch wenn er vollständig entleert wurde.

Otto-Motoren-Kraftstoff, also Super-und Normalbenzin, enthält giftiges Bleitetraäthyl; deshalb ist Hautkontakt zu vermeiden.

Säuren

Vorsicht beim Umgang mit Batterien, z.B. beim Ein- und Ausbau. Batteriesäure wirkt stark ätzend und zerstört sogar Kleidungsstücke und Metalle. Beachten Sie stets die Hinweise in der Betriebsanleitung.

Achtung: Die Säure darf nicht auf die Hand oder in die Augen gelangen. Bei Säurekontakt sofort mit klarem Wasser spülen.

Kaltlöser

Für Reinigungsarbeiten an verölten Motorteilen und auch zur Reinigung des Motorraumes werden häufig sogenannte Kaltlöser eingesetzt.

Achten Sie beim Einkauf darauf, daß dieses Reinigungsmittel biologisch abbaubar ist. Falls nicht, muß die Waschlösung über einen Benzinabscheider (wie in Werkstätten und Tankstellen üblich) in die Kanalisation laufen.

Bremsflüssigkeit

Bremsflüssigkeit wirkt auf Lack stark ätzend, deshalb Vorsicht beim Auffüllen des Bremsflüssigkeitsbehälters. Wurde Bremsflüssigkeit verschüttet, erfolgen das Neutralisieren und Reinigen grundsätzlich mit klarem Wasser.

Bremsflüssigkeit ist giftig. Sie darf deshalb nur im geschlossenen Originalbehälter (kein Luftzutritt) und besonders vor Kindern sicher aufbewahrt werden. Keinesfalls darf Bremsflüssigkeit ins Abwasser gelangen. Verbrauchte Bremsflüssigkeit nimmt der V.A.G-Händler an.

Frostschutzmittel

Durch Beigabe eines Frostschutzmittels auf Alkoholbasis wird Wasser für den menschlichen und tierischen Genuß ungeeignet. Frostschutzmischungen für die Scheibenwaschanlage dürfen daher nur im Originalbehälter und besonders vor Kindern sicher aufbewahrt werden.

Gefahren bei Reparaturen

Beachten Sie bei jeder Arbeit an Ihrem Fahrzeug unsere Praxistips sowie die jeweiligen Sicherheitshinweise in der Betriebsanleitung.

Wagenheber

Gelegentlich liest man in einer Pressemitteilung, daß ein Autobesitzer von seinem eigenen Fahrzeug erdrückt wurde. In Ihrem eigenen Interesse empfehlen wir Ihnen, unsere Sicherheitsempfehlungen (siehe Praxistip) zu beachten:

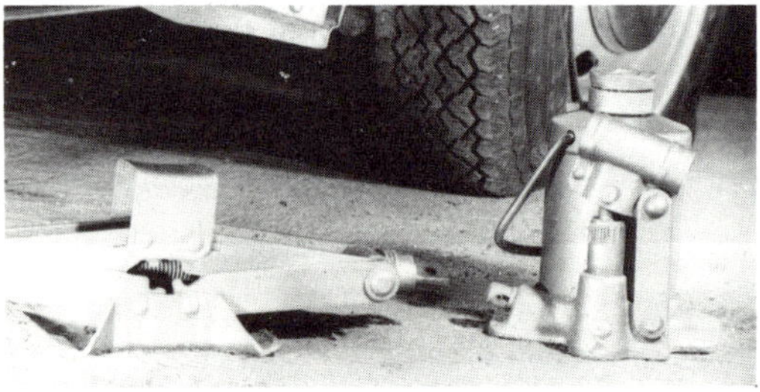

Außer dem Originalwagenheber gibt es Scherenwagenheber (links) und Hydraulikwagenheber (rechts).

Praxistip

- Legen Sie sich auch bei Verwendung eines Hydraulik-Wagenhebers niemals ohne zusätzliche Sicherung unter das Fahrzeug. Empfehlenswert als Zusatzsicherung sind Abstützböcke. Ein guter Schutz ist auch mit breiten, kippsicheren Vierkanthölzern möglich.
- Als letzte Sicherung können zwei übereinander liegende Felgen mit Reifen (Räder) dienen; diese stören ohnehin bei der Reparatur und sind am besten unter dem Wagen aufgehoben.
- Niemals auf unsicherem Untergrund aufbocken. Es besteht stets die Gefahr, daß das Fahrzeug abrutscht.

Der Original-Wagenheber (Abbildung siehe Seite 184) ist für Reparaturarbeiten am Fahrzeug ungeeignet und nur für den Radwechsel am eigenen Fahrzeugtyp bestimmt. Wir empfehlen deshalb für andere Reparaturen die Verwendung eines kleinen fahrbahren Hydraulik-Wagenhebers (Preis siehe Seite 22).

Das Ansetzen des Hydraulik-Wagenhebers erfolgt beim Käfer vorne am Rahmenkopf. Wenn Ihr Käfer die Längslenkerachse (Fahrzeug mit kleinem Kofferraum) besitzt, können Sie den Wagenheber auch seitlich rechts oder links am Ende des Tragrohres ansetzen.

Hinten wird der Wagenheber rechts und links grundsätzlich nur am Querrohr bzw. an der Lagerung des Querrohres angesetzt. Die Wagenheberaufnahme für den Bordwagenheber ist nur für den Radwechsel bei Pannen gedacht; sie ist zum Ansetzen für Rangierwagenheber ungeeignet.

Arbeiten an der Zündanlage

Ihr Fahrzeug ist mit einer 12 Volt-Spannung ausgerüstet. Es fließen nur geringe Ströme, so daß ein Berühren von Kabeln ungefährlich ist, soweit dies das normale Bordnetz angeht.

Nicht ganz unproblematisch ist die Zündanlage eines Fahrzeuges: Durch die Zündspule werden immerhin einige 1000 Volt Spannung erzeugt, die beim Berühren einen elektrischen Schlag auslösen. Da auch hier nur geringe Stromstärken fließen, ist ein Berühren in aller Regel nicht mit Lebensgefahr verbunden.

Völlig anders verhält es sich bei den Hochleistungs-Transistor-Zündungen, die nachgerüstet wurden. Hier können hohe Stromstärken entstehen, so daß bei Berührung Lebensgefahr besteht. Deshalb ist die Anlage vor dem Eingriff spannungslos zu machen, das heißt, die Zündung auszuschalten oder die Batterie abzuklemmen.

Prüflauf

Sie dürfen den Motor nicht in geschlossenen Räumen laufen lassen. Es besteht immer die Gefahr der Kohlenmonoxidvergiftung.

Einstellarbeiten, die beim laufenden Motor vorgenommen werden, sind stets bei weit geöffnetem Garagentor oder besser noch im Freien auszuführen.

Motor

Der luftgekühlte Boxermotor des Käfers ist mindestens genauso berühmt wie die Käferkarosserie selber. Er gilt als robustes und anspruchsloses Aggregat.

Obwohl man den Motor mit etwas Fachkenntnis auch selbst völlig zerlegen und vielleicht auch instand setzen kann, empfehlen wir Ihnen, sich mit den hier beschriebenen Reparaturen zu begnügen. Es ist nicht sehr sinnvoll, beispielsweise einzelne Kolben zu ersetzen oder gar den gesamten Kurbeltrieb zu zerlegen. Wenn Schäden an diesen Bauteilen auftreten, dann ist ein kompletter Austauschmotor oder ein Rumpfmotor die wirtschaftlichste Empfehlung.

Als Rumpfmotor bezeichnen die Fachleute das komplette Aggregat, jedoch ohne Kühlgebläse, Saugrohr, Luftleitbleche, Lichtmaschine, Auspuff, Wärmetauscher, Kupplung, Kraftstoffpumpe, Vergaser, Zündspule und Zündverteiler. Bedenken Sie, daß ein Motor mit seinen Bauteilen fast gleichmäßig verschleißt.

Ersetzen Sie zum Beispiel bei einem Motor, der schon gut 100 000 km gelaufen ist, nur die Zylinderköpfe, dann mag das schon einen Teilerfolg bringen. Jedoch besteht nun die Gefahr, daß die bereits teilweise verschlissenen Haupt- und Pleuellager vollends Schaden nehmen und der Motor mit den neuen Zylinderköpfen völlig ausfällt.

Bis auf unsere Einschränkungen kann man aber viele Reparaturen am Käfermotor selbst ausführen.

Motor aus- und einbauen

Ein Motoraus- und -einbau kommt für Sie, falls überhaupt, nur dann in Betracht, wenn Sie einen ausreichend großen Rangierwagenheber mit entsprechender Hubhöhe besitzen. Bedenken Sie auch, daß zum Ausbau ein Helfer erforderlich ist.

Der Zeitaufwand beträgt etwa 1 Stunde und 40 Minuten.

Das Fahrzeug genügend hoch aufbocken, damit der Motor samt dem relativ hohen Gebläsegehäuse nach unten herausgenommen werden kann. Aus Sicherheitsgründen ist das Masseband an der Batterie abzuklemmen. Den Luftfilter ausbauen

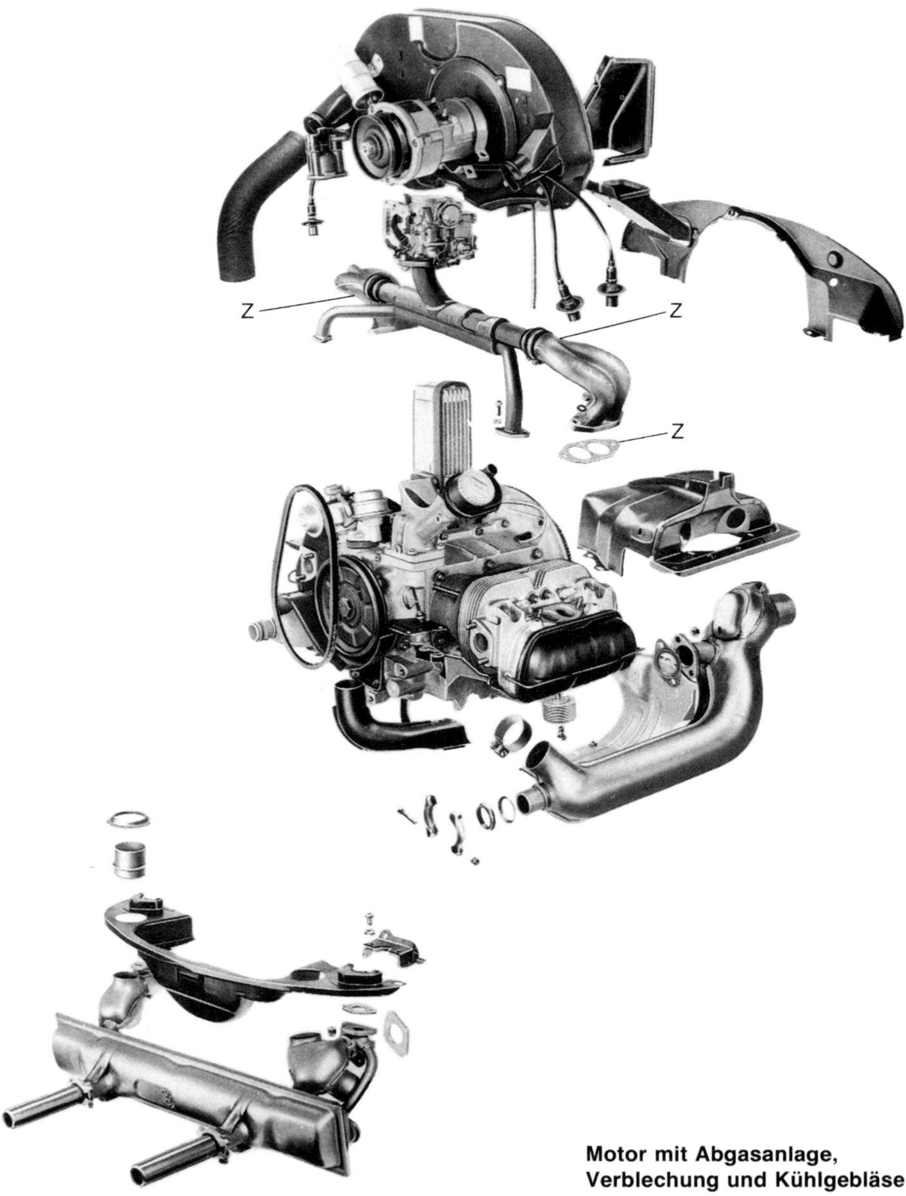

Motor mit Abgasanlage, Verblechung und Kühlgebläse

sowie alle Leitungen an Generator, Vergaser, Zündspule und Öldruckschalter abklemmen. Den Vergaserzug an der Klemmschraube des Vergasers lösen und die Klemmschraube herausnehmen.

Den Heizungsschlauch von den Wärmetauschern abziehen und die Heizungszüge abklemmen, die Klemmschrauben herausnehmen.

Den Kraftstoffschlauch unter dem Fahrzeug links trennen und mit einer sauberen Schraube verschließen. Der Schlauch kann auch mit einer kleinen Schraubzwinge abgeklemmt werden.

Motorbefestigung

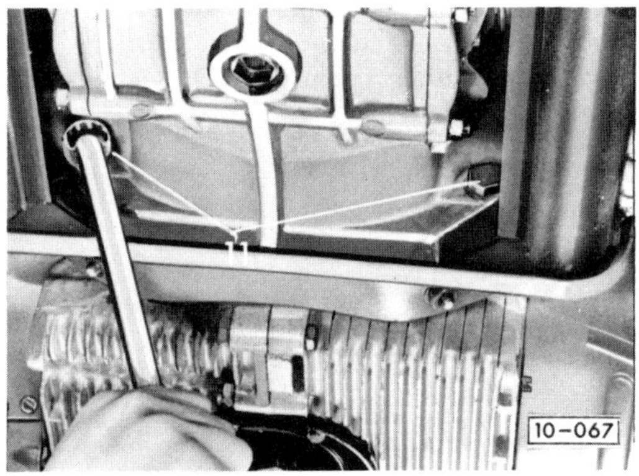

Die Mutter oben rechts abschrauben (von oben hinter dem Gebläsekasten erreichbar). Im Bild gezeigt wird die Schraube unten rechts.

Die Mutter oben links (mit »9« bezeichnet) herausschrauben (mit Ratsche von unten zu erreichen).

Bei einigen Käfern sitzt der Ölkühler direkt im Gebläsegehäuse und nicht wie beim 1,3 l- und 1,6 l-Motor in einer besonderen Abluftschale. Bei diesen Fahrzeugen kann die linke obere Motorbefestigung auch von oben hinter dem Gebläsegehäuse erreicht werden.

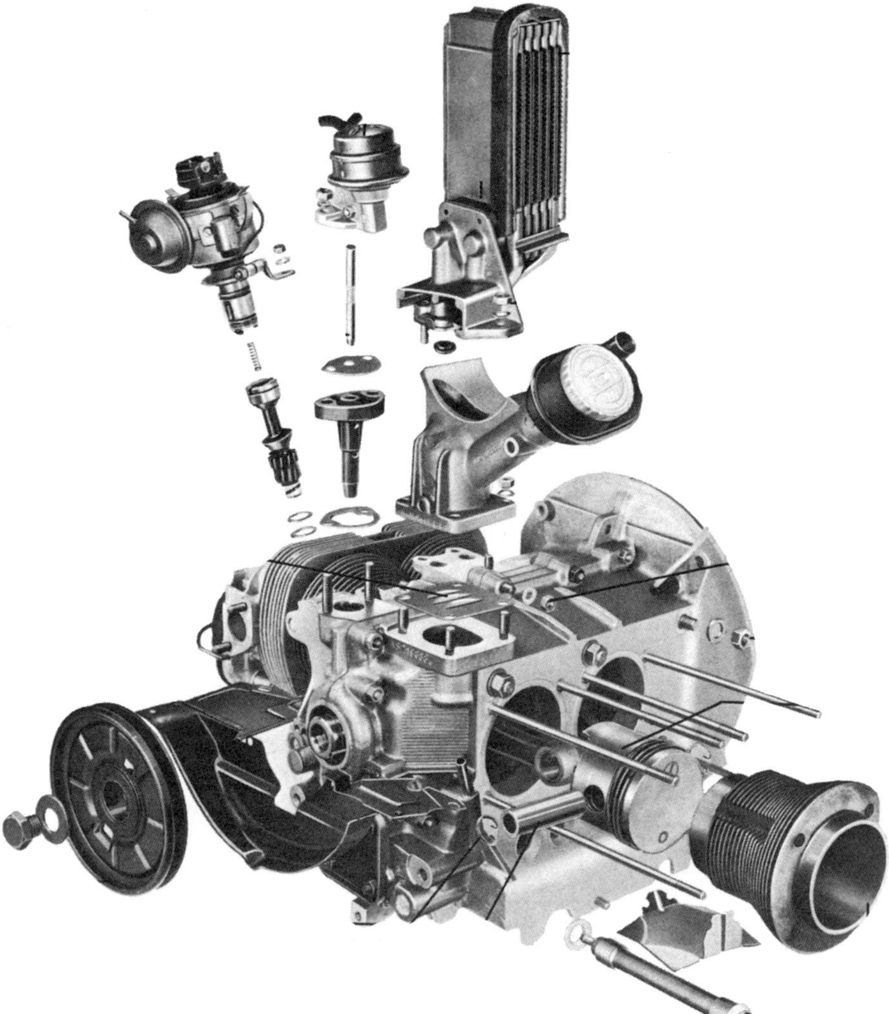

Der Rumpfmotor mit Anbauteilen

Praxistip

- Läßt sich der Motor nur schwer auf den Getriebeflansch aufsetzen, keinesfalls das Aggregat mit den Befestigungsschrauben anziehen. Der Motor muß durch ruckartige Bewegungen möglichst weit auf den Flansch geschoben werden.
- Hinderlich beim Einführen ist die Verzahnung der Antriebswelle, die in die Verzahnung der Kupplungsscheibe eingeführt werden muß. Legen Sie einen Gang ein, damit sich die Antriebswelle nicht drehen kann, und bewegen Sie den Motor in kurzen Abständen mit einem Ringschlüssel, den Sie auf die Riemenscheibe der Kurbelwelle aufgesteckt haben, vor oder zurück. Jetzt läßt sich der Motor bis zum Anschlag schieben.

Die Muttern der beiden unteren Motorbefestigungsschrauben herausdrehen. Den Rangierwagenheber unter den Motor fahren, die Wagenheber-Auflage mit einem kräftigen Holzbrett versehen und den Motor im Bereich des Ölfilterdeckels leicht anheben. Ein Helfer ergreift den Motor rechts und links am Gebläsegehäuse. Nun läßt sich der Motor mit einigen kräftigen, ruckartigen Bewegungen von der Antriebswelle abziehen und nach unten absenken. Dabei auf den Vergaserzug achten, den Sie zuvor schon teilweise aus dem Führungsrohr herausgezogen haben.

Der Einbau erfolgt in umgekehrter Reihenfolge.

Die Verzahnung der Antriebswelle sollte leicht mit MoS_2-Fett geschmiert werden.

Bevor Sie den Motor auf den Getriebeflansch aufsetzen, ist der Vergaserzug in das Führungsrohr des Gebläsegehäuses einzuführen.

Das Anzugsdrehmoment der Motorbefestigung für jede der vier Schrauben bzw. Muttern beträgt 30 Nm = 3 mkg.

Rumpfmotor komplettieren

Zu dem Explosivbild auf Seite 40 geben wir Ihnen keine weiteren Informationen, da die wesentlichen Anbauteile schon besprochen wurden.

Bedenken Sie, daß ein Rumpfmotor etwa DM 1100,– kostet und ohne jedes Anbauteil geliefert wird. Müssen Sie z. B. die Wärmetauscher ebenfalls erneuern, dann ist der komplette Austauschmotor für ca. DM 1700,– die wirtschaftlichere Alternative.

Der Zeitaufwand beträgt bei ausgebautem Motor etwa 3 Stunden und 30 Minuten.

Zylinderkopf aus- und einbauen

Die Zylinderköpfe können nur bei ausgebautem Motor abgenommen werden. Vorher ist das Gebläsegehäuse mit dem Generator auszubauen.

Das Saugrohr mit Vergaser komplett abschrauben und den Auspufftopf (komplett) samt Wärmetauscher auf der betreffenden Seite demontieren.

Den Zylindermantel der betreffenden Seite abschrauben. Den Zylinderkopf von außen mit einer Drahtbürste oder mit Preßluft reinigen.

Den Ventildeckel abnehmen und die Kipphebelachse abschrauben, die Kipphebelachse abziehen sowie die Stößelstangen herausziehen.

Die Muttern der Zylinderkopf-Stehbolzen abschrauben; die dazugehörigen Unterlegscheiben abnehmen.

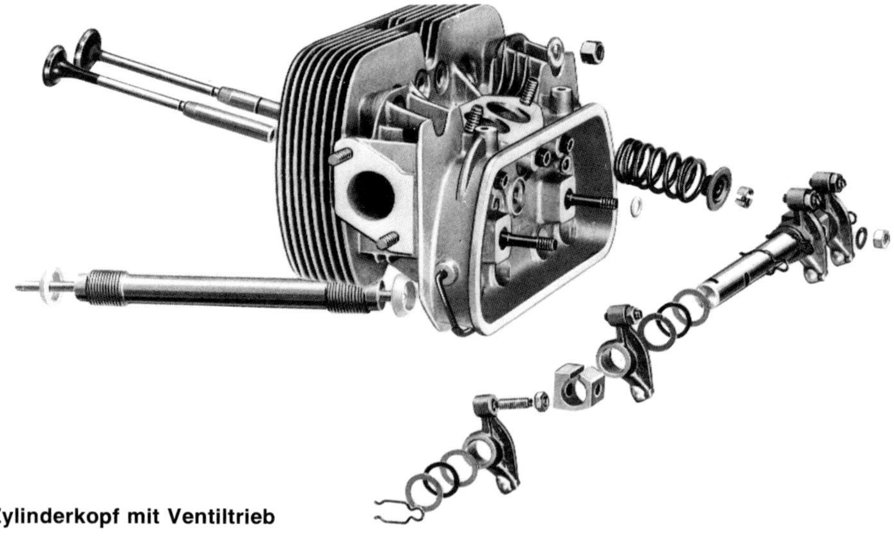

Zylinderkopf mit Ventiltrieb

Wollen Sie nur die Zylinderköpfe aus- und einbauen, sollten Sie die Zylinderlaufbüchsen auf der zu demontierenden Seite mit Bindedraht festsetzen. Den Zylinderkopf von den beiden Zylindern abdrücken; hilfreich ist dabei ein Gummihammer.

Achtung: Die Kühlrippen nicht beschädigen!

Den Zylinderkopf abziehen. Dabei fallen die vier Stößelstangen-Schutzrohre heraus.

Der Einbau erfolgt in umgekehrter Reihenfolge. Wir empfehlen Ihnen, einen Original-Austausch-Zylinderkopf zu verwenden, falls die Kompression unter der Verschleißgrenze lag und Spezialwerkzeuge für Überholarbeiten fehlen.

Bei undichten Ventilen genügt es keinesfalls, nur die Ventilsitze neu zu fräsen. Auch die Ventilführungen sind stets zu prüfen und bei Verschleiß zu erneuern, da diese für einen möglichen hohen Ölverbrauch verantwortlich sein können. Ebenfalls ist der Zylinderkopf auf Risse zu untersuchen.

Vor dem Ansetzen des Zylinderkopfes, der ohne Dichtung, also dichtungslos montiert wird, die Schutzrohre der Stößelstangen reinigen.

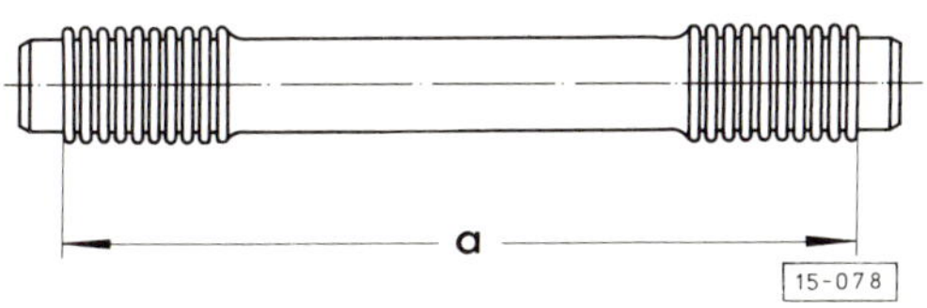

Die Länge der Rohre prüfen; das Maß »a« beträgt

beim 1,2 l-Motor = ca. 180 mm,

beim 1,3 l- und 1,6 l-Motor
= ca. 190 mm.

Die Schutzrohre sind stets mit neuen Dichtungen einzusetzen.

Praxistip

Sind bei Ihrem Käfermotor die Dichtungen der Schutzrohre undicht, muß zum Erneuern der Dichtungen weder der Motor noch der Zylinderkopf ausgebaut werden.

Unter der Ersatzteil-Nr. 113 109 337 gibt es Teleskop-Schutzrohre. Zum Einbau müssen lediglich die Kipphebelachse und die Stößelstangen demontiert werden. Das undichte Stößelrohr wird mit einem kräftigen Schraubenzieher herausgedrückt. Das Teleskop-Schutzrohr mit den neuen Dichtungen ist so einzusetzen, daß stets das dünne Ende zum Zylinderkopf zeigt.

Beim Ansetzen der Zylinderkopfmuttern die Original-Unterlegscheiben nicht vergessen. Die im Kipphebelraum liegenden Muttern werden mit dem VW-Sicherungsmittel D 000 300 angesetzt.

In dieser Reihenfolge werden die Muttern mit 10 Nm = 1,0 mkg leicht beigezogen.

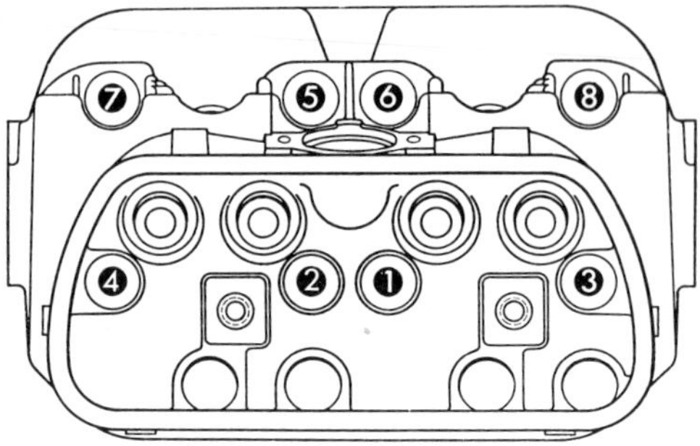

15–076

In dieser Reihenfolge sind die Muttern festzuziehen.

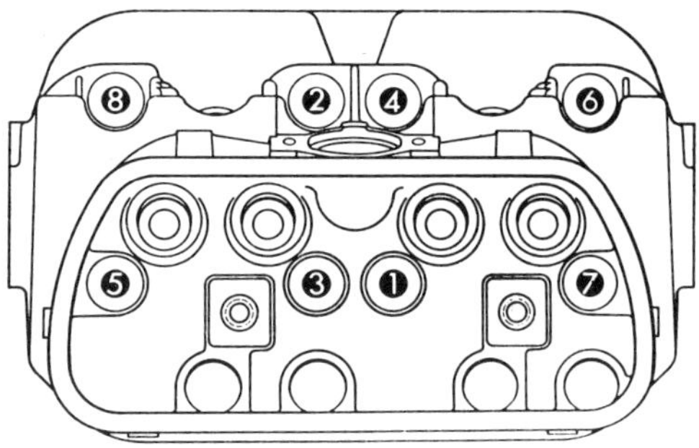

15–077

Drehmomente für:

- M8-Schrauben: 25 Nm = 2,5 mkg
- M10-Schrauben: 30 Nm = 3,0 mkg.

Achtung: Beim Aufsetzen der Kipphebelachse vorher zwei neue Dichtringe auf die Stehbolzen schieben. Die Schlitze der Lagerstücke zeigen nach oben. Die Kipphebelachse mit verkupferten Spezialmuttern befestigen. Das Drehmoment beträgt 25 Nm = 2,5 mkg.

Den Motor komplettieren.

Abschließend die Ventile einstellen und nach einer Probefahrt prüfen, ob der Motor öldicht ist.

Bei der Beschreibung des Einbaus wurden nur die wichtigsten Arbeitsgänge erklärt.

Der Zeitaufwand beträgt bei ausgebautem Motor etwa 2 Stunden und 40 Minuten.

Ventile, Kompression, Keilriemen

Ventilspiel einstellen (alle 10000 km)

Zunächst das Fahrzeug auf der rechten hinteren Seite aufbocken und den Zylinderkopfdeckel rechts abnehmen. Dazu einen Schraubenzieher von oben in die Federklammer stecken und kräftig nach unten ziehen.

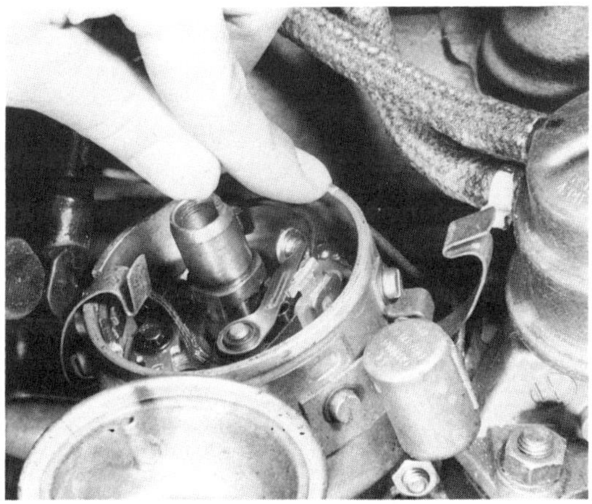

Die Zündverteilerkappe abnehmen und den Verteiler auf den ersten Zylinder stellen. Dabei fluchtet der Verteilerfinger mit der Kerbe am Verteilerrand.

Die Markierung der Riemenscheibe an der Kurbelwelle fluchtet mit der Kurbelgehäusenaht. Jetzt steht der erste Zylinder vorn rechts (in Fahrtrichtung) im oberen Totpunkt (OT). Die Bezeichnung der Zylinder finden Sie auf dem schwarzen Motorraumabdeckblech jeweils vor den Kerzenlöchern.

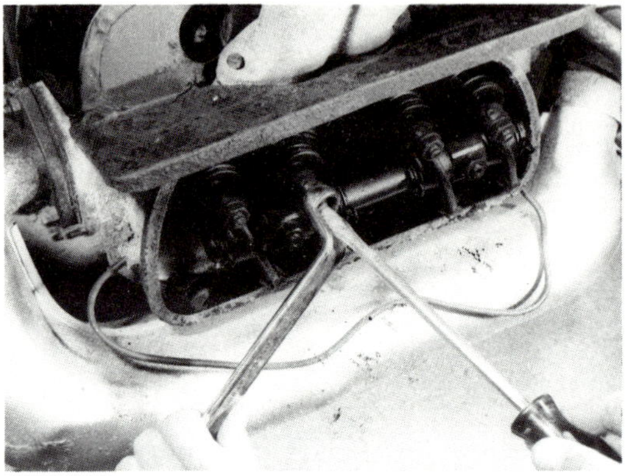

Die Ventilspieleinstellung erfolgt durch Verdrehen der Einstellschraube. Vorher die Kontermutter lösen. Die Einstellschraube stets nur geringfügig verdrehen, und zwar so lange, bis die Ventillehre saugend zwischen Ventil und Kipphebel hindurchgleitet. Nach dem Kontern die Ventilspieleinstellung noch einmal prüfen.

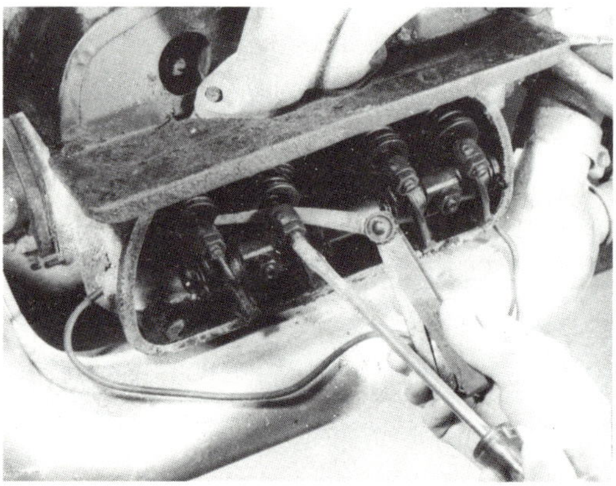

Die Ventile der nächsten Zylinder werden in der Reihenfolge 2, 3, 4 und nicht nach der Zündfolge eingestellt. Dazu den Motor an der Riemenscheibe linksherum auf den zweiten Zylinder einstellen. Der Verteilerfinger dreht sich dabei um eine 1/4 Umdrehung weiter.

Praxistip

- Das Ventilspiel wird bei kaltem Motor eingestellt.
- Der Sollwert beträgt für alle Ein- und Auslaßventile des Käfermotors 0,15 mm.
- Zu weit eingestelltes Ventilspiel bewirkt eine schlechte Leistung und unnötige Geräusche.
- Zu eng eingestelltes Ventilspiel bringt ebenfalls Leistungsverluste. Besonders Auslaßventile können sogar durchbrennen.

Den Zylinderkopfdeckel reinigen; neue Dichtung einsetzen. Den Deckel auflegen und mit der Federklammer befestigen; einen Schraubenzieher dazu von unten in die Klammer einführen und nach oben drücken. Das Fahrzeug jetzt auf der linken Seite aufbocken und die Einstellung – wie beschrieben – ausführen. Den Motor für den dritten Zylinder so lange linksherum weiterdrehen, bis der Verteiler sich wieder um 90° weiterbewegt hat. Das gleiche wiederholen Sie dann noch einmal für den vierten Zylinder. Den Motor wieder komplettieren.

Der Zeitaufwand für das Einstellen der Ventile beträgt etwa 25 Minuten.

Diagnosehilfe

Zu weite Ventile verursachen ein helles Ticken. Beim Gasgeben ist ein Anschwellen des Geräusches (Prasseln) festzustellen.

Sind die Geräusche trotz Einstellung immer noch vorhanden, kann bei älteren Motoren das Ventilschaftende eingeschlagen sein, so daß die Ventillehre nicht das wahre Spiel anzeigt. Für diesen Fall gibt es besondere Ventilkappen, die auf das Schaftende des Ventils aufgesetzt werden. Die Kappe wird nicht gesichert, sondern nur durch die Ventileinstellschraube gehalten.

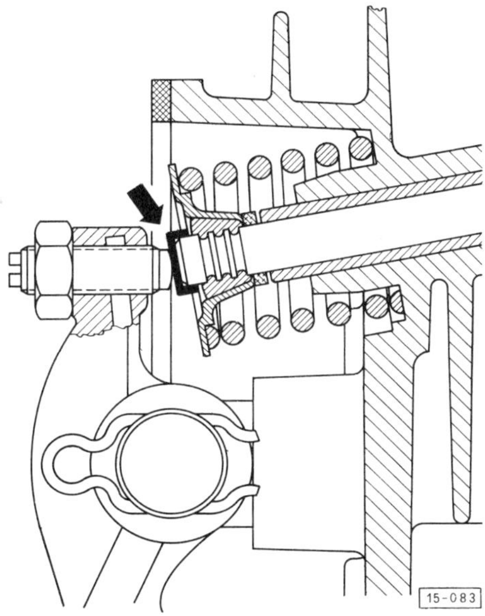

Achtung: Ventilspielgeräusche dürfen nur bei warmem Motor beurteilt werden. Während des Warmlaufens sind Ventilgeräusche normal, da sich währenddessen das Spiel vergrößert.

Kompression prüfen

Mangelnde Leistung kann ihre Ursache in schlechter Kompression haben. Zur Messung sind die Kerzenstecker abzuziehen und alle Kerzen herauszuschrauben.

Der Kompressionsdruck ist kein fester Wert und bewegt sich innerhalb eines Spielraumes. Er soll bei den nachstehenden Motoren die folgenden Werte haben:

Hubraum	Kompressionsdruck	Verschleißgrenze
1200 ccm	zwischen 7,0 und 9,0 bar	6,0 bar
1300 ccm	zwischen 7,5 und 9,5 bar	6,5 bar
1600 ccm	zwischen 8,0 und 10,0 bar	7,0 bar

Ein Helfer sitzt im Fahrzeug und bedient auf Zuruf den Anlasser. Dabei Vollgas geben und während der Prüfaktion das Gaspedal nicht mehr loslassen. Sie selbst drücken den Kompressionsdruckprüfer fest nacheinander in die Kerzenlöcher.

Der maximale zulässige Druckunterschied zwischen allen vier Zylindern beträgt 2,0 bar.

Für die Kompressionsprüfung benötigen Sie etwa 30 Minuten Arbeitszeit.

Praxistip

- Überzeugen Sie sich vor der Prüfaktion, ob Ihr Helfer die Handbremse angezogen hat und ob sich der Schalthebel in Nullstellung befindet.
- Den Motor so lange mit dem Anlasser starten, bis der Kompressionsdruck nicht mehr steigt. Immer bei betriebswarmem Motor messen.
- Achtung: Hände weg vom Keilriementrieb!

Keilriemen ersetzen und einstellen

Obwohl Keilriemen über eine hohe Lebensdauer verfügen, sind Pannen dieser Art bei der ADAC-Straßenwacht immer noch Dauerrenner. Grundsätzlich sollten Sie deshalb einen Ersatz-Keilriemen an Bord Ihres Fahrzeuges mitführen.

Mit einem kräftigen Schraubenzieher sichern Sie die Lichtmaschine (den Generator) gegen Verdrehen und lösen mit einem Schlüssel die Sechskantmutter der Riemenscheibe.

Die Keilriemenspannung wird mit Einstellscheiben eingestellt. Wenn Sie eine Scheibe – die ursprünglich zwischen der Riemenscheibe lag – herausnehmen, wird die Spannung erhöht, was z. B. bei einem alten, nachzuspannenden Keilriemen in Frage kommt.

Legen Sie jedoch eine Scheibe dazu, wird die Spannung verringert. Das könnte notwendig sein, wenn Sie gerade einen neuen Keilriemen auflegen müssen.

Die richtige Spannung ist erreicht, wenn sich der Keilriemen zwischen der Lichtmaschine und der Kurbelwellen-Riemenscheibe etwa 10 bis 15 mm durchdrücken läßt.

Achtung: Beim Prüflauf Hände weg vom Keilriementrieb!

Der Zeitaufwand beträgt etwa 15 Minuten.

Kraftstoff und Kraftstoffverbrauch

Kraftstoff

Alle Käfer-Motoren kommen mit Normalbenzin aus. Der genaue Oktanzahlbedarf beträgt 91 ROZ für die 1,3 l- und 1,6 l-Motoren, 87 ROZ für den 1,2 l-Motor. Es lohnt sich nicht, diese Motoren mit Superbenzin zu betreiben, da die Vorteile von Superbenzin nur in Motoren mit entsprechend höherer Verdichtung zur Geltung kommen.

Bei Auslandsfahrten werden Sie häufiger Normalbenzin tanken, das nicht die erforderliche Oktanzahl hat und somit nicht klingelfest ist.

Sie sollten deshalb lange Vollgasfahrten vermeiden (Hochleistungsklingeln) und nur allmählich Gas geben (Beschleunigungsklingeln). Neue Erkenntnisse über Motorklingeln haben gezeigt, daß Motoren kurzfristiges Klingeln ohne Schaden überstehen. Natürlich ist in solchen Fällen das Tanken von Superbenzin die beste Lösung, wenn auch etwas teurer.

Kraftstoffverbrauch und Einfluß der Fahrweise

Hubraum	Kraftstoffverbrauch bei Konstantfahrt mit 100 km/h
1200 ccm	7,5 l
1300 ccm	8,8 l
1600 ccm	9,2 l

Wenn Ihr Kraftstoffverbrauch zu hoch ist, muß dies nicht am technischen Zustand Ihres Fahrzeuges liegen und schon gar nicht am Konstrukteur. Von entscheidendem Einfluß ist vor allen Dingen die Fahrweise; denn Spurten und Fahren mit hoher Geschwindigkeit sind teuer.

Praxistip

- Die hier angegebenen Verbrauchswerte stimmen wahrscheinlich nicht mit Ihren persönlichen Erfahrungen überein. Prüfen Sie deshalb den Verbrauch Ihres Käfers mit der Nachtank-Methode.

- Das Fahrzeug volltanken bis zu einer gedachten Markierung im Tankstutzen. Notieren Sie dazu den Tachostand. Nun den Tank nicht völlig, sondern nur 3/4 leer fahren. Das Fahrzeug wieder bis zur gedachten Markierung auftanken (möglichst gleiche Benzinmarke, gleiche Außentemperatur und natürlich ebene Stellung des Fahrzeuges). Durch eine einfache Rechnung, nämlich nachgetankte Kraftstoffmenge durch gefahrene Kilometer mal 100, erhalten Sie jetzt einen Verbrauchswert. Je öfter Sie diese Messung ausführen, um so genauer ist Ihr Verbrauchswert (Mittelwertbildung).

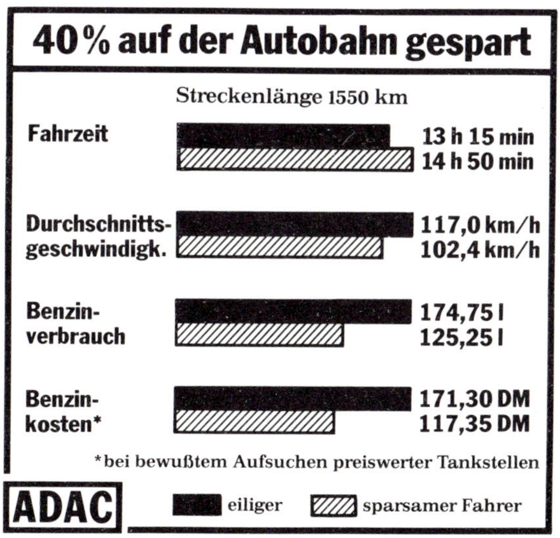

In einem ADAC-Versuch auf der Autobahnstrecke München – Hamburg – München konnte der eilige Autofahrer 1 Stunde und 35 Minuten Zeitgewinn bei einem Durchschnittsverbrauch von 11,3 Litern auf 100 km (Meßwagen Audi 80 LS) herausschinden. Der energiebewußte Autofahrer verfuhr mit einem exakt gleichen Auto lediglich 8,0 Liter auf 100 km. Insgesamt verbrauchte der Sparsame 49,5 Liter weniger.

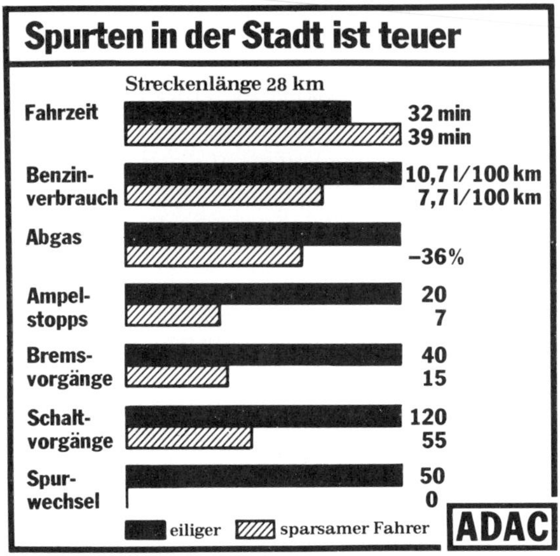

Auf einer 28 km langen, von 32 Ampeln geregelten Stadtverkehrs-Strecke benötigte ein »eiliger Fahrer« 32 Minuten, während ein anderer, der sein Tempo dem Verkehrsstrom angepaßt hatte, lediglich 7 Minuten länger unterwegs war. Diesen Zeitgewinn bezahlte der Eilige mit einem um 30% höheren Benzinverbrauch und zusätzlich mit hohem Streß (65 Schaltvorgänge mehr, 13 zusätzliche Ampelstopps, 25 Bremsungen mehr). Darüber hinaus belastete er die Umwelt mit 36% mehr schädlichen Abgasen.

Sie fahren wirtschaftlich:

Wenn Sie hohe Drehzahlen vermeiden.

Wenn Sie rechtzeitig in den höheren Gang schalten.

Wenn Sie keine unnötigen Beschleunigungsmanöver ausführen.

Motorschmierung

Moderne Motoren stellen hohe Anforderungen an Motorenöle. Sie sollten deshalb, um jedes Risiko auszuschließen, regelmäßig spätestens nach 6 Monaten oder alle 5000 km das Öl wechseln und das Ölsieb reinigen.

Öl-Sorten

Es gibt Autobesitzer, die beim Motoröl grundsätzlich nicht sparen und immer vom Feinsten kaufen. Das mag seine Berechtigung haben, schließlich steht immer ein teurer Austauschmotor auf dem Spiel. Man kann allerdings davon ausgehen, daß heute Markenöle in ziemlich einheitlicher Qualität angeboten werden.

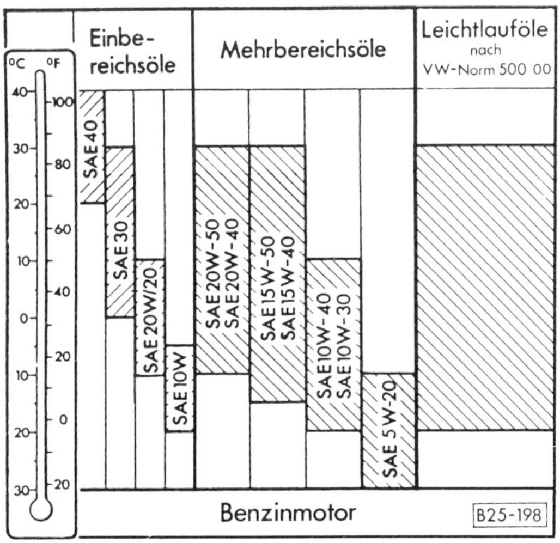

Viskositätsklassen für Benzinmotoren

Übrigens, ab Werk wurde der Motor mit 15 W 40 Öl befüllt, das für das ganze Jahr geeignet ist.

Genau so wichtig wie die Viskositätsklasse ist die Qualität, für deren Bestimmung die Techniker ein Codesystem mit zwei Buchstaben benutzen. Für Käfermotoren gelten die Kürzel »SE« oder »SF«. Geeignetes Marken-HD-Öl trägt eines dieser Kürzel auf der Verpackung.

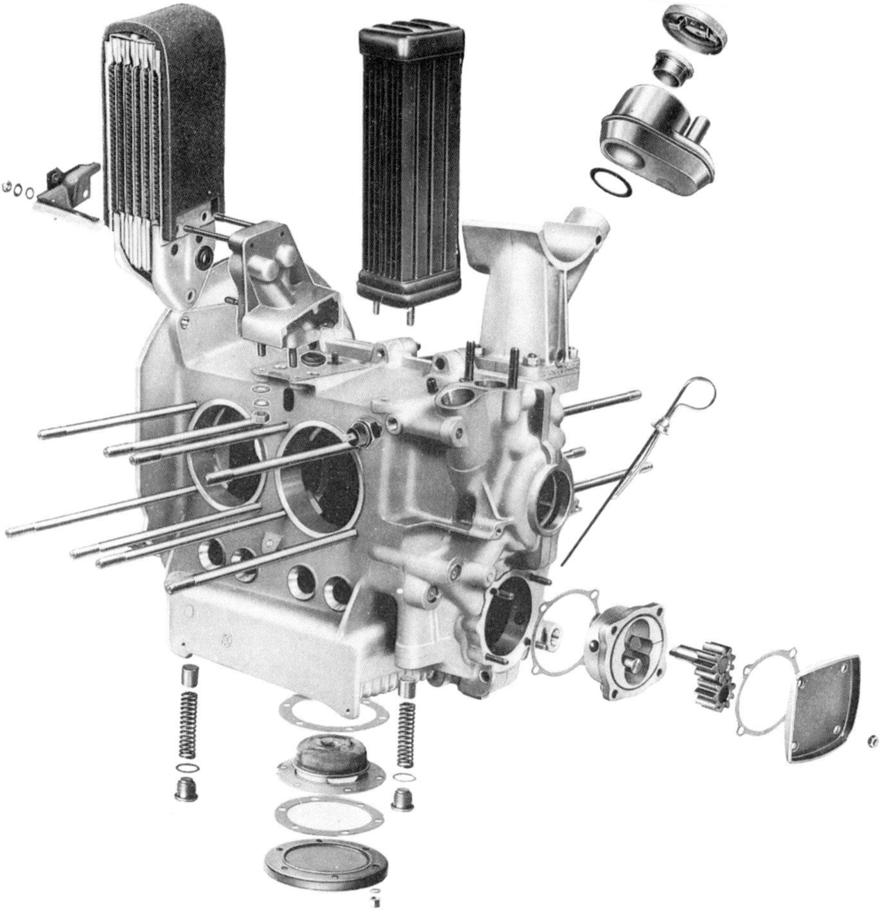

Doppelölpumpe
für Wahlautomatik

Explosionsbild der Teile des Schmiersystems

SE Einsatz in Ottomotoren. Dieses Öl erfüllt die ab 1972 von den Automobilherstellern gestellten Anforderungen und bietet Schutz gegen Hoch- und Tieftemperaturablagerungen, Verschleiß, Rost und Korrosion.

SF Motorenöle für sehr hohe Anforderungen und starke Belastungen (Stop-and-go-Verkehr).

Ölwechsel

Besorgen Sie sich eine einfache Haushalts-Kunststoffwanne (Höhe ca. 20 cm mit den Seitenmaßen 30 × 30 cm).

Bei betriebswarmem Motor alle Schrauben des Ölsiebes lösen und das Öl ablaufen lassen.

Achtung: Bei heißem Motor besteht Verbrühungsgefahr!

Das Ölsieb und den Ölsiebdeckel sorgfältig reinigen und zusammen mit zwei neuen Dichtungen ansetzen. Eine Dichtung kommt vor das Ölsieb, die andere zwischen Ölsieb und Deckel.

Praxistip

Bevor Sie Öl einkaufen: Vergewissern Sie sich, daß der Verkäufer Ihr Altöl zurücknimmt. Erfragen Sie gegebenenfalls beim ADAC eine Altöl-Annahmestelle.

Die Hutmuttern erhalten jeweils einen neuen Dichtring aus Kupfer; die Hutmuttern mit 8 Nm = 0,8 mkg anziehen.

Achtung: Die Schrauben nicht abreißen; 8 Nm sind ein sehr geringes Drehmoment!

Abschließend 2,5 l Öl auffüllen. Da der Öleinfüllstutzen schlecht erreichbar ist, sollten Sie einen Trichter oder eine Spezialeinfüllkanne benutzen. Beim Prüflauf noch einmal die Dichtigkeit des Ölsiebes kontrollieren. Gegebenenfalls die Hutmuttern nachziehen.

Das Altöl in einen Kanister umfüllen und bei der Altöl-Annahmestelle abliefern.

Öldruckschalter prüfen

Damit zu geringer Öldruck rechtzeitig angezeigt wird, besitzen Käfer-Motoren einen Öldruckschalter, der mit einer Öldruck-Kontrollampe verbunden ist. Nach dem Ölwechsel kann die Lampe kurzzeitig aufflackern. Dies ist kein Grund für Bedenken. Die Ölpumpe braucht einige Zeit, um die gesamte Anlage und damit auch den Öldruckschalter mit Druck zu versorgen.

Leuchtet die Lampe im normalen Fahrbetrieb auf, den Motor sofort abstellen. Mit dem Peilstab kontrollieren. Gegebenenfalls die Kabelverbindung am Öldruckschalter prüfen.

Diagnosehilfe

Leuchtet plötzlich während der Fahrt die Öldruck-Kontrollampe auf, den Motor sofort abstellen. Vermuten Sie aber nicht sofort einen größeren Schaden. Häufiger ist nur das Kabel zur Lampe abgefallen bzw. durchgescheuert und hat Massekontakt, oder der Öldruckschalter selbst ist defekt.

Praxistip

Bei scharfer Kurvenfahrt kann die Öldruckkontrollampe kurzzeitig aufflackern. Dies ist kein Grund für Bedenken; denn bei Geradeausfahrt erlischt sie meistens sehr schnell wieder. Sie sollten aber trotzdem umgehend den Ölstand prüfen. Meist fehlt bei diesem Anzeichen etwa 1,0 l Motoröl.

Das Kabel abziehen – die Lampe erlischt.

Den Kabelschuh auf Masse legen – die Lampe leuchtet.

Trotzdem den Ölstand kontrollieren und nur dann weiterfahren, wenn keine mechanischen Geräusche aus dem Motor zu hören sind. Ölpumpenschäden sind im übrigen äußerst selten.

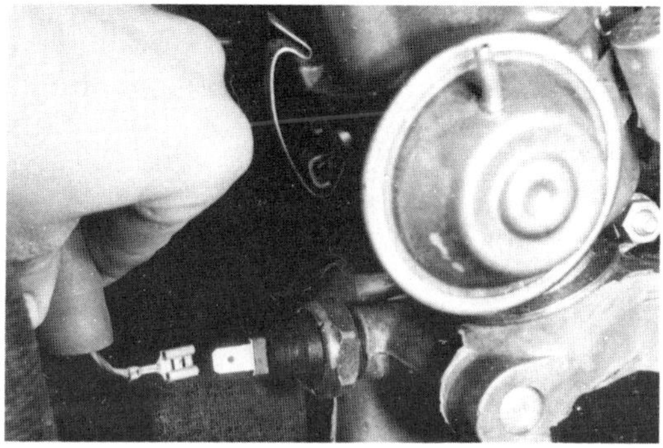

Öldruckschalter ersetzen

Den Öldruckschalter erkennen Sie links am Motorblock unmittelbar am Verteiler. Den Schalter bei stehendem Motor abschrauben und das neue Ersatzteil mit VW-Dichtungsmittel D 000 200 einsetzen.

Das Anzugsdrehmoment beträgt 10 Nm = 1,0 mkg.

Der Zeitaufwand beträgt etwa 20 Minuten.

Ölverbrauch

Jeder Verbrennungsmotor verbraucht Öl. Dies ist eine Tatsache, die auf den baulichen Gegebenheiten beruht. Wenn Sie immer wieder von Autofahrern hören, daß es Motoren gibt, bei denen zwischen den Ölwechsel-Intervallen nichts nachgefüllt werden muß, dann ist dies noch lange kein Hinweis darauf, daß kein Ölverbrauch vorhanden ist. In Wirklichkeit wird nämlich verbrauchtes Öl durch Benzin-Kondensate ergänzt, so daß der Peilstab nur die halbe Wirklichkeit widerspiegelt. Diese fremden Ölbeimengungen sind ein wichtiger Grund für den Motorölwechsel. Besonders im Kurzstreckenbetrieb steigt der Anteil unverbrannten Kraftstoffes im Öl stark an.

Für alle Käfer-Motoren gilt ein Ölverbrauch bis 1,0 l je 1000 Fahrkilometer als normal. Dies ist jedoch der Höchstwert, der in der Praxis selten erreicht wird. Ein Ölverbrauch in diesem Bereich sollte Sie veranlassen, Ihre V.A.G-Werkstatt aufzusuchen.

Allerdings muß nicht alles Öl, das fehlt, verbraucht worden sein. Oft verliert der Motor auch Öl, z. B. an den Kurbelwellen-Dichtringen, den Zylinderfußdichtungen usw.

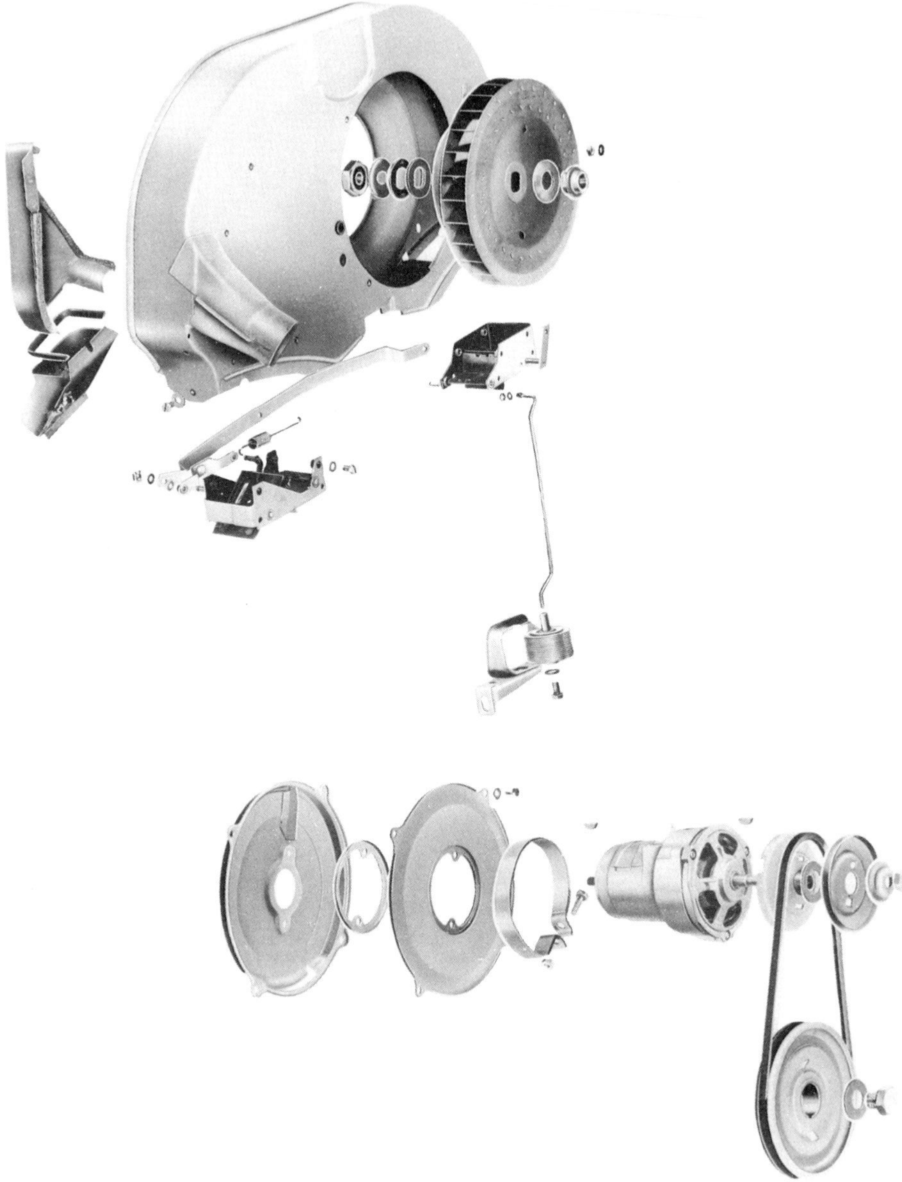

Kühlgebläsegehäuse und Lichtmaschine mit den dazugehörenden Teilen

Motorkühlung

Das Thema Kühlung fällt beim Käfermotor denkbar kurz aus. Die Luftkühlung gilt immer noch als einer der Vorzüge des Käfers. Reparaturen fallen – abgesehen vom Keilriemenverschleiß – nur im Bereich des Thermostats an.

Achtung: Bei gerissenem Keilriemen leuchtet die Ladekontroll-Lampe auf. Fahren Sie auf keinen Fall weiter, da sonst die Gefahr der Motorüberhitzung besteht!

Thermostat ersetzen

Zunächst das Motorabdeckblech unten rechts abschrauben. Den Thermostat durch Lösen der 8mm-Schraube vom Thermostathalter trennen. Die Thermostathalterbefestigung am Motorblock lösen und zur Seite drehen. Nun kann der Thermostat von der Verbindungsstange linksherum abgedreht werden.

Den Thermostat auf die Verbindungsstange schrauben. Die Mutter zur Befestigung des Thermostathalters lösen. Den Thermostat nach oben drücken, so daß die Klappen in Auf-Stellung stehen. Den Thermostathalter versetzen, bis der Thermostat den Halter am oberen Anschlag berührt. Den Halter in dieser Stellung festschrauben. Anschließend den Thermostat am Halter festschrauben.

Bei Erwärmung des Thermostats dehnt sich dieser aus und schiebt die Verbindungsstange nach oben, wodurch sich die Kühlluftregler öffnen.

Der Zeitaufwand beträgt etwa 20 Minuten.

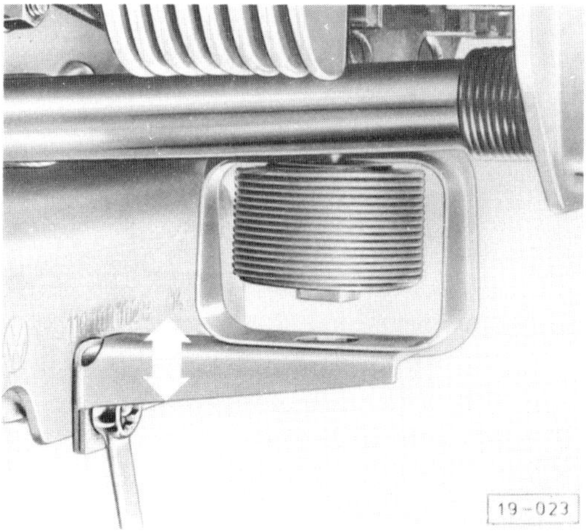

Thermostat prüfen

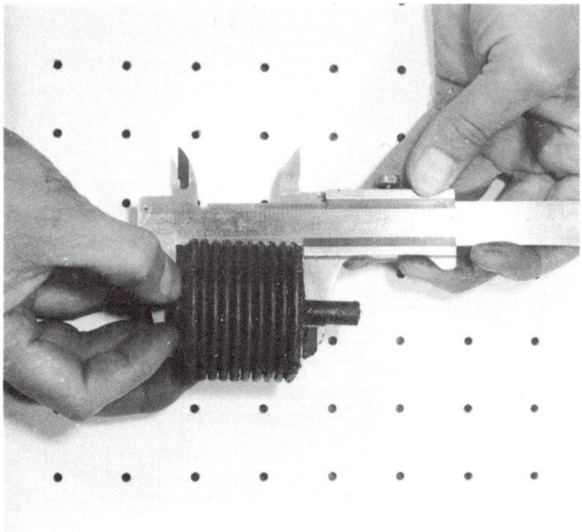

Nach dem Ausbau den Thermostat in ca. 60 bis 70° C heißes Wasser legen. Die Druckdose soll sich nach der Erwärmung auf mindestens 46 mm Länge ausgedehnt haben. Dieses Maß wird zwischen den beiden Thermostatauflageflächen abgenommen.

Praxistip

- Bei älteren Fahrzeugen läßt sich das Motorabdeckblech wegen festsitzender Schrauben oft schlecht abnehmen. Behandeln Sie deshalb einige Tage vor den Arbeiten die Befestigungsschrauben reichlich mit Rostlöserspray.

- Gelegentlich müssen trotzdem ein Hammer und ein Kreuzmeißel eingesetzt werden, um die Schrauben zu lösen. Dabei muß man vorsichtig hantieren, damit die Gewindebohrungen am Motorblock nicht beschädigt werden.

- Die Dichtungen des Motorabdeckblechs sind unbedingt wieder richtig einzusetzen bzw. zu ersetzen, da sonst bei eingeschalteter Heizung möglicherweise Auspuffgase in den Innenraum gelangen könnten.

Vergaser

Im Zuge der Kraftstoffverteuerung und schärferer Abgasbestimmungen wurden die Vergaseranlagen in den letzten Jahren immer komplizierter.

Das Zerlegen eines Vergasers ohne Beschreibung ist beinahe unmöglich. Lesen Sie deshalb die Erläuterungen in den folgenden Kapiteln, bevor Sie mit der Demontage beginnen.

Ab Modelljahr 1977 besitzen alle Vergaser Eingriffssicherungen. Gesichert sind die CO-Schraube und die Drosselklappen-Begrenzungsschraube. Diese Plastikkappen dürfen nicht entfernt werden:

Weiß = Sicherungsfarbe des Vergaserherstellers;
Gelb = Sicherungsfarbe des VW-Werkes;
Blau = Sicherungsfarbe des V.A.G-Kundendienstes.

Praxistip

- Vergaser werden im Herstellerwerk auf besonderen Prüfständen abgestimmt. Da sich die Grundeinstellungen nicht von selbst verändern, darf nicht wahllos an den Verstellschrauben gedreht werden.
- Werden dennoch Änderungen vorgenommen, ist nach diesem Eingriff der CO-Gehalt im Auspuffgas mit einem besonderen Testgerät zu prüfen und einzustellen (Werkstattarbeit!).

  Für den TÜV liegt die obere Grenze bei 4,5 Vol. % CO. Der Käfer wird auf ca. 1 bis 3 Vol. % eingestellt.

Vergasertabelle

Modell		1/1200	1/1200	1/1300 Schaltgetriebe
Motor	Kennbuchstabe Einsatz Motor-Nr.	D 1. 6. 1974 D 1 268 063	D 1. 8. 1975	AR 1. 8. 1973 AR 000 001
Vergaser	Solex Serie Änderungszustand Ersatz	30 PICT-3 111 129 029 C VW 472-1 111 129 029 C	30 PICT-3 111 129 029 E VW 525-1	31 PICT-4 113 129 021 K VW 449-1 113 129 021 K
Vergaser-bestückung	Lufttrichter mm ∅	24	24	25,5
	Hauptdüse	112,5	112,5	× 130
	Ausgleichluftdüse	170 w	170 w	110 z
	Leerlaufdüse	50	47,5	52,5
	Leerlaufluftdüse	150	150	100
	Zusatzkraftstoffdüse	40	40	45
	Zusatzluftdüse	130	130	150
	Anreicherung mit/ohne Kugel	2 × 85 ohne	2 × 85 ohne	2 × 100 ohne
	Einspritzmenge cm^3/Hub	1,05–1,35	1,05–1,35	*)
	Schwimmernadel-ventil mm ∅	1,5	1,5	1,5
	Dichtring unter Schwim-mernadelventil	1,5	1,5	1,0
Anmerkung	*) über + 20°C: 1,15–1,45 unter + 15°C: 1,8–2,2			
Oktanzahl-bedarf	ROZ	87	87	91
Leerlauf	Drehzahl 1/min CO-Wert Vol. %	750–900 2–4	800–950 1–3	750–900 2–4

1/1300 Automatik	1/1600 Schaltgetriebe	1/1600 Schaltgetriebe	1/1600 Automatik	1 1600 Automatik
AR 1. 8. 1973 AR 000 002	AS 1. 8. 1971 AD 360 023	AS 1. 8. 1975	AS 1. 8. 1971 AD 360 024	AS 1. 8. 1975
31 PICT-4 113 129 021 L VW 450-1 113 129 021 L	34 PICT-3 113 129 031 R VW 355-3 113 129 031 Q	34 PICT-4 113 129 033 J VW 523-1	34 PICT-3 113 129 031 R VW 356-4 113 129 031 R	34 PICT-4 113 129 033 K VW 524-1
25,5	26	26	26	26
× 130	× 130	× 127,5	× 130	× 127,5
110 z	60 z	60 z	60 z	60 z
52,5	55	55	55	55
100	120	120	120	120
45	47,5	47,5	47,5	47,5
150	90	90	90	90
2 × 100 ohne	2 × 85 ohne	2 × 100	2 × 85 ohne	2 × 100
*)	1,3–1,6	*)	1,15–1,45	*)
1,5	1,5	1,5	1,5	1,5
1,0	0,5	0,5	0,5	0,5
		*) über + 29°C: 0,75–1,05 unter + 21°C: 1,25–1,55		
91	91	91	91	91
850–1000 2–4	750–900 2–4	800–950 1–3	850–1000 2–4	850–1000 1–3

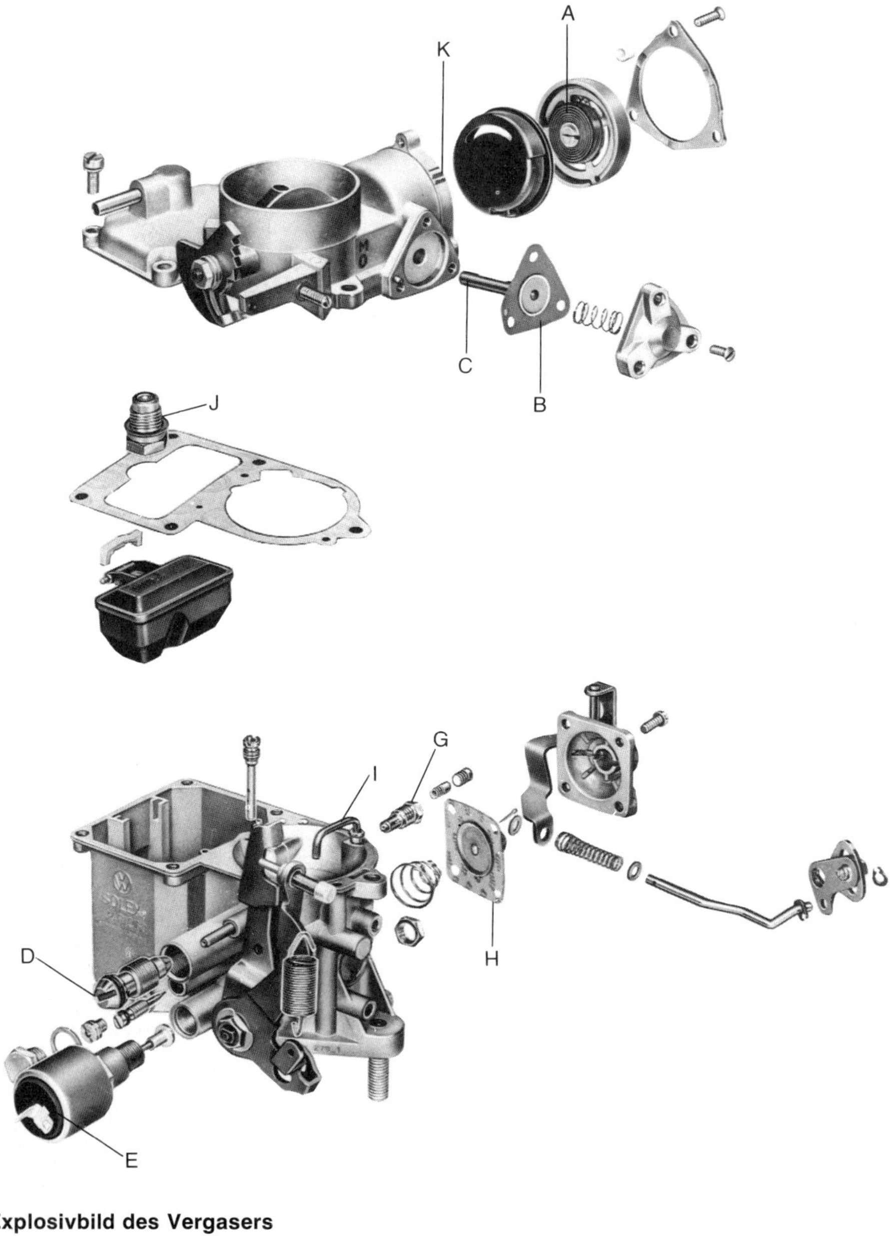

Explosivbild des Vergasers

Leerlauf-Drehzahl einstellen

Den Motor warmlaufen lassen. Die Öltemperatur soll etwa 60° C betragen; die Luftklappe muß geöffnet sein. Die Leerlauf-Drehzahl wird nicht an der Begrenzerschraube eingestellt. Sie verändern beim Verdrehen lediglich die Grundeinstellung der Drosselklappe.

Beim Herausdrehen dieser Schraube erhöht sich die Leerlauf-Drehzahl; durch Hineindrehen wird sie entsprechend geringer. Der Leerlauf soll bei Fahrzeugen mit Schaltgetriebe zwischen 750 und 950 Umdrehungen liegen.

Zur exakten Einstellung benötigen Sie einen Motortester, den Sie gemäß der Bedienungsanleitung an der Zündspule anschließen.

Mit dieser Schraube wird der CO-Wert verändert. Ohne CO-Tester sollten Sie an dieser Schraube niemals drehen.

Achtung: Beachten Sie unbedingt unseren Hinweis bezüglich Eingriffssicherungen auf Seite 61.

Vergaserzug ersetzen

Achtung: Den Vergaserzug nicht knicken!

Die Madenschraube in der runden Befestigungshülse am Drosselklappenhebel mit einem kleinen Schraubenzieher lösen.

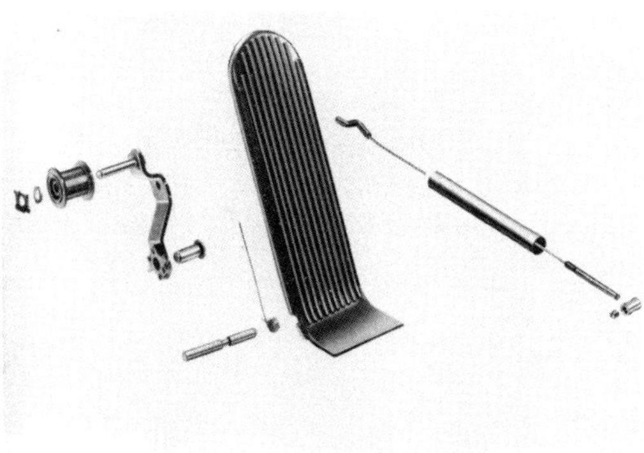

Nun im Wageninnern den Gummibelag des Gaspedals zurücklegen und den Vergaserzug aushängen. Der komplette Zug läßt sich nun aus dem Führungsrohr herausziehen.

Den neuen Vergaserzug einfetten und vorsichtig in das Führungsrohr am Rahmen einführen. Damit der Zug den Innenraum nicht verschmutzt, ist es sinnvoll, wenn ein Helfer das freie Ende des Zuges bis zum vollständigen Einführen festhält.

Läßt sich der Zug nur schwer oder nicht einführen, kann der Verbindungsschlauch zwischen der Fahrzeugrückwand und dem Gebläsegehäuse vom Rohr, das den Vergaserzug durch das Gebläsegehäuse durchführt, abgerutscht sein. In diesem Fall sollten Sie hinter den Gebläsekasten fassen und den Kunststoffschlauch wieder aufstecken, wobei der Helfer gleichzeitig den Zug vollends durchschiebt.

Das verstärkte Ende des Zuges mit der Madenschraube in der Hülse am Drosselklappenhebel befestigen. Sie erleichtern sich die Arbeit, wenn Sie die Hülse mit einer Kombizange festhalten.

Zur abschließenden Prüfung sollte ein Helfer im Fahrzeug bei stehendem Motor das Gaspedal völlig durchtreten. Dabei muß das Maß »a« zwischen Drosselklappenhebel und Anschlag des Vergasergehäuses 1 bis 1,5 mm betragen.

Der Zeitaufwand beträgt etwa 25 Minuten.

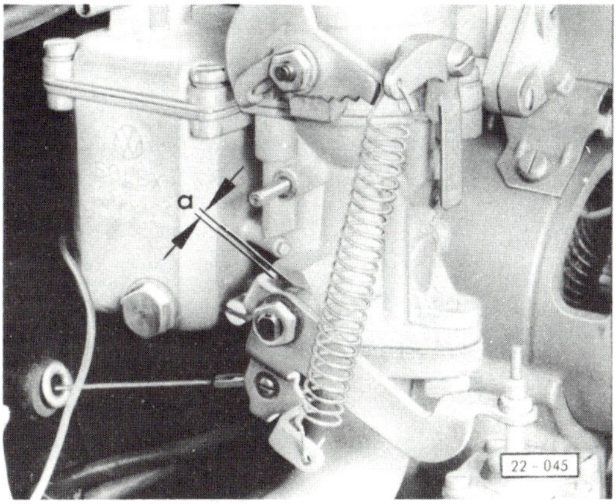

Luftfiltereinsatz ersetzen

Das Ersetzen des Filters ist einfach und benötigt nur etwa 5 Minuten Arbeitszeit. Die Klammern des Gehäuses abdrücken, den alten Filtereinsatz entnehmen und

Praxistip

- Den Luftfiltereinsatz von Zeit zu Zeit je nach Staubanfall ausklopfen bzw. mit Preßluft von innen nach außen durchblasen. Das Luftfiltergehäuse mit einem Putzlappen reinigen.

  Diese Empfehlung gilt nur für Käfer mit Trockenluftfilter. Sie sparen mit diesem Trick Benzin. Im übrigen muß das Filter alle 30 000 km ausgewechselt werden.
- Achtung: Nicht mit Benzin reinigen – Explosionsgefahr!

das Gehäuse reinigen. Den neuen Original-Filtereinsatz einsetzen und das Gehäuse verschließen.

Prüfen Sie bei dieser Gelegenheit auch den Sitz der Unterdruckschläuche für die automatische Steuerung der Ansaugluft-Vorwärmung und auch den dicken Luftschlauch für die Zuführung der Warmluft vom Motor.

Falls Sie noch einen Käfer mit Ölbadluftfilter besitzen, sollten Sie alle 10 000 km die Ölfüllung erneuern, bei höherem Staubbefall natürlich auch früher. Wichtig, aber umständlich ist dabei, daß Sie das Filtergehäuse vom Ölschlamm sorgfältig befreien. Eventuell müssen Sie sogar einen kräftigen Holzspachtel benutzen.

Anschließend normales Motoröl bis zu der roten Markierung innen im Filter auffüllen.

Achtung: Nicht zu viel Öl auffüllen, da sonst die Wirkung des Filters stark absinkt!

Prüfen der automatischen Ansaugluftvorwärmung

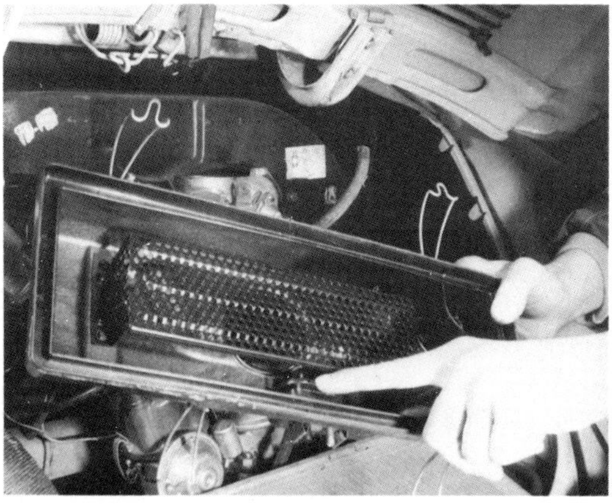

Bei Fahrzeugen mit Trockenluftfilter ist im Leerlauf der rote Schlauch am Temperaturregler abzuziehen. Bei einwandfreier Funktion wird die Regelklappe der Warmluftseite hörbar geschlossen. Ist dies nicht der Fall, kann der Regler defekt sein oder die Schläuche sind undicht.

Bei älteren Modellen mit Ölbadluftfilter wird die Vorwärmung über eine Klappe am Ansaugstutzen des Filters gesteuert. Diese Klappe bleibt mit dem außenliegenden Hebel bei Temperaturen unter 10° C frei beweglich, das heißt, sie wird vom ansaugenden Luftstrom gesteuert. Bei sommerlichen Temperaturen, also über 10° C, wird der Hebel am Falz des Luftfilters außen festgeklemmt.

Vergaser aus- und einbauen sowie zerlegen

Achtung: Bei allen Arbeiten an der Kraftstoffanlage nicht rauchen und kein offenes Feuer! Es besteht auch bei kleinsten Kraftstoffmengen Brand- und Explosionsgefahr. Deshalb stets das Masseband an der Batterie abklemmen.

Das Luftfilter ausbauen und die Kraftstoffleitung ebenso abziehen wie die Unterdruckleitung. Die Madenschraube des Vergaserzuges lösen, den Zug zur Seite legen und die Klemmhülse aus dem Drosselklappenhebel herausnehmen, damit sie beim Reinigen des Vergasers nicht verlorengeht. Die Elektroleitungen des Umluftabschaltventils und der Startautomatik abziehen.

Beide Muttern des Vergaserunterteiles abschrauben. Nun kann der Vergaser abgenommen werden. Damit keine Teile in das Ansaugrohr fallen, sollten Sie dieses sofort mit einem Lappen abdecken.

Zur Reinigung des Vergasers breiten Sie auf einer Werkbank ein sauberes Tuch aus und demontieren die einzelnen Bauteile.

Als nächstes ist das Vergaseroberteil abzuschrauben. Es ist mit fünf Schrauben befestigt. Bevor Sie die Schrauben herausdrehen, ist die Rückzugfeder der Drosselklappe auszuhängen. Die Zuordnung der einzelnen Bauteile finden Sie auf Seite 64. Meist genügt schon das Durchblasen des Vergasers (nachdem alle Düsen herausgeschraubt wurden), um die Funktion wieder sicherzustellen.

Der Einbau erfolgt mit neuen Dichtungen in umgekehrter Reihenfolge. Den Motor danach warm laufen lassen, die Dichtigkeit prüfen und die Leerlauf-Drehzahl einstellen.

Achten Sie darauf, daß beim Start die Stufenscheibe in ihrer höchsten Stellung steht. Der Motor läuft dann im Leerlauf sehr schnell. Mit zunehmender Erwärmung der Bimetallfeder wird die Stufenscheibe langsam zurückgestellt, sobald Sie das Gaspedal getreten haben.

Am Gehäuse der Startautomatik erkennen Sie außen drei Markierungen. Grundsätzlich wird die Feder auf die mittlere Marke eingestellt und somit vorgespannt.

Mehr Vorspannung bedeutet, daß die Starterklappe länger geschlossen bleibt; bei geringer Spannung öffnet die Starterklappe früher.

Dies kann im Sommer durchaus empfehlenswert sein, weil durch das frühe Öffnen ein möglicher Kraftstoffmehrverbrauch vermieden wird. Sie können nach eigenem Ermessen – wenn Sie bereit sind, eine etwas schlechtere Gasannahme bei kaltem Motor zu akzeptieren – die Startautomatik auch etwas schwächer einstellen.

Temperaturschalter prüfen (Käfer ab Baujahr 1975)

Einige Käfer-Vergaser (ab Baujahr 1975) besitzen einen zusätzlichen Temperaturschalter, der die Beschleunigungspumpe in Abhängigkeit von der Ansauglufttemperatur steuert.

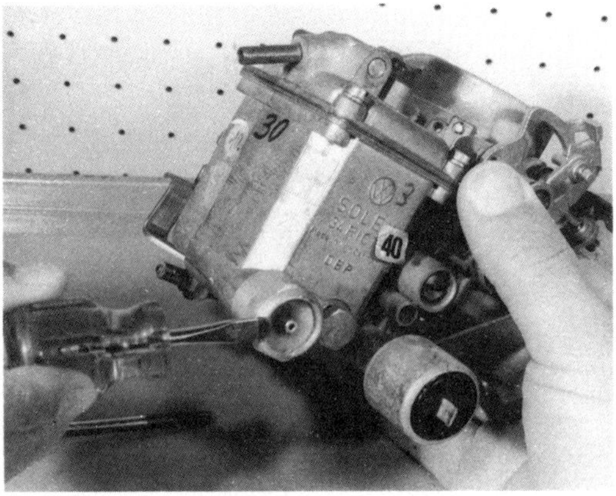

Der dazu gehörige Temperaturschalter sitzt im Luftfilter und ist über einen Schlauch mit diesem Schalter am Vergaserschwimmergehäuse verbunden. Das Regelventil läßt sich durch einfaches Durchblasen mit dem Mund prüfen:

- Liegt die Außentemperatur über + 20° C (beim 1,3 l-Motor) bzw. über ca. + 30° C (beim 1,6 l-Motor), ist das Ventil geschlossen.
- Wenn Sie das Ventil abkühlen, z. B. im Kühlschrank, ist es unter + 15° C (1,3 l-Motor) bzw. unter + 21° C (1,6 l-Motor) geschlossen.

Praxistip

- Am Vergaser gibt es Verstellmöglichkeiten an einzelnen Bauteilen, z. B. am Schließdämpfer, der die Drosselklappe bei plötzlichem Gaswegnehmen bremst, weiterhin die Grundeinstellung der Drosselklappe, das Luftklappenspaltmaß der Starterklappe und die Einspritzmenge. Da sich diese Werksgrundeinstellungen kaum von selbst ändern, raten wir Ihnen von derartigen Eingriffen ab.
- Beim 1,2 l-Motor (ab Motor-Nr. D 1 353 615; Vergaser 30 PICT) wird die Startautomatik auf die untere Markierung eingestellt. Auf dem Startautomatikgehäuse finden Sie einen blauen Punkt (soweit noch vorhanden), der die Markierung kennzeichnet.

Diagnosehilfe

Wir können Ihnen hier nur eine grobe Zusammenfassung von möglichen Fehlern liefern. Die nachstehend genannten Ursachen können, müssen aber für die Störung nicht verantwortlich sein.

Kontrollieren Sie zunächst die einwandfreie Funktion der Zündanlage, bevor Sie den Vergaser demontieren, außerdem die Ventileinstellung. Die Zündanlage ist störanfälliger als der Vergaser.

Lassen Sie den Motor nicht unbeaufsichtigt im Leerlauf laufen.

Die im Text erwähnten Positionen A bis Z beziehen sich auf das Explosivbild auf Seite 64.

Beanstandung: Der Motor springt an kalten Tagen schlecht an bzw. nimmt kein Gas an.

Fehler:

- Die Bimetallfeder A der Startautomatik ist gebrochen oder erlahmt; eventuell ist die Heizspirale durchgebrannt.
- Die Luftklappenwelle ist schwergängig; sie muß an kalten Tagen bei getretenem Gaspedal schließen.
- Das Schwimmernadelventil ist verstopft oder hängt.
- Das Filter bzw. das Sieb ist verstopft.

Reparaturmöglichkeit:

- Die Bimetallfeder durch ein Neuteil ersetzen; die Markierungen K beachten.
- Durch einige Spritzer Rostlösungsmittel (MOS 2 Öl) gangbar machen, eventuell das Vergaser-Oberteil ausbauen.

Beanstandung: Der Motor springt an, stottert, läuft mit sehr fettem Gemisch; die Leistung setzt erst bei höherer Drehzahl ein.

Fehler:

- Die Unterdruckmembrane B ist beschädigt bzw. die Membranenstange C klemmt.
- Das Drosselklappenspaltmaß stimmt nicht.

Reparaturmöglichkeit: Die Membrane ersetzen; die Stange gangbar machen.

Beanstandung: Der Motor bleibt im Leerlauf stehen.

Fehler:

- Das Umluft-Abschaltventil E ist defekt; es verursacht beim Ein- und Ausschalten der Zündung im Normalfall ein Klickgeräusch. Am Kabel muß bei eingeschalteter Zündung Strom anliegen.
- Die Leerlauf-Drehzahl liegt zu niedrig.
- Der CO-Gehalt ist zu mager.
- Die Leerlauf-Düse G ist verschmutzt.

Reparaturmöglichkeit:

- Das Abschaltventil eventuell ersetzen; die Stromversorgung sicherstellen;
- oder die Leerlauf-Drehzahl erhöhen (Schraube D);
- oder die Leerlaufdüse reinigen.

Beanstandung: Der Motor läuft trotz erreichter Betriebstemperatur mit erhöhter Drehzahl.

Fehler:

- Das Kabel der Startautomatik ist abgefallen bzw. es ist kein Strom vorhanden.
- Die Bimetallfeder ist verklemmt bzw. schadhaft (in diesem Fall bleibt die Stufenscheibe hängen).
- Der Gaszug klemmt.

Reparaturmöglichkeit:

- Das Kabel instandsetzen; die Stromversorgung sicherstellen.
- Die Bimetallfeder ersetzen.

Beanstandung: Der Motor nimmt kein Gas an, die Beschleunigung setzt zögernd ein, Übergänge beim Schalten fehlen.

Fehler:

- Die Membrane H der Einspritzpumpe ist schadhaft.
- Das Einspritzrohr I ist verbogen oder verstopft.

Reparaturmöglichkeit:

- Die Membrane ersetzen.
- Beim kontinuierlichen Gasgeben (Motor steht) muß im Ansaugtrichter ein deutlicher Strahl aus dem Einspritzrohr I austreten. Das Rohr soll in den sich öffnenden Drosselklappenspalt spritzen; gegebenenfalls nachbiegen.

Beanstandung: Starker Kraftstoffgeruch im Motorraum.

Fehler: Das Schwimmernadel-Ventil J ist schadhaft.

Reparaturmöglichkeit: Ersetzen.

Beanstandung: Knallen im Schiebbetrieb.

Fehler: Undichtigkeiten; zu mageres Leerlaufgemisch.

Reparaturmöglichkeit:

- Auspuffanlage prüfen, vermutlich wird falsche Luft angesaugt.
- Vergaseranlage prüfen.
- Ansaugkrümmer Z (siehe Bild auf Seite 38) auf Undichtigkeiten prüfen; soweit vorhanden, Gummimanschette nachziehen.

Kraftstoffversorgung

Kraftstoffpumpe aus- und einbauen

Die Kraftstoffpumpe ist unmittelbar neben dem Verteiler am Motorblock angeflanscht. Sie wird über einen Stößel, der in einem Kunststoffzwischenflansch geführt wird, von der Nockenwelle angetrieben.

Der Ausbau ist einfach. Zunächst die Schläuche abziehen. Falls Kraftstoff aus der vom Tank kommenden Leitung ausläuft, verschließen Sie diesen, indem Sie eine kräftige, aber saubere Schraube in den Schlauch stecken.

Die Kraftstoffpumpe kann, nachdem die beiden Muttern abgeschraubt wurden, nach oben abgehoben werden.

Der Einbau geschieht in umgekehrter Reihenfolge. Jeweils unter und über dem Kunststoffzwischenflansch der Stößelführung wird eine neue Papierdichtung eingesetzt. Die Pumpe im Unterteil mit Universalfett auffüllen. Alle Schläuche mit Schellen gegen Abrutschen sichern.

Der Zeitaufwand beträgt etwa 20 Minuten.

Praxistip

- Die hintere Mutter der Pumpenbefestigung ist relativ schlecht zu erreichen. Zur Montageerleichterung kann es hilfreich sein, die Verteilerkappe abzunehmen und den Verteiler auszubauen.
- Prüfung der ausgebauten Pumpe:

  Wenn Sie den Pumpenhebel im Unterteil mit einem kräftigen Schraubenzieher in das Gehäuse drücken, muß ein kräftiges schmatzendes Geräusch zu hören sein. Ist dies nicht der Fall, sind Membrane oder Pumpenventile schadhaft. In diesem Fall muß die gesamte Pumpe ersetzt werden.

  Anders als ältere Ausführungen sind neue Pumpen zugebördelt und nicht mehr geschraubt, so daß ein Auswechseln der Membrane oder der Ventile unmöglich ist.

Kraftstoffpumpe prüfen und reinigen

Zum Reinigen braucht die Pumpe nicht ausgebaut zu werden. Die Reinigung sollte alle 15000 km vorgenommen werden. Sie erfolgt nicht im Rahmen einer Werkstattwartung.

Zunächst die Pumpe außen mit einem Tuch reinigen, dann die Schlitzschraube im Deckel herausdrehen und den Deckel abheben. Unter dem Deckel liegt ein Filter, das mit Kraftstoff gereinigt und ausgeblasen werden muß.

Der Einbau erfolgt in umgekehrter Reihenfolge. Dabei eine neue Dichtung verwenden. Den Deckel beim Aufsetzen drehen, bis die Nase am Deckelrand in die Aussparung des Gehäuses einrastet.

Der Zeitaufwand beträgt etwa 20 Minuten.

Kraftstoffleitung prüfen

Stellen Sie Kraftstoffgeruch im Kofferraum oder im Fahrzeug fest, sollten Sie nicht nur den Kraftstofftank, sondern auch die Dichtung des Gebers für die Kraftstoffanzeige prüfen.

Werden Leitungen ersetzt, tun Sie das am besten, wenn die Tankuhr bereits auf Reserve steht.

Geber für die Kraftstoffanzeige aus- und einbauen

Fahrzeuge mit kleinem Kofferraum:

Aus Sicherheitsgründen das Masseband der Batterie (unter der hinteren Sitzbank) abklemmen. Die Abdeckung im vorderen Kofferraum herausnehmen und die Leitung des Gebers abziehen. Die Kreuzschlitzschrauben herausdrehen und den Geber samt Schwimmer herausziehen. Die alte Dichtung abnehmen. Falls notwendig, die Anlageflächen reinigen. Die neue Dichtung ansetzen und die Schrauben mit VW-Dichtungsmittel D2 hineindrehen. Das Kabel der Kraftstoffanzeige aufstecken, die Funktion prüfen und die Abdeckung in den Kofferraum legen.

Fahrzeuge mit großem Kofferraum (1303/1302):

Hier muß zusätzlich der Kraftstoff abgelassen werden.

Praxistip

- Achtung: Beim VW 1303 den Schlauch des Scheibenwaschbehälters nicht einklemmen!
- Bei Modellen mit kleinem Kofferraum und Frischluftgitter vor der Windschutzscheibe liegt in der Mitte des Kofferraumes unter der Isolierpappe ein Schlauch, der das Regenwasser aus dem Luftschacht abführt. Prüfen Sie den Zustand des Schlauches beim Arbeiten am Tankanzeigegerät; denn häufig ist der Schlauch durch schwere Gepäckstücke beschädigt oder abgerutscht. Die Folge ist ein Wassereinbruch im Kofferraum.
- Schadhafte Tanks sind immer vollständig zu ersetzen.
- Auch an entleerten Tanks sind Löt- und Schweißarbeiten gefährlich.

Gleichzeitig ist auch der Schlauchbinder im Tankeinfüllstutzen zu lösen, damit der Tank teilweise herausgenommen werden kann.

Die beiden Leitungen am Geber abziehen und den Bajonettverschluß des Gebers mit einer Wasserpumpenzange (linksherum) herausdrehen. Beim Drehen gleichzeitig von oben auf den Deckel drükken.

Den Geber etwa 5 cm hochheben und wieder so weit zurückschwenken, daß der zu erkennende Schwimmerarm wie im eingebauten Zustand parallel zu den Längssikken zeigt. Beim Herausziehen mit einem Finger auf den Schwimmerarm drücken, damit die Schwimmerkugel unten am Tankboden bleibt. Sie verhindern auf diese Weise, daß die Schwimmerkugel am Schlingerblech hängenbleibt.

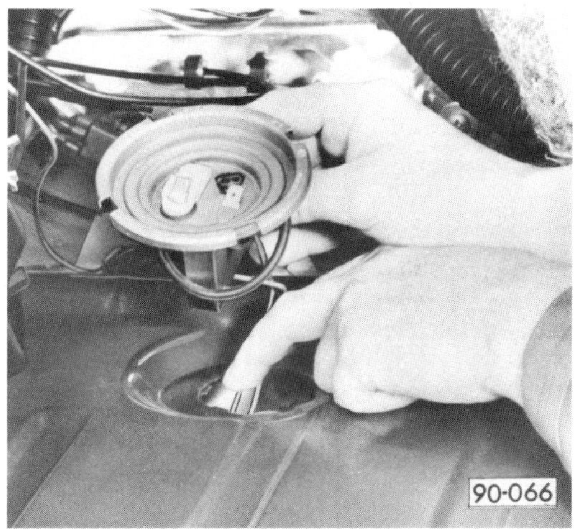

Der Einbau erfolgt in umgekehrter Reihenfolge. Die Dichtung des Gebers wird mit Graphitpulver bestrichen.

Achten Sie beim Einführen des Schwimmers darauf, daß die Kugel möglichst unten am Tankboden entlanggleitet.

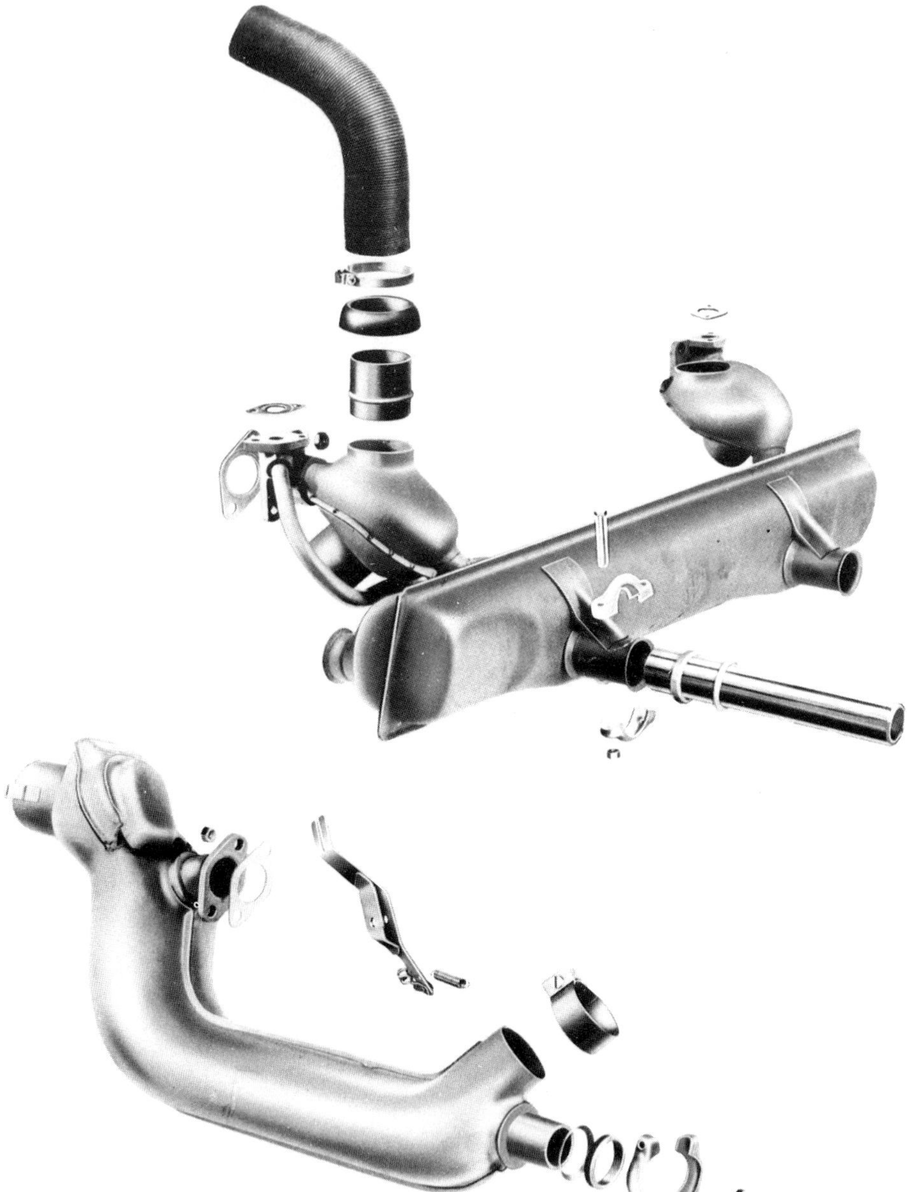

Die Teile der Auspuffanlage samt Wärmetauscher

Auspuffanlage

Auspuffanlage komplett ersetzen

Auspuffanlagen unterliegen hohen Beanspruchungen. Sie werden nicht nur durch hohe Temperaturen, sondern auch mechanisch gefordert. Denken Sie an Steinschlag, Split, Straßenschmutz und natürlich an Schwingungen, die vom Motor ausgehen. Die Zerstörung des Auspuffs ergibt sich aus einer Mischung aller Beanspruchungen. Nicht zuletzt sind säureähnliche Verbindungen aus dem Auspuffgas (Kondensate) schuld, wenn der Auspuff früh ersetzt werden muß.

Der Käfer besitzt einen Doppelrohrauspuff aus Stahlblech mit eingesteckten verchromten bzw. lackierten Endrohren.

Praxistip

- Nur Originalteile verwenden, die mit einer entsprechenden Zulassungsnummer (mit »KBA« beginnend) ausgerüstet wurden.
- Vom Verschleiß ist zunächst der Auspufftopf betroffen. Prüfen Sie bei dieser Gelegenheit auch den Zustand der Wärmetauscher. Ist der äußere Blechmantel durchgerostet, z. B. im Bereich des Auspuffgaseintritts der hinteren Zylinder, ist häufig die Heizwirkung beeinträchtigt.
- Einen Tag vorher, bevor die Anlage demontiert wird, sollten alle Schrauben mit Rostlösespray behandelt werden.
- Beim Kauf der Anlage immer einen kompletten Einbausatz mitnehmen, z.B. für Auspufftopf, Endrohre oder Wärmetauscher.

Für das Ersetzen der kompletten Auspuffanlage benötigen Sie etwa 1 Stunde und 40 Minuten.

Auspufftopf ersetzen

Den Ansaugschlauch der Ansaugluftvorwärmung abziehen, den Heizschlauch rechts und links zusammen mit den Schlauchschellen und den beiden Gummidichtungen entfernen. Sie erkennen nun zwei kurze Verlängerungsrohre, die nur in den Auspufftopf bzw. dessen Blechmantel hineingesteckt sind; auch diese sind herauszuziehen. Das Motorabdeckblech abschrauben; dazu alle Kreuzschlitzschrauben herausdrehen. Auch die kleinen Abdeckbleche der Saugrohrvorwärmung müssen abgenommen werden.

An jedem der Flansche sind zwei 6er Schrauben herauszudrehen. Diese sind häufig festgerostet und können durchaus abreißen. Dies ist kein Fehler; denn der Auspuff wird ja sowieso ersetzt. Sind die Sechskante der Schrauben nicht mehr griffig genug, nehmen Sie entweder einen kleinen Kreuzmeißel zu Hilfe und schlagen die Schrauben ab. Soweit zugänglich, können Sie die Köpfe auch mit einer kleinen Eisensäge abtrennen.

Nun die vier Muttern (zwei an jedem Flansch) von den Stehbolzen abschrauben.

Achtung, wichtiger Hinweis:

Die Muttern können in erheblichem Maße festgerostet sein. Bemerken Sie, daß sich die Muttern trotz rechtzeitiger Behandlung mit Rostlöser bei normaler Kraftanstrengung nicht lösen lassen, keine Gewalt anwenden, da sonst die Stehbolzen der Zylinderköpfe abreißen können.

Besser ist es in diesem Fall, wenn Sie die Mutter mit einem Kreuzmeißel spalten. Die vom VW-Werk gelieferten Originalmuttern lassen sich auf diese Weise sehr leicht entfernen. Auf dem Gewinde des Stehbolzens bleibt dann eine Drahteinlage der Mutter zurück, die mit einem kleinen Schraubenzieher abgewickelt werden kann. Dabei das Gewinde nicht beschädigen.

Die beiden Klemmschellen rechts und links an den Wärmetauschern lösen. Dazu finden Sie im Original-Einbausatz neue Teile.

Mit einem Schraubenzieher die Klemmschellen nach unten schieben. Den Auspufftopf von den Stehbolzen nach hinten abziehen und nach unten herausnehmen.

Einbau:

Den Zustand der Wärmetauscher prüfen; sowohl den Blechmantel als auch das Rohr untersuchen, das die Verbindung zum Auspufftopf herstellt. Das Rohr am Ende mit Schmirgelleinen abziehen, um eine einwandfreie Abdichtung zu gewährleisten. Erkennen Sie beim Reinigen tiefe Narben oder gar Löcher, ist der Wärmetauscher zu erneuern.

Schweißarbeiten an der Verkleidung der Wärmetauscher sind unzulässig.

Bei einwandfreien Wärmetauschern zuerst den balligen Schutzring (Rundung zeigt nach vorn zur Fahrzeugfront) auf die beiden Wärmetauscher zusammen mit den neuen Dichtungen aufstecken. Neue Dichtungen auf die Stehbolzen der Zylinderköpfe aufsetzen. Neue Klemmschellen auf den Frischluftkanal der Wärmetauscher aufstecken. Jetzt den Auspufftopf von unten einführen.

Die Dichtungen zwischen die Vorwärmflansche einführen und mit neuen 6mm-Schrauben aus dem Anbausatz befestigen. Mit den Spezialmuttern aus dem Anbausatz den Auspufftopf an die Zylinderköpfe anschrauben.

Praxistip

- Die 6mm-Schrauben der Saugrohrvorwärmung lassen sich gelegentlich schwer ansetzen. Deshalb – soweit möglich – die Gewinde im neuen Auspufftopf vorschneiden oder eine 6mm-Schraube (mit Öl benetzt) versuchsweise einschrauben.
- Die Bohrungen der Flanschgegenstücke (bleiben am Motor montiert, da sie fest mit dem Saugrohr verbunden sind) um 1 mm aufbohren.

Die Klemmschelle an der Frischluftleitung der Wärmetauscher etwas nach oben schieben und festziehen. Die Schelle muß sowohl den Wärmetauscher als auch das Blech des Auspuffmantels (Vorwärmkammer) erfassen.

Den Auspufftopf mit dem Wärmetauscher-Abgasrohr verbinden.

Achtung: Beim Anziehen der Schelle ist darauf zu achten, daß die Dichtung gut im Sitz des Auspuffrohres liegt; die ballige Scheibe, die die Dichtung schützen soll, muß ringsherum von der Schelle erfaßt werden.

Wärmetauscher ersetzen

Zunächst den Auspufftopf wie beschrieben ausbauen. Dann das Fahrzeug aufbocken. Die Hinterräder abnehmen, damit die Schraubverbindungen an den Wärmetauschern besser erreichbar sind. Rechts und links an den beiden Wärmetauschern die Verbindung zu den Luftleitblechen abschrauben. Die Verbindungsschläuche zu den Luftkanälen, die die Warmluft ins Innere führen, abziehen und die Bowdenzüge rechts und links am Wärmetauscher oben lösen. Die Klemmschrauben aus den Heizungshebeln herausnehmen und zur Seite legen (sie dürfen nicht verloren gehen). Versuchen Sie nun vorsichtig, die Muttern von den Stehbolzen des Zylinderkopfes abzuschrauben. Dabei keine Gewalt anwenden; die Stehbolzen dürfen nicht abreißen. Verwenden Sie reichlich Rostlöserspray. Führen diese Maßnahmen nicht zum Erfolg, die Mutter (wie in »Auspuffanlage ersetzen« geschildert) mit einem Kreuzmeißel sprengen.

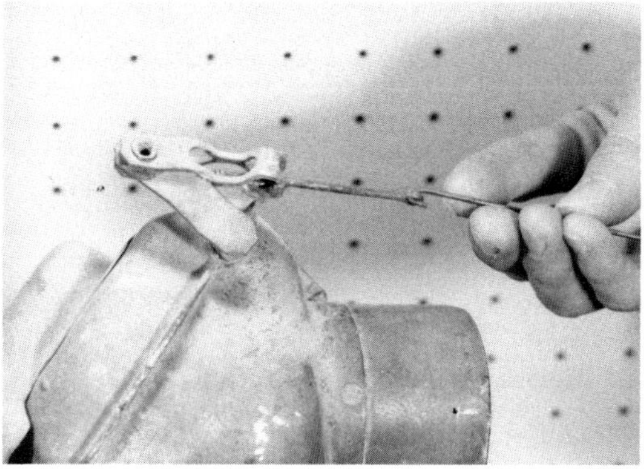

Falls bei der Demontage der Seilzug zu den Heizungsklappen abgebrochen ist, kann der Zug verlängert werden. Biegen Sie das abgebrochene Drahtende zu einem Haken, den Sie dann durch einen Splintkopf stecken. Der Splint übernimmt dann die Verbindung der Klemmhülsen zu den Heizklappen.

Der Einbau erfolgt in umgekehrter Reihenfolge. Dabei sind stets neue Dichtungen und Originalteile zu verwenden.

Der Zeitaufwand für das Ersetzen eines Wärmetauschers beträgt etwa 1 Stunde und 10 Minuten.

Auspuffendrohr ersetzen

Die Endrohre müssen je nach Motorhubraum eine bestimmte Einstecktiefe haben. Da die Gefahr der Motorüberhitzung besteht, sollten Sie das Maß beachten.

Die Auspuffrohre werden mit Klemmschellen befestigt. Die Befestigungsart gleicht der Verbindung des Wärmetauschers mit dem Auspufftopf (siehe vorangegangenes Kapitel).

Der Zeitaufwand beträgt etwa 25 Minuten.

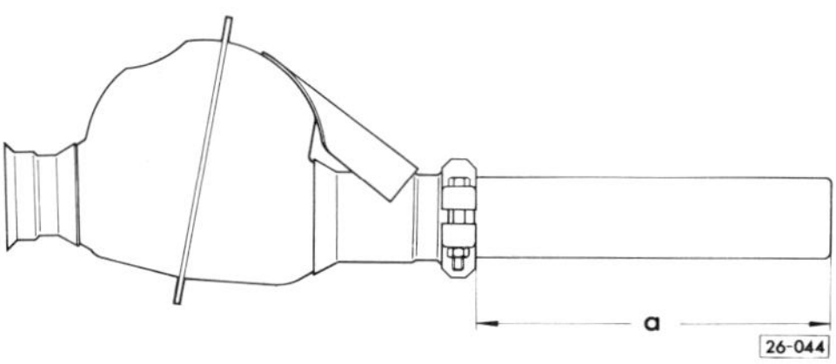

Messen der Einstecktiefe beim 1,3 l- und 1,6 l-Motor: Das Maß »a« beträgt 155 mm; das Endrohr ist ca. 226 mm lang.

Praxistip

- Wenn Sie den Auspufftopf ersetzen, kann es durchaus möglich sein, daß die Endrohre noch recht gut erhalten sind. Sie können dann wiederverwendet werden.
- Bemerken Sie aber Rostnarben im Chrom oder sind die Siebe im Inneren schon beschädigt, sollten Sie neue Rohre einsetzen. Bedenken Sie, daß Sie sonst die Montagearbeiten zweimal vornehmen müssen und natürlich noch einmal einen Anbausatz zu bezahlen haben. Innerhalb kürzester Zeit sind meist die Schrauben nicht mehr zu lösen, und die Dichtungen zerbrechen bei der Demontage.

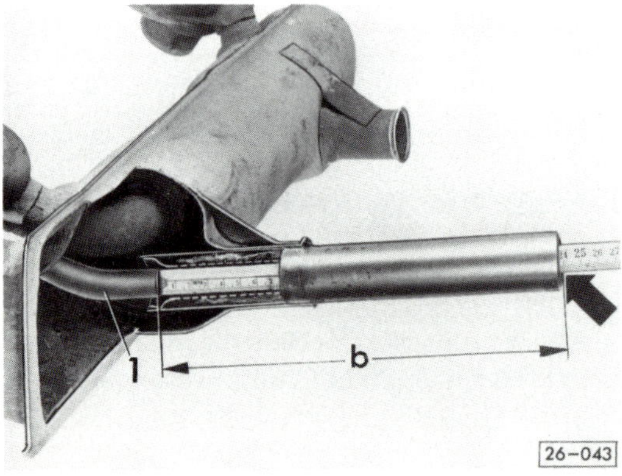

Messen der Einstecktiefe beim 1,2 l-Motor: Das Endrohr einführen und einen Meterstab bis zum Anschlag in das Rohr stecken. Das Maß »b« beträgt 220 mm; das Rohr selbst ist ca. 226 mm lang.

Zündanlage

Zündanlagen verursachen am häufigsten Fahrzeugpannen. Jeder erfahrene Monteur wird, sofern sich noch Benzin im Tank befindet, und der Anlasser den Motor noch munter durchdreht, zielstrebig die Verteilerkappe öffnen und dort den Zustand des Unterbrecherkontaktes untersuchen. Dazu gehört auch eine Prüfung der Verteilerkappe sowie der Zündkabel.

Die Teile der Zündanlage

Unterbrecherkontakt

Der Unterbrecherkontakt ist nichts anderes als ein Schalter, der vom Nocken der Verteilerwelle betätigt wird. Er schließt und öffnet den Primärkreis der Zündspule. Jede Unterbrechung des Primärstromkreises löst den Zündimpuls aus. Für eine einwandfreie Funktion muß der Kontakt einen bestimmten Abstand haben. Je nach Abstand ergibt sich ein Schließwinkel, den man mit einem Testgerät ermitteln kann.

Kondensator

Stellen Sie fest, daß der Unterbrecherkontakt bereits nach wenigen Fahrkilometern stark abgebrannt ist, besteht der Verdacht, daß der Kondensator schadhaft ist. Im Normalfall wirkt der Kondensator als elektrischer Speicher. Er verhindert, daß sofort die volle Spannung am Kontakt übertragen werden muß; dies wäre mit einer starken Funkenbildung (Kontaktverschleiß) verbunden. Kondensatorschäden sind allerdings aufgrund verbesserter Fertigungstechniken nicht so häufig, wie oft angenommen wird.

Der Unterbrecherfunken löst zwischen Kontaktamboß und Kontakthebel eine Materialwanderung aus. Gleichzeitig nützt sich auch der Kunststoffnocken am Kontakthebel ab.

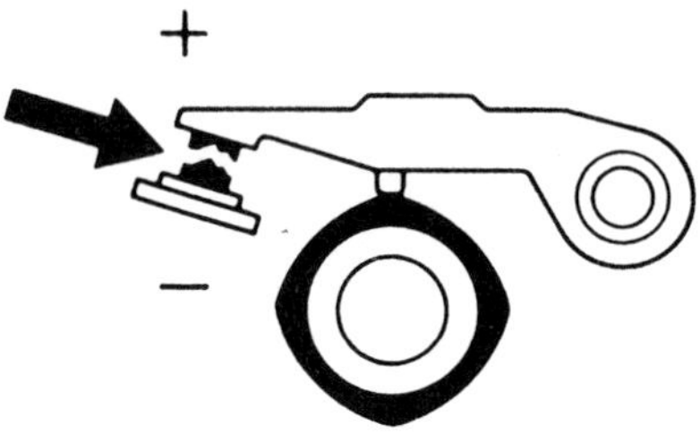

Beide Verschleißerscheinungen – Materialwanderung und Verschleiß am Kunststoff – beeinflussen die Zündung so sehr, daß eines Tages der Motor nicht mehr anspringt.

Zündspule

Die Zündspule sorgt für die Herstellung einer geeigneten Zündspannung. Sie ist über das Kabel 15 mit dem Zündanlaßschalter und über das Kabel 1 mit dem Verteiler verbunden. Das dicke Hochspannungskabel in der Mitte (Klemme 4) stellt die Verbindung zur Verteilerkappe her. Schäden an der Zündspule sind allerdings selten.

Verteiler mit Verteilerkappe und -finger

Jeder Zylinder erhält über den Verteiler, kurz bevor der Kolben den oberen Totpunkt erreicht hat, den Zündimpuls. Die eigentliche Verteilung übernimmt der Verteilerfinger, der in der Verteilerkappe nacheinander entsprechend der Zündfolge den ersten, vierten, dritten und zweiten Zylinder bedient.

Mögliche Schäden an der Verteilerkappe sind Schmorstellen in Verbindung mit Kriechströmen, die unkontrollierte Zündimpulse auslösen können. Deshalb ist die Verteilerkappe innen und außen stets sauber und trocken zu halten. Dabei kann ein Kontaktspray, der die Feuchtigkeit unterwandert, hilfreich sein.

Kabel und Kerzenstecker

Die Weiterleitung der Zündspannung zu den Kerzen übernehmen Hochspannungskabel. Auch hier ist Sauberkeit höchstes Gebot. Dies gilt natürlich ebenso für die Kerzenstecker.

Zur Funkentstörung besitzen die Kerzenstecker auf den Zündleitungen und der Verteilerfinger einen Widerstand; dieser kann durchbrennen. Es ist dann kein Durchgang mehr vorhanden. Ein defekter Widerstand muß ersetzt werden. Dies gilt analog für die Kerzenstecker.

Bei eingebautem Radio sind jeweils auch die Kabel an der Verteilerkappe mit einem Widerstandsstecker entstört.

Zündkerzen

Die Entzündung des Gemisches erfolgt über die Zündkerze. Weil Laien meist nur dieses Bauteil kennen, werden Kerzen allzu häufig für eine Panne verantwortlich gemacht. Dabei halten diese unter normalen Betriebsbedingungen in einem Verbrennungsmotor ohne weiteres mehr als 15000 km durch.

Problematisch ist lediglich der Abbrand, der einen immer größer werdenden Elektrodenabstand bewirkt. Die beim Käfer vorgegebene Einstellung mit 0,7 mm wird von der Hochspannung problemlos überbrückt. Dies muß bei einer Kerze mit 0,9 mm Abstand (Abbrand während der Betriebszeit) nicht mehr der Fall sein. Kommt noch ein weiterer ungünstiger Faktor hinzu, etwa eine schwache Batterie oder eine feuchte Verteilerkappe, wird der Motor nicht mehr anspringen.

Im Stadtverkehr häufig eingesetzte Fahrzeuge erreichen nur selten die richtige Betriebstemperatur. Die Kerze reagiert auf solche Bedingungen häufig mit Verrußungs- oder Verkokungserscheinungen, weil die Selbstreinigungstemperatur fehlt. Empfehlenswert sind deshalb die von der Industrie angebotenen breitbandigen Zündkerzen, die sowohl für den Stadtverkehr als auch für hohe Belastung auf Autobahnen geeignet sind. Zu erkennen sind diese Kerzen an ihrer Bezeichnung, z.B. »thermo-elastic«.

Unterbrecherkontakte ersetzen und einstellen

Hierfür benötigen Sie etwa 30 Minuten.

Dazu die Verteilerkappe abnehmen, die lediglich mit zwei Haltefedern festgeclipst ist. Den Verteilerfinger und die Abweisscheibe abziehen. Nun kann der Unterbrecherkontakt nach Lösen der Befestigungsschraube entnommen werden. Dieser besteht aus zwei Teilen, dem Kontakthebel und dem Kontaktamboß.

Praxistip

Hilfreich bei der Grundeinstellung des Zündzeitpunktes und der Kontakte ist eine Markierung am Verteilergehäuserand (siehe Bild Seite 86). Fluchtet der Verteilerläufer mit dieser Marke, dann wird gerade der erste Zylinder gezündet. Die Kerbe an der Kurbelwellen-Riemenscheibe steht dabei genau gegenüber der Motorgehäusenaht.

Jetzt den neuen Kontakt in umgekehrter Reihenfolge einsetzen. Der Kunststoff erhält einen leichten Fettfilm, die Lagerung des Kontaktes einen Tropfen Motoröl.

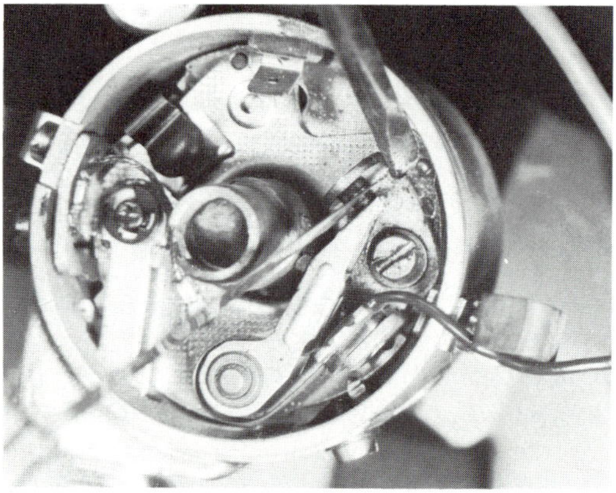

Mit der Fühlerlehre und einem Schraubenzieher wird der Kontakt auf etwa 0,35 mm provisorisch eingestellt. Dabei muß ein Nocken des Verteilers den Kunststoff auf den höchstmöglichen Punkt gedrückt haben.

Am besten drehen Sie den Motor mit Hilfe eines Ringschlüssels durch, den Sie auf die Schraube der Kurbelwellen-Riemenscheibe aufstecken.

Achtung: Vor dem Probelauf den Ringschlüssel wieder abziehen.

Nun werden das Testgerät und die Zündlichtpistole angeschlossen. Die Zündlichtpistole wird an Plus der Zündspule (Klemme 15) und an Minus (Motormasse), das Auslöserkabel mit der Abgriffzange am Zündkabel des ersten Zylinders angeklemmt.

Das Testgerät für die Schließwinkeleinstellung erhält seinen Anschluß von den Klemmen 1 und 15 der Zündspule. Diese Bezeichnungen finden Sie auf der Spule.

Achtung: Auf die Kontaktflächen darf kein Fett gelangen.

Ein Helfer bedient nun den Anlasser, und Sie beobachten auf dem Testgerät den Zeiger der Schließwinkelskala. Dieser muß einen Wert zwischen 44 und 50° anzeigen.

Dabei bedeutet:

kleiner Schließwinkel = großer Kontaktabstand;

großer Schließwinkel = kleiner Kontaktabstand.

Gegebenenfalls muß der Abstand und damit der Schließwinkel durch Verschieben des Kontaktunterteiles (Amboß) mehrfach korrigiert werden.

Zündzeitpunkt prüfen und einstellen

Den Verteilerfinger und die Abweisscheibe einsetzen. Vor dem Montieren der Verteilerkappe den Zustand der Schleifkohle prüfen. Diese muß etwa um 5 mm aus der Bohrung der Verteilerkappe hervorstehen. Außerdem soll die Schleifkohle beim Hineindrücken freigängig sein und von selbst die ursprüngliche Lage einnehmen.

Mit der Zündlichtpistole die Zündzeitpunktkerbe anblitzen. Die Drehzahl liegt bei ca. 750 bis 900 Umdrehungen.

Die Markierung muß nun (wie im Bild gezeigt) stehen. Ist dies nicht der Fall, muß der Verteiler gelöst und so lange verdreht werden, bis die Markierung stimmt.

Vorsicht vor drehenden Motorteilen!

Praxistip

Eine zu früh eingestellte Zündung erzeugt Motorklingeln, was bei Dauerbetrieb zu einem Motorschaden führen kann. Wenn Sie nach dem Einstellen beim Fahren und hier besonders beim Beschleunigen Klingelgeräusche aus dem Motorraum vernehmen, ist die Zündung vermutlich falsch eingestellt.

Die verschiedenen Käfer-Motorvarianten besitzen verschiedene Zündzeitpunkte, die zwischen 5° nach OT und 7,5° vor OT differieren. Stellen Sie den Motor ohne Rücksicht darauf, welcher Wert für Ihren Motor zutrifft, immer auf die in Drehrichtung letzte Kerbe ein, die dann im Blitz der Zündpistole erscheint. Fragen Sie im Zweifel Ihren V.A.G-Betrieb, welche Einstellung richtig ist.

Für die Einstellung gibt es noch ein Kriterium, das Sie unbedingt beachten müssen: Grundsätzlich ist bei allen Verteilern mit einfacher Unterdruckdose am Verteiler der Unterdruckschlauch beim Einstellen des Zündzeitpunktes abzuziehen.

Besitzt der Motor hingegen einen Verteiler mit doppelter Unterdruckdose (in diesem Fall erkennen Sie am Verteiler zwei Unterdruckschläuche), werden die Unterdruckschläuche zur Einstellung des Zündzeitpunktes nicht abgezogen.

Für die Prüfung und Einstellung des Zündzeitpunktes benötigen Sie etwa 35 Minuten.

Zündverteiler prüfen

A) Fliehkraftverstellung

Den Drehzahlmesser und die Zündlichtpistole anschließen; den Unterdruckschlauch vom Zündverteiler abnehmen. Jetzt den Motor starten. Wird nun die Drehzahl variiert, sieht man die angeblitzte Zündzeitpunktmarkierung deutlich hin- und herwandern.

B) Unterdruckverstellung – Früh

Die Meßgeräte wie beschrieben anschließen und den Motor mit etwa 2500 Umdrehungen laufen lassen. Beim Abnehmen des Unterdruckschlauches von der Unterdruckdose muß die Zündzeitpunkt-Markierung ebenfalls auswandern. Gegebenenfalls die Schlauchverbindung zum Vergaser prüfen. Der Zündverteiler erhält den Unterdruck von einem Anschluß am Vergaser-Unterteil.

C) Unterdruckverstellung – Spät

(nur für Zündverteiler mit Doppelunterdruckdose)

Die Meßgeräte wie beschrieben anschließen und den Motor mit Leerlaufdrehzahl laufen lassen. Den Schlauch von der Spätdose (dieser Schlauchanschluß zeigt zum Zündverteiler) abziehen. Bei einwandfreier Funktion muß die Zündzeitpunkt-Markierung auswandern und die Leerlaufdrehzahl ansteigen.

Zündspule prüfen

Die mittlere dicke Leitung der Verteilerkappe (Klemme 4) abziehen und mit einer einfachen Wäscheklammer etwa 10 mm von der Motormasse (Motorblock) entfernt festhalten. Dreht nun ein Helfer den Motor bei eingeschalteter Zündung durch (Ganghebel in Leerlaufstellung, Handbremse angezogen), müssen pro Umdrehung vom Kabel zwei kräftige Funken zur Masse überspringen.

Bleiben die Funken aus, prüfen Sie am Kabel 15 der Zündspule (vom Zündschloß kommend), ob Spannung anliegt; sie muß mindestens 9 Volt betragen. Liegt die Spannung darüber, ist die Klemme 1 der Zündspule mit einem Voltmeter zu prüfen. Bei geschlossenen Kontakten darf keine Spannung anliegen. Wenn bei geöffneten Kontakten das Voltmeter nicht ausschlägt, dann hat die Zündspule eine Unterbrechung und muß ersetzt werden.

Verteilerfinger prüfen

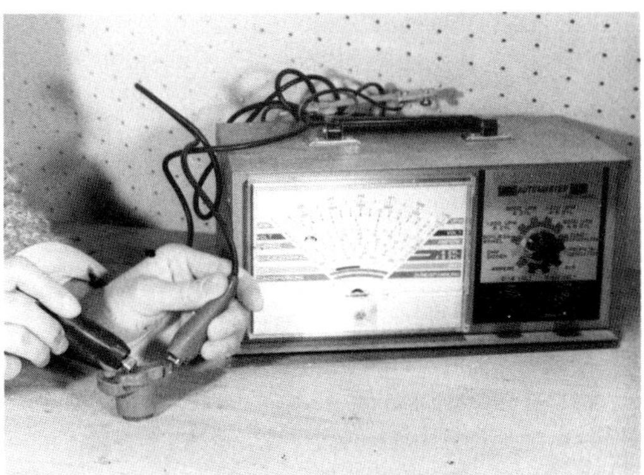

An den beiden Meßpunkten dürfen bis zu 10 Kiloohm anliegen. Ist der Wert höher, muß der Verteilerfinger ersetzt werden.

Zündleitung und Kerzenstecker prüfen

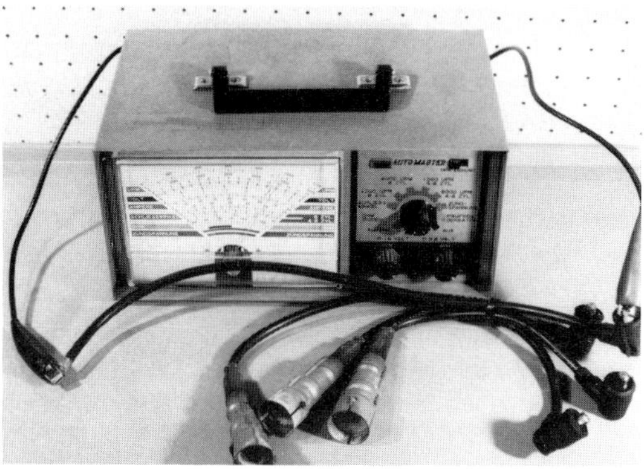

Zwischen beiden Meßpunkten dürfen maximal 5 bis 10 Kiloohm angezeigt werden. Ist der Widerstand größer, ist der Kerzenstecker zu ersetzen.

Der Zeitaufwand beträgt etwa 15 Minuten.

Zündkerzen prüfen

Die Kerzen mit einem Spezialschlüssel lösen. Sie benutzen am besten eine Spezialnuß mit Verlängerung und Ratsche. Nach dem Lösen muß sich die Kerze leicht herausdrehen lassen.

Zündkerzen haben ein sogenanntes »Kerzengesicht«, das bei normal arbeitendem Motor einen rehbraunen Isolator zeigt, während der Kerzensockel einen leichten dunkelgrauen Belag aufweisen darf.

Bemerken Sie eine einzelne nasse oder stark verrußte Kerze, während alle anderen normal sind, ist diese schadhaft. Sind alle vier Kerzen leicht verrußt und ist der Motor bis dahin aber noch gelaufen, wurde dieses Fahrzeug häufig im Stadtverkehr eingesetzt. Hier lohnt sich eine Kerzenreinigung mit der Stahlbürste, falls die Kerzen noch keine 15000 km hinter sich haben.

Der Elektrodenabstand wird durch Verbiegen der Masse-Elektrode korrigiert; der Richtwert beträgt 0,6 mm.

Das Einsetzen der Kerzen erfolgt am besten von Hand. Um ein schiefes Eindrehen zu verhindern, nie mit Gewalt ansetzen.

Empfehlenswert ist das Bestreichen des Kerzengewindes vor dem Einsetzen mit Graphitfett oder -puder (Mit Graphit sparsam umgehen und nichts davon auf die Elektroden bringen).

Den Kerzenschlüssel gerade ansetzen, damit der Isolator nicht abbricht. Nicht zu fest anziehen; das maximale Drehmoment beträgt 30 Nm = 3,0 mkg.

Zum Aus- und Einbau aller Zündkerzen benötigen Sie etwa 25 Minuten.

Zündkerzentabelle

Alle Käfermotoren werden bei normaler Belastung mit den Zündkerzen

- Bosch W 145 T 1.1. – neue Bezeichnung W8A,
- Beru W 145 T 1. – neue Bezeichnung 148A
- Champion L88A

oder gleichwertigen Kerzen zurechtkommen.

Wird häufiger eine hohe Dauerbelastung verlangt, empfehlen wir den Einsatz folgender Zündkerzen:

- Bosch W 175/T 1 – neue Bezeichnung W7A oder
- Beru 175/14 – neue Bezeichnung 14-7A.
- Champion L88A.

Diagnosetips

Wir verzichten bei der Zündanlage auf eine umfangreiche Fehlersuchtabelle, weil im Störfalle die beste Empfehlung eine vollständige Kontrolle der beschriebenen Bauteile ist.

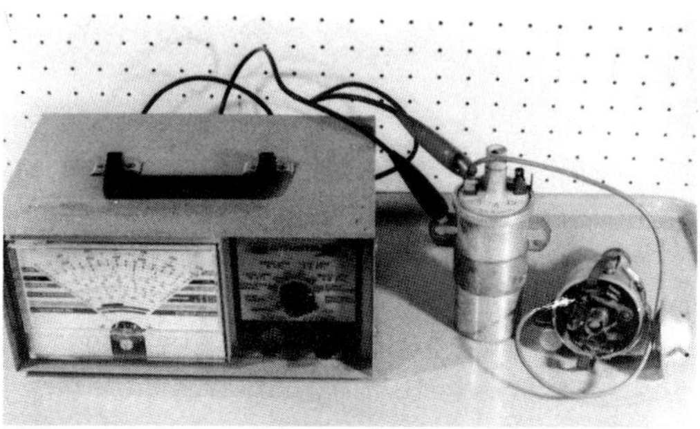

– Als erstes sollten Sie die Zündkabel mit einem trockenen Tuch reinigen und ebenso die Verteilerkappe innen und außen. Entfernen Sie schmierige Beläge zwischen den Kabelanschlüssen der Zündspule. Dabei sind gleichzeitig die Anschlüsse der Kabel 1, 4 und 15 an der Spule und am Verteiler zu prüfen.

– Kontaktsprays können bei der Pannenhilfe ein Vorteil sein, weil die Feuchtigkeit im Bereich der Verteilerkappe durch den Spray verdrängt wird. Eine sorgfältig gereinigte Verteilerkappe benötigt allerdings keinen Spray. Vermuten Sie also kein Allheilmittel in der Spraydose.

– Jetzt folgt eine Sichtprüfung des Unterbrecherkontaktes (am besten den Motor bei abgenommener Kappe und abgenommenem Finger von einem Helfer mit dem Anlasser durchdrehen lassen). Der Unterbrecherkontakt muß von der vorbeilaufenden Verteilernockenwelle deutlich geöffnet werden; das Richtmaß liegt beim Kontaktabstand in der Größenordnung um 0,4 mm. Dieser Wert kann mit einer Fühlerlehre oder einer entsprechend dicken Pappe kontrolliert werden. Öffnet man den geschlossenen Unterbrecherkontakt bei eingeschalteter Zündung, muß ein kräftiger Funken hörbar überspringen (Kontakt mit dem Schraubenzieher öffnen und schließen lassen).

– Besser als die provisorischen Kontrollmaßnahmen im Falle einer Panne ist die Prüfung mit Schließwinkel-Tester und Zündlichtpistole. Sie erhalten die richtigen Werte sofort ohne Demontage. Es müssen nur einige Kabel angeklemmt werden (siehe Seite 88f).

– Springt der Motor an, läuft aber ungleichmäßig, besteht der Verdacht, daß entweder ein Zündkabel abgefallen ist oder daß der dazugehörige Stecker bzw. die Kerze defekt ist. Den Stecker mit dem Ohmmeter durchmessen und gegebenenfalls ersetzen. Die einzelnen Zündkerzen bzw. Kabel und deren Funktionen prüft man am besten, indem man nacheinander die einzelnen Kerzenstecker abzieht. Bleibt bei einem Stecker der Motorlauf unbeeinflußt, ist die defekte Kerze bzw. das defekte Kabel gefunden (zum Abziehen der Kabel stets den Motor abstellen).

– Eine normale Zündkerze hält ohne Beanstandungen etwa 15000 km. Nach dieser Zeit empfehlen wir, Kerzen aus Gründen der Kraftstoffersparnis zu ersetzen.

– Bei der Kontrolle der Zündkerzen empfiehlt es sich, jedesmal eine Kontrolle des Kompressionsdruckes (siehe Seite 47f) durchzuführen.

Achtung: Leistungsgesteigerte Zündanlagen können lebensgefährliche Stromschläge verursachen. Berühren Sie deshalb keine blanken, spannungführenden Teile. Bei diesen Arbeiten ist stets die Zündung auszuschalten.

Kupplung

Die Kupplung ist laut Lexikon eine trennbare Verbindung zwischen zwei Maschinenbauteilen. Im Auto ermöglicht sie durch Entlastung der Zahnräder die Schaltvorgänge und außerdem ein fast ruckfreies Anfahren.

Die Lebensdauer der Kupplung wird von den Betriebsbedingungen bestimmt. Sind Sie häufig im Stadtverkehr unterwegs und müssen oft anfahren, werden Sie sehr viel früher eine Werkstatt aufsuchen müssen, als wenn Sie viel auf Autobahnen fahren. Bei Langstreckenbetrieb kann der Kupplungsbelag durchaus 100000 km aushalten.

Kupplungsbetätigung einstellen

Das Kupplungsspiel wird bei allen Käfermodellen mit einer Flügelmutter korrigiert, die Sie am Kupplungsausrückhebel unmittelbar über der linken Antriebswelle finden.

Da diese Flügelmutter ohne Arbeitsgrube oder Hebebühne schlecht erreichbar ist, ist es empfehlenswert, für die Einstellarbeiten das linke Hinterrad abzunehmen.

– Das Verkürzen des Seiles (Rechtsdrehen der Mutter) bedeutet weniger Spiel.

– Das Verlängern des Seiles (Linksdrehen der Mutter) bedeutet mehr Spiel.

Praxistip

- Die Flügelmutter läßt sich durch Korrosion häufig schlecht drehen. Deshalb die Gewindestange des Kupplungsseiles einen Tag vor den Einstellarbeiten reichlich mit Rostlöserspray behandeln.
- Es ist empfehlenswert, die Gewindestange (nicht das Seil) am Gewindeauslauf (Seilanfang) mit einer Gripzange oder Wasserpumpenzange festzuhalten und dann die Flügelmutter mit einer Kombizange zu bewegen.

Am Kupplungspedal soll der Leerweg (auch Kupplungsspiel genannt) »a« = 10–25 mm betragen.

Sie werden etwa 30 Minuten für die Einstellarbeiten benötigen, wenn die Einstellmutter leichtgängig ist.

Kupplungsseil ersetzen

Das Fahrzeug hinten links aufbocken und das linke Hinterrad abnehmen. Ist das Kupplungsseil gerissen, kann der Seilrest mit der Verstellmutter meist problemlos abgezogen werden. Die Mutter kann zur Wiederverwendung mit Hilfe einer Zange im Schraubstock abgedreht werden.

Die Gummimanschette (siehe Pfeil) abziehen und die Seilführung aus dem Getriebehalter herausdrücken. Damit sind die Arbeiten unter dem Wagen zunächst erledigt.

Jetzt im Wageninneren am Pedalwerk das Gaspedal ausbauen. Den Vergaserzug aushängen; die Bremsdruckstange abnehmen und das Pedalwerk mit dem Rest des Kupplungsseils ausbauen.

Vor dem Einbau die Gewindestange des neuen Seiles einfetten und die Flügelmutter auf Gängigkeit prüfen. Danach das ganze Kupplungsseil einfetten. Während ein Helfer das Kupplungsseil am anderen Ende festhält (um eine Verschmutzung des Wageninneren zu vermeiden), führen Sie die Gewindestange vorne am Rahmentunnel ein, und zwar bis zum Führungsrohr des Kupplungsseiles. Dabei schiebt die rechte Hand das Seil nach, während zwei Finger der linken Hand den Anfang des Führungsrohres ertasten.

Das Kupplungsseil ganz einschieben und am Fußhebelwerk einhängen.

Es ist nun empfehlenswert, den Helfer unter dem Wagen einzusetzen, um das Kupplungsseil beim Auftauchen aus der Seilführung abzunehmen und anschließend das Seil durch das Widerlager in die Öse des Kupplungsausrückhebels zu stecken. Um ein Aushängen des Seiles aus dem Pedal zu verhindern, sollte der

Helfer das Seil leicht auf Spannung halten, während Sie die Schrauben der Pedale ansetzen.

Die Rückzugsfeder des Bremspedals wieder einhängen.

Verwenden sie einen neuen Sicherungsring und achten Sie auf seinen einwandfreien Sitz.

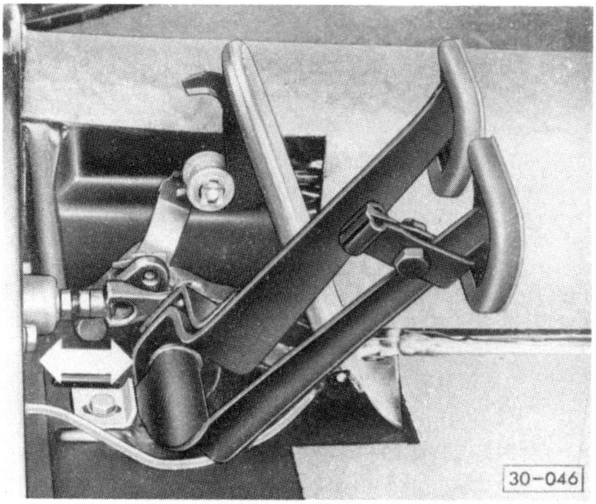

Es ist in aller Regel nicht notwendig, den Fußhebelanschlag (siehe Pfeil) zu verändern. Prüfen Sie jedoch während dieser Arbeiten, ob das Bremspedal nach dem Festziehen der Pedale mit den Befestigungsschrauben noch das vorgeschriebene Spiel von 5 mm hat.

Das Kupplungsspiel einstellen (wie auf Seite 95f beschrieben); dabei sollten Sie einen Blick auf die Gummimanschette der Seilführung werfen; diese muß das Seil einwandfrei gegen Eindringen von Wasser abdichten.

Die Gewindestange der Kupplungsverstellung und auch die Gummimanschette am Seileinlauf reichlich mit Fett versorgen. Abschließend das Gaspedal einbauen und das Hinterrad wieder montieren.

Der Zeitaufwand beträgt für Sie ca. 2 Stunden.

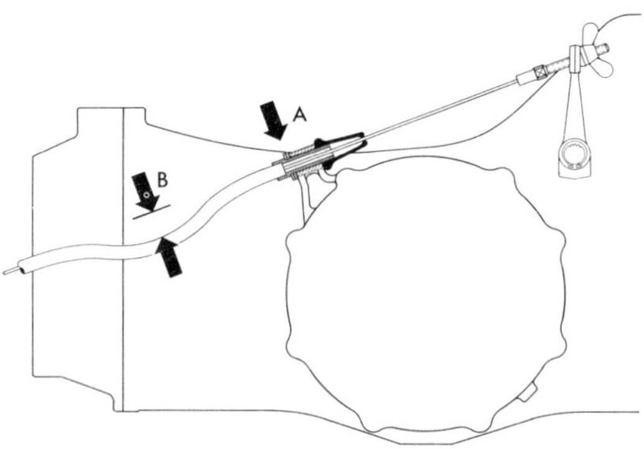

Hinweis:

Das Maß »B« soll eine Durchbiegung von 25 bis 45 mm aufweisen. Ist dies nicht der Fall, kann an der Stelle »A« je nach Gegebenheit durch Einfügen einer oder mehrerer Scheiben eine Korrektur durchgeführt werden. Hängt das Seil zu sehr durch, steigt der Pedaldruck, und das Kupplungsseil kann reißen.

Kupplung prüfen

Haben Sie das Spiel wie angegeben eingestellt, können weitere Prüfungen durchgeführt werden.

Zustand des Belags prüfen: Den Motor starten und die Handbremse fest anziehen. Wenn Sie nun den vierten Gang einlegen und anfahren wollen, muß die Motordrehzahl (funktionierende Handbremse vorausgesetzt) deutlich absinken, bzw. der Motor geht aus. Geben Sie ruhig etwas mehr Gas beim Anfahrtest. Läuft der Motor nur mit geringer Drehzahleinbuße weiter, ist der Kupplungsbelag verschlissen bzw. verölt und muß ersetzt werden.

Bemerken Sie beim Anfahren Kupplungsrupfen, verbunden mit Schütteln im Vorderwagen, ist der Kupplungsbelag verhärtet bzw. verbrannt und muß ersetzt werden.

Prüfen der Kupplungsauslösung: Den Motor starten und den Rückwärtsgang einlegen. Bemerken Sie dabei Schaltgeräusche, versuchen Sie den gleichen Schaltvorgang noch einmal. Legen Sie aber zuerst den zweiten und dann den Rückwärtsgang ein. Fehlt das kratzende Schaltgeräusch, bleibt die Kupplung nicht mehr stehen, d.h. der Kupplungsbelag kann sich nicht von der Druckplatte bzw. von der Schwungscheibe lösen. Die Verklebungen können nur durch einen Aus- und Einbau der Kupplung mit entsprechender Überholung behoben werden.

Praxistip

- Bei einer verölten Kupplung ist immer die Ursache des Öleintritts zu suchen. Öl im Bereich der Schwungscheibe läßt auf einen schadhaften Dichtring des Kurbeltriebes schließen. Der Dichtring ist gegebenenfalls zu ersetzen.
- Ölverschmutzungen im Getriebegehäuse hingegen treten wahrscheinlich über den schadhaften Dichtring der Antriebswelle aus dem Getriebe aus, der gegebenenfalls zu ersetzen ist. Die Abdicht- und Reinigungsarbeiten empfehlen wir in jedem Fall, da sonst die Kupplung wieder verölt. Gleichzeitig ist auch der Getriebeölstand zu prüfen.

Kupplung ersetzen

Für den Aus- und Einbau der Kupplung ist neben guten Fachkenntnissen ein Rangierwagenheber mit ausreichender Hubhöhe (wie beim Motoraus- und -einbau) erforderlich. Zusätzlich benötigen Sie einen Kupplungszentrierdorn, der aus einer gebrauchten Getriebe-Antriebswelle besteht. Lassen Sie sich bei diesen Arbeiten von einem Helfer unterstützen. Der Zeitaufwand beträgt etwa 4 Stunden.

Den Motor ausbauen (siehe Seite 37ff) und das Aggregat sicher auf Holzklötzen abstellen. Die Kupplungsdruckplatte mit einem Körnerschlag oder mit einer Reißnadel in der Einbaulage markieren (siehe Pfeil). Die Kupplungsdruckplatte abschrauben.

Damit die Schwungscheibe sich nicht dreht, benutzen V.A.G-Werkstätten zum Festhalten ein Spezialwerkzeug.

Es genügt aber auch, wenn ein Helfer einen kräftigen Schraubenzieher in die Verzahnung der Schwungscheibe einsetzt und den Schraubenzieher dann an einem der Stehbolzen der Motorbefestigung unten rechts und links abstützt.

Achtung: Dabei besteht Verletzungsgefahr! Die Schrauben stets über Kreuz lösen.

Die Kupplungsdruckplatte und -scheibe abnehmen.

Der VW 1200/1300 besitzt eine Kupplungsdruckplatte mit Schraubenfedern, der VW 1600 eine Kupplungsdruckplatte mit einer Membranfeder. Die Arbeiten sind jedoch bei beiden Ausführungen gleich.

Druckplatten (links VW 1200/1300, Mitte VW 1600) und Kupplungsscheibe (rechts)

Die Kupplungsdruckplatte stets auf Risse und Verschleißspuren prüfen. Sind Nieten lose oder ist eine Feder gebrochen, ist die Druckplatte zu ersetzen. Wenn Sie die Druckplatte schütteln, dürfen Sie keinerlei Klappergeräusche von losen Federn hören.

Bei der Kupplungsdruckplatte des VW 1200/1300 müssen die drei Ausrückhebel stets in gleicher Höhe stehen. Ein Verstellen dieser Hebel mit Hilfe der vorgesehenen Einstellmuttern ist möglich; jedoch sind zur Grundeinstellung Spezialwerkzeuge erforderlich, so daß Sie Korrekturen nicht selbst vernehmen sollten.

Bei der Kupplung des VW 1600 die Enden der Membranfedern prüfen. Einlaufspuren bis zu 0,3 mm sind zulässig.

Für beide Systeme gilt auch die Prüfung der Auflageflächen. Hier sind ebenfalls leichte Einlaufspuren zulässig; die Platte darf bis 0,3 mm nach innen durchgebogen sein.

Die Kupplungsdruckplatte mit Preßluft ausblasen und die Kippunkte der Membranfeder bzw. der Ausrückhebel mit etwas Graphitfett (mit einem kleinen Pinsel) einstreichen. Die Kupplungsscheibe sollten Sie grundsätzlich erneuern, auch wenn der Belag noch ausreichend dick erscheint.

Kupplungsbeläge verhärten an der Oberfläche und neigen dadurch beim Anfahren zum Rupfen. Verölte Beläge sind stets zu ersetzen.

Achtung: Die Verzahnung der Antriebswelle mit einer Stahlbürste sorgfältig reinigen und leicht mit Graphitfett bestreichen. Die Mitnehmerscheibe der Kupplung muß auf der Verzahnung leicht hin- und hergleiten.

Den Zustand des Nadellagers in der Hohlschraube (Schwungscheibenbefestigung) prüfen und das Lager mit einer Schraubenzieherklinge mit Fett (ca. 10 g) schmieren.

Praxistip

- War die Kupplung verölt, prüfen Sie vor dem Einbau der Kupplung, ob Sie unterhalb der Schwungscheibe am Motorgehäuse deutliche Auslaufspuren von Motoröl erkennen. Ist dies der Fall, muß die Schwungscheibe ausgebaut und der Dichtring ersetzt werden (siehe auch Praxistip auf Seite 104).
- Der Dichtring ist mit einem kräftigen Schraubenzieher herauszuhebeln und mit einem Rohr, das den gleichen Durchmesser wie der Dichtring hat, einzuschlagen. Den Dichtring außen etwas einölen. Die Dichtlippe vor dem Einsetzen der Schwungscheibe leicht mit Fett einstreichen.
- Wegen des großen Drehmomentes von 350 Nm = 35 mkg für die Befestigungsschraube benötigen Sie einen ausreichend großen Drehmomentschlüssel und eine Möglichkeit, die Schwungscheibe festzuhalten.

Die Schwungscheibe reinigen und auf Verschleißspuren prüfen. Leichte Einlaufspuren sind zulässig. Die Kupplung in der gezeichneten Einbaulage zusammensetzen und mit einem Zentrierdorn zentrieren. Die Schrauben über Kreuz anziehen (Drehmoment: 25 Nm = 2,5 mkg).

Vor dem Einbau des Motors ist die Verstellmutter am Kupplungsseil gangbar zu machen und die Kupplungseinstellung etwas zurückzunehmen. Nun den Motor einbauen. Beim Einsetzen des Motors darauf achten, daß der Motor mit mehreren kräftigen Rucken auf das Kupplungsgehäuse aufgeschoben wird. Auf keinen Fall darf der Motor mit Hilfe der vier Befestigungsschrauben mit Gewalt beigezogen werden.

Lassen sich die beiden Aggregate nicht zusammenfügen, ist vermutlich die Kupplung unzureichend zentriert. In diesem Fall kann ein Trick helfen: Wenn die Hauptantriebswelle die Kupplungsmitnehmerscheibe schon teilweise erfaßt hat, genügt häufig ein Tritt auf das Kupplungspedal, um die Mitnehmerscheibe zu zentrieren. Dabei muß ein Helfer gleichzeitig versuchen, den Motor vollends auf das Kupplungsgehäuse aufzusetzen (siehe auch Kapitel »Motor aus- und einbauen«, Seite 37 ff).

Praxistip

- Bemerken Sie in der Kupplungsglocke Spuren von Getriebeöl, ist der Dichtring der Antriebswelle auf jeden Fall zu ersetzen. Anschließend ist der Getriebeölstand zu prüfen (siehe Kapitel Getriebe).
- Führungshülsen für das Ausrücklager aus Blech werden außen mit MoS_2-Fett bestrichen. Führungshülsen aus Kunststoff werden nicht gefettet.

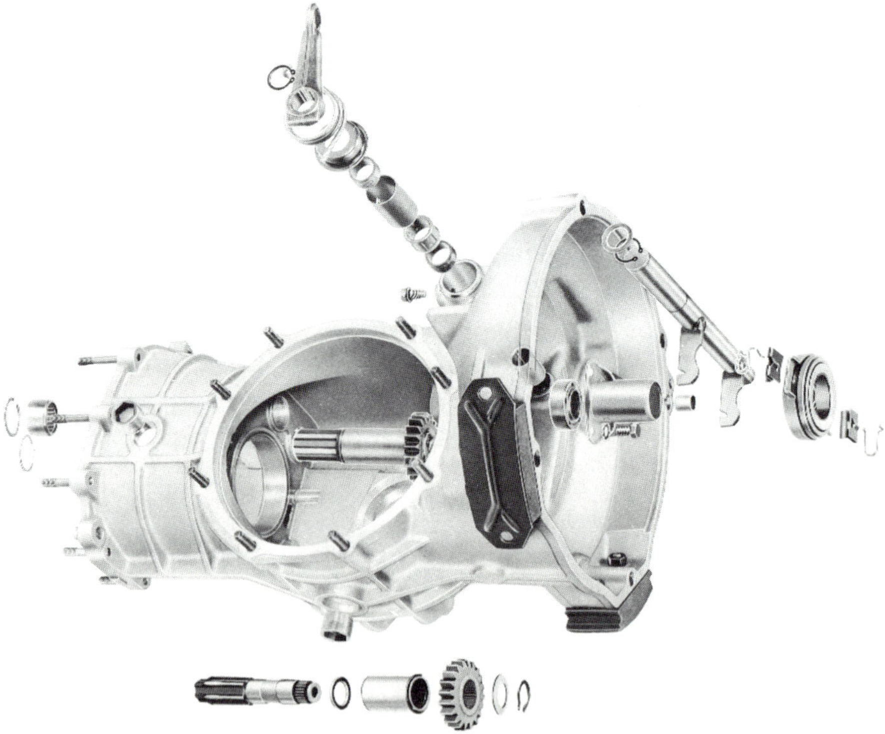

Getriebegehäuse mit dazugehörenden Teilen

Als nächstes prüfen Sie vor dem Einbau des Motors den Zustand des Kupplungsausrücklagers, das auf der Ausrückwelle in der Kupplungsglocke sitzt.

Läuft das Lager beim Durchdrehen von Hand rauh, muß es erneuert werden. Die Fettpackung kann nicht ersetzt werden.

Das Lager wird mit zwei Federspangen an der Ausrückwellengabel festgehalten. Die Federn drücken Sie am besten mit einem Schraubenzieher ab, wobei die Feder mit einer Zange geführt wird.

Achtung: Unmittelbar vor dem Einsetzen des Motors noch einmal kontrollieren, ob die Federspangen richtig sitzen. Vorsicht: Die Feder kann wegspringen; Verletzungsgefahr! Die Anlauffläche des Lagers leicht mit MoS_2-Fett einstreichen.

Das Kupplungsspiel einstellen. Wurden Dichtringe erneuert, ist der Ölstand der Hinterachse bzw. des Motors zu prüfen. Nach einer Probefahrt noch einmal prüfen, ob alle Teile des Motors dicht sind.

Die wichtigsten Drehmomente:

Schwungscheibe an Kurbelwelle	350 Nm = 35,0 mkg
Druckplatte auf Schwungscheibe	25 Nm = 2,5 mkg
Motorbefestigungsschrauben	30 Nm = 3,0 mkg

Kupplungsspiel prüfen – Wahlautomatik

Fertigen Sie eine Lehre aus harter Pappe oder Holz an.

a = 8,5 mm; b = 77 mm; c = 40 mm; d = 6,5 mm; e = 4 mm dick.

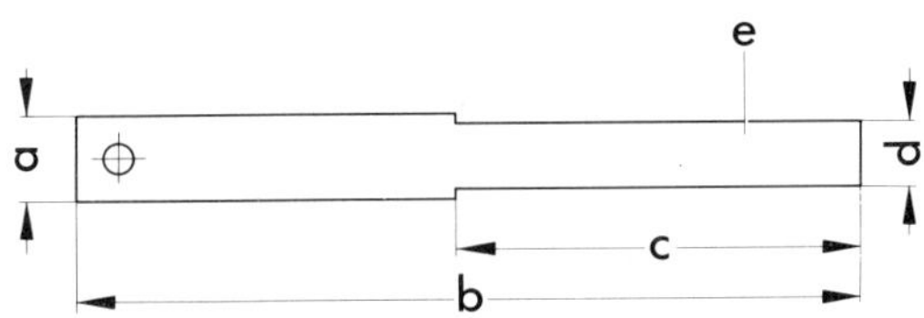

Bei den Prüfarbeiten den Unterdruckschlauch vom Servomotor abziehen. Der Abstand von der oberen Seite der Konsole bis zur Einstellmutter soll 4 mm betragen.

Das Maß »e« entspricht der Dicke der Lehre. Ist die Kupplungsstange so weit herausgezogen, daß Sie mehr als 4 mm messen, ist die Kupplung einzustellen.

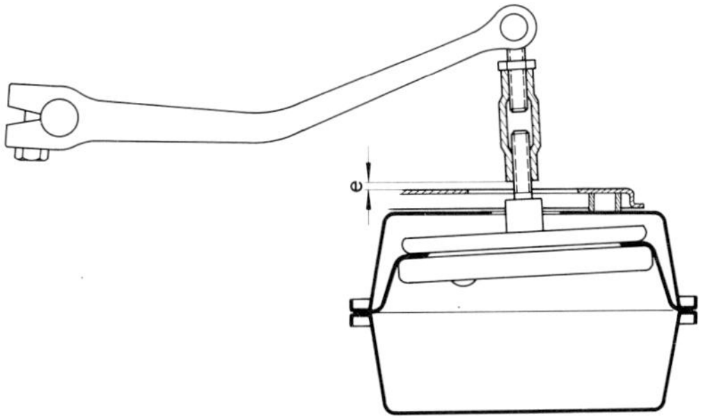

Kupplung einstellen – Wahlautomatik

Der Unterdruckschlauch vom Servomotor bleibt abgezogen; die Kontermutter der Einstellmutter ist zu lösen.

Das Maß »d« ist durch Herunterdrehen der Einstellmutter von der Ringschraube so zu korrigieren, daß Sie mit der Lehre 6,5 mm messen (siehe Zeichnung der Lehre).

Die Kontermutter anziehen und den Unterdruckschlauch aufstecken. Bei richtig eingestellter Kupplung muß sich der Rückwärtsgang geräuschlos einlegen lassen. Beim Anfahren darf kein Durchrutschen der Kupplung feststellbar sein.

Liegt der Kupplungshebel nach dem Einstellen am Kupplungsgehäuse an, ist dies ein Kennzeichen, daß die Kupplungsmitnehmerscheibe verschlissen ist und umgehend ersetzt werden muß.

Schaltgetriebe

Der VW-Käfer wurde während seiner Bauzeit entweder mit einer Pendelachse oder mit einer Schräglenkerhinterachse ausgeliefert. Dies bedingt auch zwei Getriebe-Bauarten.

Bei der Pendelachse wird das Getriebe nach Ausbau des Motors vollständig mit den Achsrohren aus- und eingebaut.

Hingegen ist bei der Schräglenkerhinterachse das Schaltgetriebe eine selbständige Einheit. Zwei am Getriebe angeflanschte Gelenkwellen ermöglichen es, das Getriebe (nach Ausbau des Motors) gesondert zu behandeln.

Uns erscheint ein Hinweis wichtig: Gleichgültig, welche Achskonstruktion Ihr Fahrzeug besitzt, der Aus- und Einbau des Getriebes ist Werkstattsache. Bedenken Sie, daß immer der Motor aus- und eingebaut werden muß, um an das Getriebe heranzukommen. Am Getriebe selbst können Sie wegen fehlender Spezial- und Meßwerkzeuge nur wenige Arbeiten selbst ausführen. Diese haben wir hier beschrieben.

Schaltgestänge aus- und einbauen Pendelachse und Schräglenkerachse

Die Rücksitzbank herausnehmen und den Deckel auf der Rahmengabel (in der Mitte des Fahrzeuges unmittelbar vor der Fahrgestell-Nr.) entfernen. Den Sicherungsdraht abschneiden und die Vierkantschrauben herausdrehen.

Die Sechskantblechschraube aus der Spannhülse und der Schaltstangenkupplung herausschrauben und herausnehmen.

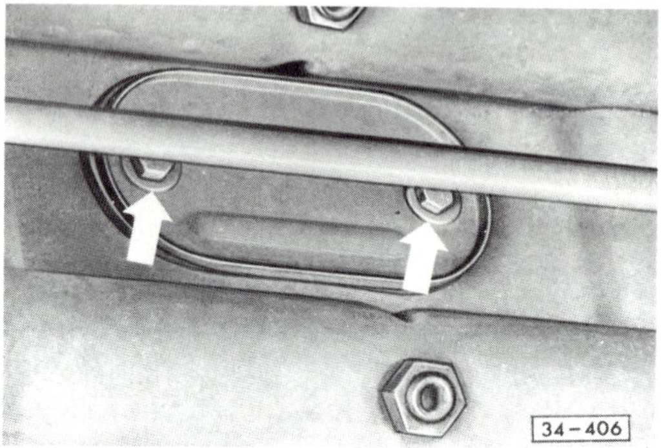

Im Fahrzeuginneren den Schaltbock abschrauben und den Handschalthebel mit den Anbauteilen – wie Druckfeder und Anschlagplatte – abnehmen.

Den Deckel im vorderen Abschlußblech abschrauben.

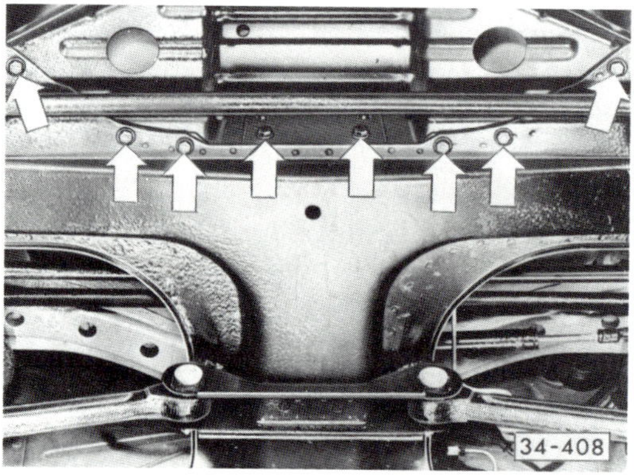

Beim VW 1303 ist bei einigen Fahrzeugen vor der Vorderachse ein Deformationselement eingebaut. Um an den Deckel heranzukommen, ist das Deformationselement auszubauen.

Die Schaltstange im Wageninnern mit einer Zange nach vorn schieben und herausnehmen. Bei Fahrzeugen mit großem Kofferraum muß die Schaltstange dabei leicht verdreht werden. Vor dem Wiedereinbau die Schaltstange vollständig über die ganze Länge mit MoS_2-Fett bestreichen und in den Rahmentunnel einführen.

Praxistip

Ab April 1975 wurde die Vierkantschraube der Schaltstangenkupplung durch eine 10mm-Sechskantschraube ersetzt. Diese Schraube ist mit Klebstoff vorbehandelt und kann nur einmal verwendet werden.

Ein Einbau dieser Schraube in ältere Fahrzeuge ist möglich.

Werden die Lagerbuchsen ersetzt, müssen diese so angeordnet werden, daß die Schlitze seitlich liegen.

Die Schaltstange durch die Lagerbuchsen nach hinten schieben, bis der Schaltstangenkopf etwa in der Mitte des Rahmendurchbruches steht. Die Schaltstange dabei immer so verdrehen, daß sie nicht verklemmt. Den Deckel am Rahmenkopf verschließen und gegebenenfalls ein Deformationselement einsetzen.

Die Schaltstangenkupplung in umgekehrter Reihenfolge montieren und mit Bindedraht sichern. Den Deckel für den Rahmen im Fahrzeuginneren aufsetzen und die Rücksitzbank einbauen.

Der Zeitaufwand für diese Arbeiten beträgt etwa 1 1/2 Stunden.

Schalthebel einstellen – Pendelachse und Schräglenkerachse

Den zweiten Gang einlegen und die beiden Schrauben am Schaltbock lösen. Bei den folgenden Arbeiten die Kupplung treten. Der Schalthebel muß jetzt bei eingelegtem zweitem Gang so ausgerichtet werden, daß er in Fahrzeug-Querrichtung rechtwinklig steht. In Fahrzeug-Längsrichtung muß er ca. 11° nach hinten geneigt sein.

Die Anschlagplatte unter dem Schaltbock mit einem Schraubenzieher soweit nach links drücken, daß die Platte am Anlagebund des Schalthebels (siehe Pfeil) anliegt. Dabei den Schalthebel nicht verschieben.

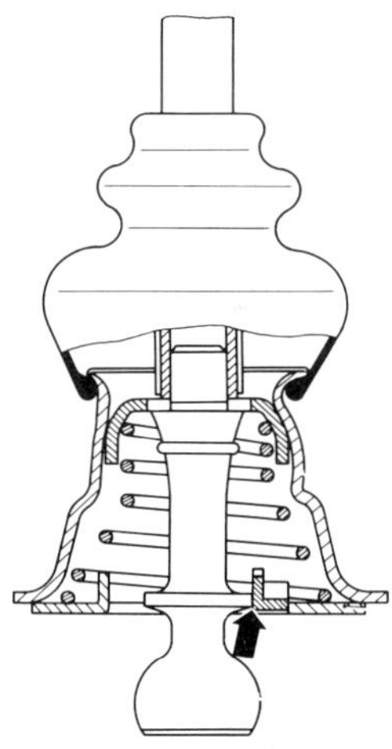

Die Schrauben am Schaltbock festziehen. Der Schalthebelknopf muß sich jetzt bei eingelegtem zweitem Gang in Querrichtung ca. 15 bis 20 mm bewegen lassen. Alle Gänge probeweise durchschalten. Auf keinen Fall sind diagonale Bewegungen des Schalthebels zulässig.

Achten Sie besonders auf die Rückwärtsgangsperre. Bedenken Sie, daß ein anderer Benutzer Ihres Fahrzeuges einen schwerwiegenden Fehler begehen kann, wenn die Rückwärtsgangsperre nicht ausreichend funktioniert.

Ein wichtiges Drehmoment:
Schaltbock am Rahmentunnel 20 Nm = 2,0 mkg

Gelenkschutzhülle für Achsrohr ersetzen – Pendelachse

Die Original-Gelenkschutzhüllen sind ungeteilt, also aus einem Stück gefertigt. Trotzdem muß bei einem Wechsel das Achsrohr nicht abgenommen werden; denn als Ersatzteil sind getrennte Manschetten lieferbar.

Der Zeitaufwand beträgt etwa 45 Minuten.

Die beschädigten Gelenkschutzhüllen mit einem Messer aufschneiden und die Schlauchbinder mit einem Seitenschneider durchtrennen. Das Achsrohr und den Lagerdeckel so reinigen, daß die Sitzflächen für die neuen Manschetten öl- und fettfrei sind.

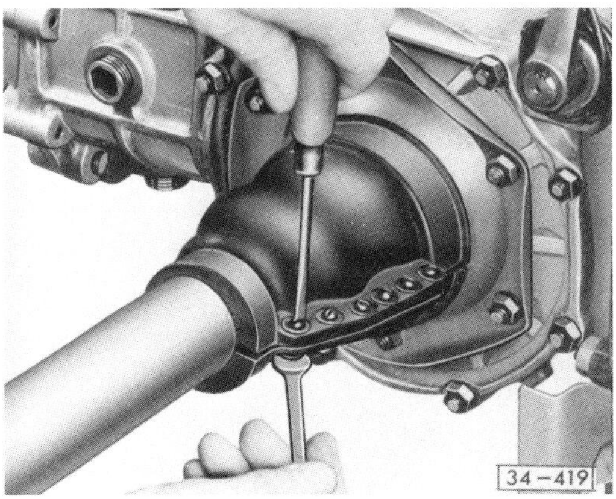

Die neue geschlitzte Schutzhülle wird an der Trennstelle mit Original-VW-Dichtungsmasse D 000 300 dünn bestrichen. Die Schutzhülle um das Achsrohr legen und zusammenfügen. Die Trennfuge muß waagerecht nach hinten zeigen. Die Schlauchbinder ansetzen und den Getriebeölstand prüfen bzw. nachfüllen.

Um ein Verwinden der Schutzhülle zu vermeiden, sollte das Fahrzeug bei dieser Montage auf den Rädern stehen. Die Schrauben an den Dichtflächen nicht zu kräftig anziehen, damit der Gummi nicht breitgequetscht wird.

Gummimetall-Lager ersetzen – Pendelachse und Schräglenkerachse

Die Sechskantmuttern (3 Stück; siehe Pfeil) abschrauben.

Der Zeitaufwand beträgt bei der Pendelachse etwa 2 Stunden, bei der Schräglenkerachse etwa 1 Stunde und 20 Minuten.

Mit zwei kräftigen Montiereisen die gesamte Motor-Getriebeeinheit nach hinten drücken. Ein Helfer kann jetzt das Gummimetall-Lager nach vorn unten verkanten und herausnehmen. Dabei gleichzeitig die Schutzglocke zurückdrücken.

Der Einbau erfolgt in umgekehrter Reihenfolge.

Dichtringe für Gelenkflansch ersetzen – Schräglenkerachse

Geringe Ölspuren an den beiden Flanschen der Gelenkwelle rechts und links des Differentials sollten Sie nicht veranlassen, gleich neue Dichtringe einzusetzen. Radialdichtringe brauchen, damit die Dichtlippe nicht trockenläuft, eine gewisse Eigenschmierung. Die Fachleute sprechen in diesem Zusammenhang nicht von Undichtigkeiten, sondern von »Schwitzen«. Bilden sich jedoch häufiger große Tropfen oder sogar Öllachen unter dem Auto, muß der Dichtring ersetzt werden.

Der Zeitaufwand dafür beträgt etwa 1 Stunde und 10 Minuten.

Das Fahrzeug aufbocken, die Gelenkwelle vom Flansch abschrauben und mit Bindedraht aufhängen. In der Mitte des Flansches erkennen Sie eine Verschlußkappe, die Sie mit einem Schraubenzieher durchstechen und dann herausnehmen können.

Nach Entfernen des Sicherungsringes kann der Gelenkflansch abgezogen werden. V.A.G-Werkstätten benutzen dazu ein Spezialwerkzeug, das Sie mit etwas Geschick auch selbst anfertigen können.

Sie benötigen dazu (siehe Bild) zwei Sechskantschrauben M 8 × 30 (Pos. A), ein kräftiges Stück Flacheisen, das entsprechend den Lochabständen im Flansch aufgebohrt wird, und eine lange Schraube M 10 mit einer Mutter.

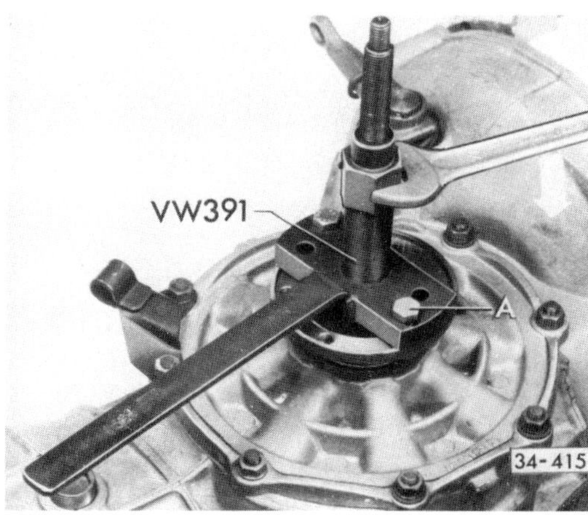

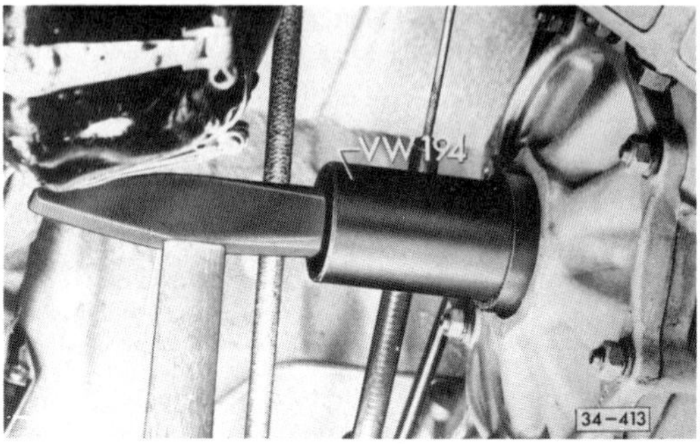

Den Dichtring mit einem kräftigen Schraubenzieher heraushebeln; dabei den Dichtsitz (im Gehäuse) nicht beschädigen. Den neuen Dichtring einschlagen; dazu benötigen Sie ein kurzes Stück Rohr aus Ihrem Werkzeugkasten. Außen- und Innendurchmesser des Rohres müssen den Maßen des Dichtringes entsprechen.

V.A.G-Werkstätten benutzen dazu ein Spezialwerkzeug.

Der ursprünglich montierte Seriendichtring war etwas schmaler als das Originalteil aus der V.A.G-Werkstatt. Der breitere Ring läßt sich besser ohne Verkanten montieren. Die Einschlagtiefe ist durch den Lageraußenring im Getriebe begrenzt; also den Ring immer bis zum Anschlag eintreiben.

Beim Eintreiben stört der Distanzring für den Gelenkflansch; er ist also unter Umständen herauszunehmen und beim Zusammenbauen natürlich nicht zu vergessen.

Den Gelenkwellenflansch reinigen und aufstecken. Die Lauffläche des Dichtringes mit Allzweckfett einstreichen, um ein Trockenlaufen zu verhindern.

Den Sicherungsring einsetzen. Das Werkzeug VW 201 (siehe Bild) läßt sich ebenfalls leicht selbst anfertigen. Es wird benutzt, um den Gelenkflansch gegen den gewellten Distanzring zu drücken, damit der Sicherungsring einwandfrei in der Nute eingesetzt werden kann.

Die neue Verschlußkappe einsetzen und die Gelenkwelle einbauen.

Das wichtigste Drehmoment:
Gelenkwelle am Flansch 45 Nm = 4,5 mkg.

Hinweis: Die Gelenkwellenflansche können je nach Passung und Abnutzungsgrad häufig auch ohne Abzieher mit Hilfe zweier Montiereisen abgezogen werden.

Dichtringe für Lagerdeckel ersetzen – Pendelachse

Die Bremstrommel nach Lösen der Kronenmutter von der Achswelle abziehen (siehe Kapitel »Bremsen«).

Achtung: Wegen des großen Drehmomentes der Kronenmutter diese nur lösen, wenn das Fahrzeug auf allen vier Rädern steht!

Die Bremsbacken, das Bremsseil, die Schlauchhalter für den Bremsschlauch sowie den Radlagerdeckel ausbauen. Die Bremsankerplatte abnehmen und mit Bindedraht am Fahrzeug aufhängen. Das Kugellager mit einem Universalabzieher (z. B. Kukko 70/2 mit Haken 722) abziehen.

Markieren Sie die Position der Federstrebe zum Achsrohr-Lagerflansch. Alle Schrauben am Flansch und am Stoßdämpfer herausschrauben. Die Muttern am Lagerdeckel des Achsrohres (innen am Getriebe) abschrauben.

Das Achsrohr außen abheben, den Lagerdeckel schräg über die Federstrebe ziehen und das Achsrohr von der Welle abstreifen.

Sie erkennen nun hinter dem Lagerdeckel den Dichtring.

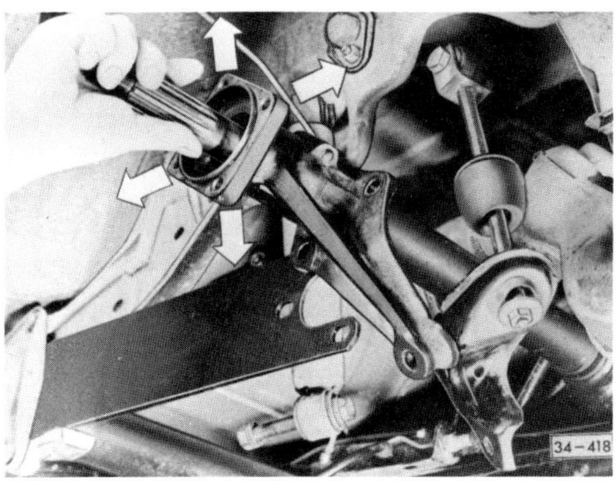

Das Achsrohr einbauen und die Mutter für den Lagerdeckel ansetzen. Das Achsrohr soll sich ohne Klemmen oder Verhaken in alle Richtungen schwenken lassen.

Vor dem Zusammenbau sind sämtliche Teile zu reinigen. Die Achsrohr-Kalotte innen und außen mit MoS_2-Fett einstreichen. Zuerst die Abstandscheiben in der vorgefundenen Dicke und dann erst den neuen Dichtring aufsetzen.

Achtung: werden die Abstandscheiben nach dem Dichtring aufgeschoben, können diese knicken und Undichtigkeit herbeiführen.

Den Achsrohr-Lagerflansch an der Federstrebe in der markierten Position befestigen. Das Radlager sowie die komplette Bremsanlage montieren. Die Bremse einstellen und entlüften. Den Getriebeölstand prüfen. Abschließend alle Muttern und Schrauben festziehen.

Der Zeitaufwand für diese Arbeiten beträgt etwa 45 Minuten.

Achtung: Falls Sie das Getriebe (Pendelachse) aus- und einbauen, ist es wichtig, daß Sie immer die im Text geschilderten Markierungen zwischen dem Lagerflansch und der Federstrebe anbringen.

Die wichtigsten Drehmomente:

Mutter am Lagerdeckel (innen im Getriebe)	20 Nm =	2,0 mkg
Kronenmutter an der Hinterachse	350 Nm =	35,0 mkg
Deckel für Hinterradlager	60 Nm =	6,0 mkg

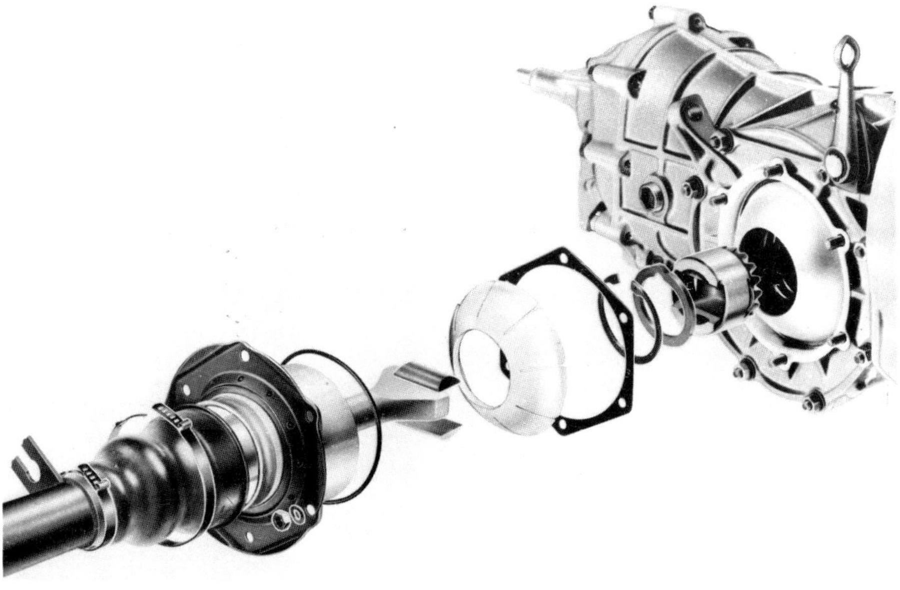

Lagerdeckel

Dichtringe für Radlager und Radlager ersetzen – Pendelachse

Bemerken Sie an der Bremstrommel bzw. an der Bremsankerplatte (Öltropfnase siehe Pfeil) Ölspuren, können diese entweder von der Bremsflüssigkeit stammen, oder aber der Dichtring des Hinterradlagers ist schadhaft. Bei einer Geruchsprobe können Sie feststellen, daß Bremsflüssigkeit eher stechend scharf riecht; die Spuren sind meist dünnflüssig. Hypoidöl hingegen riecht dumpf und hinterläßt einen schwer entfernbaren schmierigen Belag.

34–438

Gleichgültig, welche Spuren Sie finden: Sie sollten in jedem Fall die Bremstrommel abziehen und die undichte Stelle näher lokalisieren (siehe auch Kapitel »Bremsen«). Haben Sie Getriebeölspuren festgestellt, den Lagerdeckel (vier Schrauben) abnehmen und den Dichtring mit einem Dorn austreiben. Zur Prüfung des Radlagers (falls Sie beim Fahrbetrieb noch keine Laufgeräusche bemerkt haben) den Achsstummel kräftig in radialer Bewegung (also von oben nach unten) bewegen. Ein neues Radlager hat bei dieser Prüfung kein spürbares Spiel.

Ist das Radlager schadhaft, hat es wenig Sinn, einen neuen Dichtring einzusetzen; denn die unrund laufende Welle wird nach kurzer Betriebszeit den Dichtring wieder zerstört haben. In diesem Fall ist also das Radlager abzuziehen (siehe auch Seite 140ff) und zu ersetzen.

Praxistip

Falls Ihnen kein Auszieher zur Verfügung steht, kann man versuchen, das Radlager mit einem Trick herauszutreiben. Die Welle läßt sich bei abgenommenem Lagerdeckel ein wenig in axialer Richtung bewegen. Dadurch kann auch das Lager teilweise herausgezogen werden. Gegebenenfalls ist ein völliges Abziehen mit Hilfe von zwei kräftigen Schraubenziehern möglich; dabei wird das Radlager jedoch völlig zerstört.

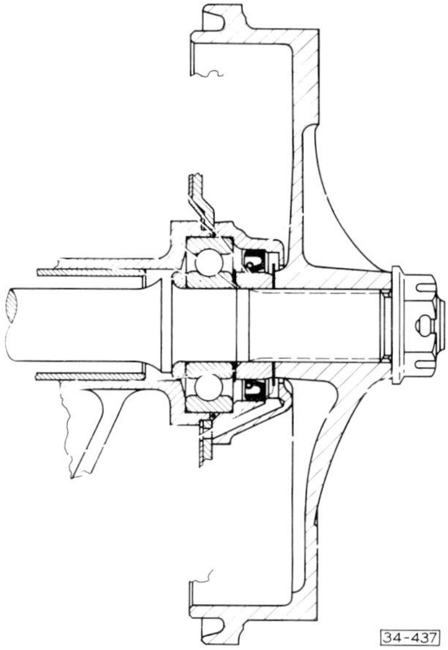
34-437

Das neue Radlager eintreiben; die offene Seite des Käfigs zeigt stets nach außen. Das Radlager beim Eintreiben nicht verkanten und den Käfig nicht beschädigen.

Den neuen Dichtring in den Lagerdeckel eintreiben; die Dichtlippen sind mit Fett einzusetzen. Den Lagerdeckel montieren; dabei eine neue Dichtung sowie zwei neue Rundschnurringe verwenden.

Die Abstandscheibe, die Abstandringe und den Ölabweisring nicht vergessen.

Mit Getriebeöl verunreinigte Bremsbeläge können nicht mehr gereinigt werden und sind zu ersetzen (siehe Kapitel »Bremsen«). Die verunreinigte Bremstrommel kann mit Waschbenzin oder Kaltreiniger gesäubert werden.

Die Bremse komplettieren. Den Getriebeölstand prüfen.

Die wichtigsten Drehmomente:

Radlagerdeckel	60 Nm = 6 mkg
Kronenmutter der Bremstrommel	350 Nm = 35 mkg

Der Zeitaufwand beträgt etwa 45 Minuten.

Dichtring der Antriebswelle ersetzen Pendelachse und Schräglenkerachse

Wenn Sie beim Überholen der Kupplung Getriebeölspuren in der Kupplungsglocke bemerken und die Kupplungsscheibe verölt war, kann diese Undichtigkeit durch einen schadhaften Dichtring der Antriebswelle hervorgerufen werden.

Der Zeitaufwand bei ausgebautem Motor beträgt etwa 20 Minuten.

Das Ausrücklager abnehmen (siehe auch Kapitel »Kupplung«) und die drei Schrauben der Führungshülse des Ausrücklagers abschrauben. Mit einem kräftigen Schraubenzieher den Dichtring heraushebeln. V.A.G-Werkstätten benutzen dazu einen Spezialhaken.

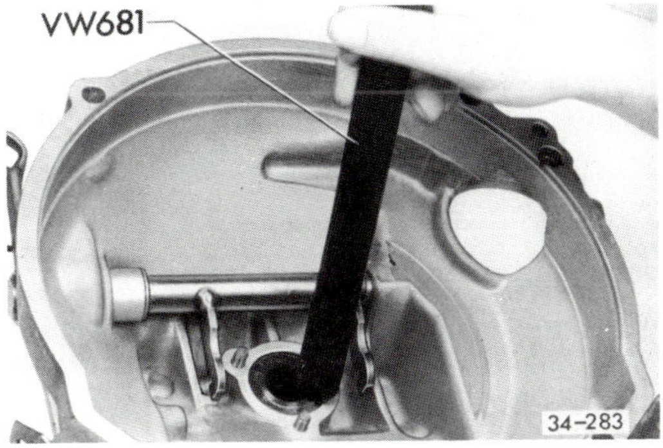

Zum Eintreiben des neuen Dichtringes benutzen Sie ein Rohr, das den gleichen Durchmesser hat. Der Raum zwischen den Dichtlippen wird mit Allzweckfett aufgefüllt.

Die Führungshülse montieren, das Kupplungsausrücklager einsetzen und den Getriebeölstand prüfen.

Getriebeöl

Wechsel- und Schaltgetriebe besitzen eine gemeinsame Ölbefüllung, die nicht ausgewechselt wird. Im neuen Zustand werden 3 l Hypoid-Getriebeöl SAE 80 oder SAE 80 W 90 der Spezifikation MIL-L-2105, Kennzeichnung GL 4 (API-System), eingefüllt. Die Wechselmenge beträgt 2,5 l.

Praxistip

- An der Schraubenöffnung muß der Ölstand mit dem Finger gerade noch ertastbar sein.
- Wenn Sie zum Öffnen der Innensechskantschrauben keinen geeigneten Schlüssel besitzen, können Sie diesen anfertigen.

  Besorgen Sie sich eine möglichst lange Schraube M10, deren Kopf in den Innensechskant der Öleinfüllschraube paßt. Die Schraube wird im Schraubstock um 90° abgewinkelt, und schon besitzen Sie einen geeigneten Schlüssel, der gegebenenfalls mit einem Rohr verlängert werden kann.

A = Nachfüllschraube.
B = Ablaßschraube.

Wahlautomatik

Von Arbeiten am automatischen Getriebe raten wir grundsätzlich ab. Begnügen Sie sich mit der Kontrolle des ATF-Standes. Selbst für einfache Korrekturen sind hohe Fachkenntnisse erforderlich. Ohnehin sind automatische Getriebe eine problemlose Angelegenheit.

ATF-Stand im Wandlerkreislauf prüfen

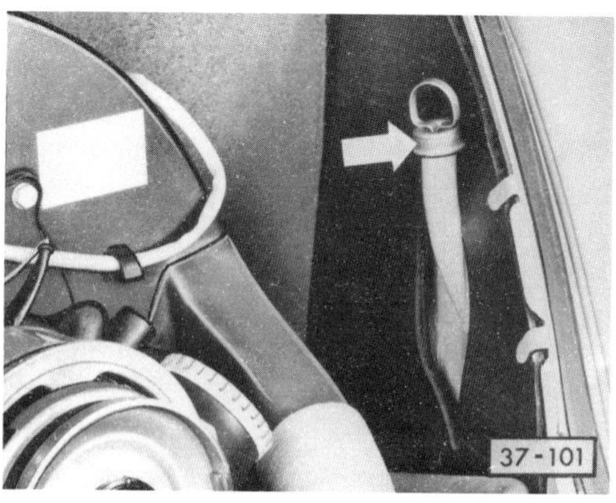

Den Peilstab bei betriebswarmem, nicht laufendem Motor herausziehen und gemäß den Markierungen nachfüllen.

Gesamtmenge im Wandler = 3,6 l ATF Dexron.

Die Ölfüllung im mechanischen Teil des Getriebes wird wie beim Schaltgetriebe über die Öleinfüllschraube kontrolliert.

Spezifikation: Hypoid-Getriebeöl SAE 80 oder SAE 80/90 bzw. GL4-Mil-L2105.

Vorderachse

Genau wie bei der Hinterachse gibt es für den Käfer auch zwei Vorderachs-Konstruktionen. Einmal handelt es sich um die Längslenkerachse; hier besteht der Achskörper aus zwei übereinander liegenden kräftigen Rohren, in denen die Federstäbe gelagert sind. Zum anderen ist es die moderne Federbeinachse in Verbindung mit dem langen Vorderwagen und großem Kofferraum.

Beachten Sie, daß an Achskörpern, Achsschenkeln und Lenkern Schweiß- oder Richtarbeiten unzulässig sind. Ist z. B. ein Achskörper verbogen, ist ein Neuteil fällig.

Für Arbeiten an der Vorderachse gelten die gleichen Sicherheitsbedenken wie für Arbeiten an der Bremse. Deshalb raten wir Ihnen, die Prüfarbeiten selbst auszuführen, jedoch die Reparatur dem V.A.G-Betrieb zu überlassen. Hinzu kommt, daß für nahezu alle Arbeiten Spezialwerkzeuge erforderlich sind. Somit sind viele Eigenreparaturen wegen der erforderlichen Spezialwerkzeuge oft unwirtschaftlich.

Maßtabelle und Vermessen des Fahrzeuges

	VW 1200	**VW 1303**
Radstand	2400 mm	2420 mm
Spurweite bei Leergewicht		
– Trommelbremse	1308 mm	
– Scheibenbremse	1314 mm	1384 mm
Wendekreis-Durchmesser	11 m	10,5 m
Lenkrad-Umdrehung von Anschlag zu Anschlag	2,5	3,5
Bodenfreiheit	152 mm	152 mm
Vorspur bei ungedrückten Rädern	1,8–5,4 mm	1,8–5,4 mm

Die Fahrzeugvermessung erfolgt mit einem optischen Achsmeßgerät. Die vom Konstrukteur vorgegebenen Toleranzen in Grad und Winkelminuten beschreiben jeweils die Abweichung von der Laufrichtung bzw. von der Fahrzeug-Hochachse. Auch der beste Do-it-yourselfer kann mit diesen Werten nichts anfangen. Den Abdruck einer Tabelle für Sturz- und Spurdifferenzwinkel, Nachlauf usw. ersparen wir uns deshalb. Lediglich die Spur kann provisorisch von Ihnen kontrolliert werden.

Die Käfer-Vorderachse wird so eingestellt, daß die Räder – in Fahrtrichtung betrachtet – vorn enger zusammenstehen als hinten. Diese Differenz liegt im Bereich von 1,8 bis 5,4 mm.

Das Verändern der Spur erfolgt mit der einstellbaren Spurstange. Sind am Fahrzeug zwei einstellbare Spurstangen vorhanden, ist das Lenkgetriebe *unbedingt in Mittelstellung zu bringen* und die Spur für jedes Rad gesondert einzustellen.

Gegebenenfalls ist dann zusätzlich das Lenkrad geradezusetzen (siehe Kapitel »Lenkung«).

Praxistip

- Auf der Lenkspindel ist eine Markierung angebracht, die bei Geradestellung der Räder mit der linken Gehäusekante des Lenktriebes fluchten muß. Die Lenkung steht nun in Mittelstellung. Nur in dieser Lage darf die Vorspur eingestellt werden.
- Wenn Sie die Klemmschellen der Spurstange gelöst haben, markieren Sie die ursprüngliche Lage und zählen Sie stets die Anzahl der Umdrehungen, um eventuell die ursprüngliche Einstellung wieder zu finden.
- Die Klemmschellen sorgfältig anziehen.

Stoßdämpfer

Der Stoßdämpfer hat die Aufgabe, von der Fahrbahn ausgelöste Schwingungen zu dämpfen. Ein funktionsloser Dämpfer würde zu einem schlechten Fahrbahnkontakt führen: Das Rad springt. Solch ein extrem ausgeschlagener Stoßdämpfer führt unter anderem zu wellenförmigen Auswaschungen am Reifen.

Bevor dieser Schaden eintritt, bemerkt man meistens einen Ölverlust mit entsprechenden Ölspuren an der Kolbenstange und dem Federbein. Gelegentlich sind auch Poltergeräusche (Luft im Stoßdämpfer) zu hören. Der paarweise Austausch der Stoßdämpfer ist deshalb in absehbarer Zeit fällig.

Von der viel zitierten Wipprobe (Fahrzeug von Hand niederdrücken und zählen, wie oft der Wagen nachschwingt) halten wir wenig, da meistens die Eigendämpfung den Wagen schnell zum Stillstand bringt. Die Prüfung des Stoßdämpfers erfolgt im eingebauten Zustand auf Prüfständen, die Ihr Automobilclub für Sie unterhält. Die Prüfung ist dort kostenlos.

Stoßdämpfer aus- und einbauen

a) Längslenkerachse

Das Fahrzeug am Vorderrahmen aufbocken und den Wagenheber unter den Längslenker der auszubauenden Seite stellen. Das Rad abnehmen. Den Anschlaggummi kräftig nach unten ziehen. Den Wagenheber leicht anheben, um den Stoßdämpfer zu entspannen.

Mit einer Wasserpumpenzange die Kolbenstange des Stoßdämpfers festhalten und die Stoßdämpfer-Befestigungsmutter abschrauben. Zuvor die Gewindestange mit einer Stahlbürste reinigen und mit Rostlöser behandeln.

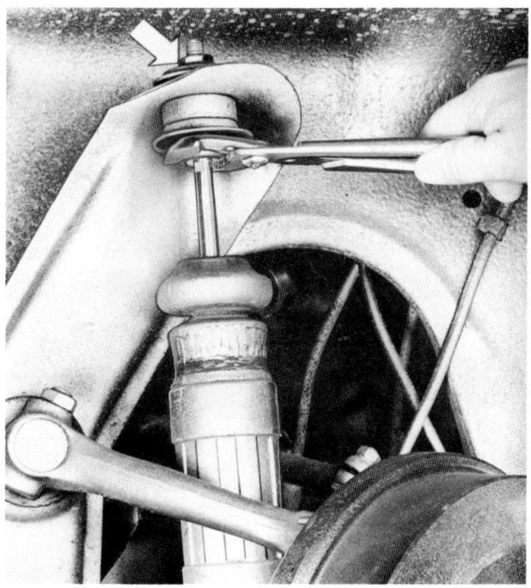

Die wichtigsten Drehmomente:

- Stoßdämpfer am Achskörper 20 Nm = 2,0 mkg
- Stoßdämpfer am Bolzen unten 35 Nm = 3,5 mkg

Praxistip

- Beim Abdrücken der unteren Stoßdämpferbefestigung kann es vorkommen, daß sich zwar der Stoßdämpfer mit der Gummibuchse entfernen läßt, nicht aber die dazugehörige Distanzhülse, da diese auf dem Bolzen festgerostet ist. In diesem Fall läßt sich der neue Stoßdämpfer nicht aufsetzen.

  Die Metallhülse vorsichtig mit einem Hammer lösen; dabei gegen den Bolzen mit einem zweiten schweren Hammer gegenhalten und ihn abstützen. Gegebenenfalls eine Wasserpumpen- oder Gripzange zur Hilfe nehmen und die Hülse abdrehen.
- Als Originalteile gibt es auch verstärkte Stoßdämpfer. Diese besitzen eine etwas härtere Dämpfung als die Serienstoßdämpfer. Empfehlenswert ist diese Ausführung dann, wenn Sie häufiger schlechte Strecken fahren müssen. Die verstärkten Stoßdämpfer müssen an beiden Achsen gleichzeitig eingebaut werden.
- Vor dem Einkauf der Stoßdämpfer ist der Zustand der Anschlaggummis und der Stoßdämpfer-Schutzhüllen zu prüfen.

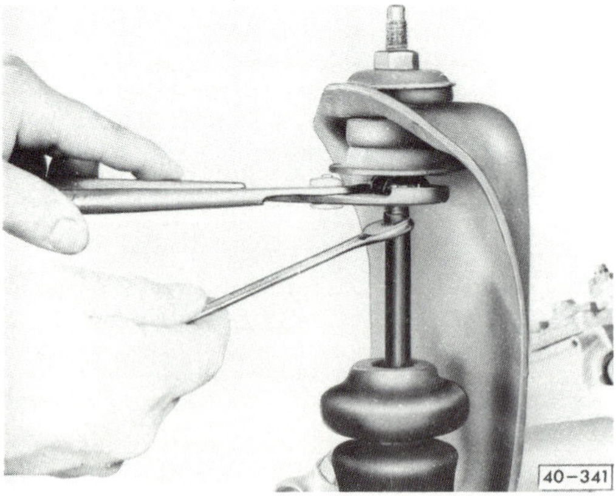

Falls die Befestigungsgummis des Stoßdämpfers noch gut sind und die obere Befestigungsmutter sich nicht lösen läßt, kann auch die Kolbenstange gesondert von der Befestigung getrennt werden. Dazu die Befestigung mit einer Wasserpumpenzange festhalten und die Kolbenstange mit einem Gabelschlüssel abdrehen. Die untere Stoßdämpfer-Befestigung abschrauben und den Stoßdämpfer abziehen bzw. mit einem Montiereisen abdrücken.
Der Einbau erfolgt in umgekehrter Reihenfolge.

Für das Ersetzen eines Stoßdämpfers benötigen Sie, falls sich keine Komplikationen einstellen, ca. 30 Minuten.

b) Federbeinachse

Der Aus- und Einbau des Stoßdämpfers bei der Federbeinachse ist ohne Federspanner nicht möglich. Besitzen Sie dieses Spezialwerkzeug, beachten Sie die unten abgebildete Montage-Reihenfolge.

Der Zeitaufwand für das Ersetzen dieses Stoßdämpfers inclusive Ausbau des Federbeines beträgt ohne Nebenarbeiten ca. zwei Stunden.

Achtung:
Wichtiger Praxistip auf Seite 124!

Die Teile des Federbeins der Vorderachse

Praxistip

- Wir möchten ausdrücklich vor abenteuerlichen Konstruktionen zum Spannen und Entspannen der Schraubenfeder warnen. Berücksichtigen Sie, welche Kräfte diese Feder im normalen Fahrbetrieb aufnehmen und abgeben kann. Vorsicht, Unfallgefahr!
- Federspanner sind im Werkzeughandel erhältlich.

Achsgelenk prüfen

Die Achsgelenke stellen die Verbindung vom Achsschenkel zu den Achslenkern her. Sie sind dauerfettversorgt und damit wartungsfrei. Treten beim Lenken Knarrgeräusche auf, so ist die Fettpackung verbraucht, und das Gelenk muß ersetzt werden.

a) Längslenkerachse

Zur Prüfung benutzen V.A.G-Betriebe einen kräftigen Gelenkhebel. Damit wird das Achsgelenk jeweils be- und entlastet.

Mit einer Schieblehre wird das Spiel gemessen:

- Neue Achsgelenke haben etwa bis 0,5 mm Spiel.
- Die Verschleißgrenze liegt beim oberen Achsgelenk im Bereich von 2,0 mm, im unteren Achsgelenk bei 1,0 mm.

Zum Aus- und Einbau eines Achsgelenkes benötigen Sie neben dem Spurstangenabzieher weitere Sonderwerkzeuge und sogar eine Presse. Wegen dieses hohen Aufwandes gehören diese Arbeiten in den V.A.G-Betrieb. Die Arbeitszeit je Gelenk beträgt ca. 1 Stunde, so daß sich diese Mühe nicht lohnt. Trotzdem zeigen wir Ihnen die Reparaturtechnik, damit Sie die Schwierigkeiten dieser Reparatur selbst einstufen können.

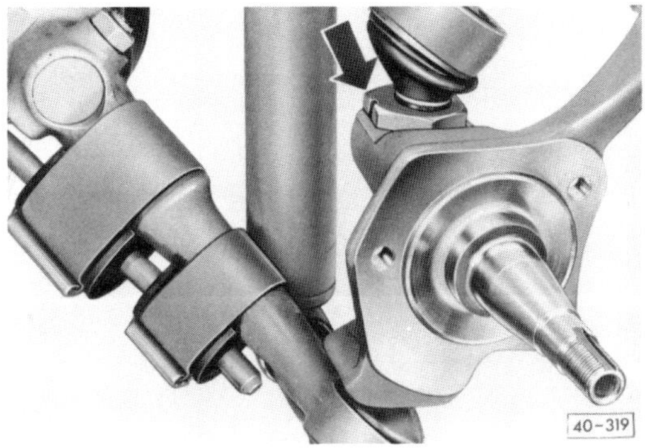

Die Kerbe der Exzenterbuchse für die Sturzeinstellung zeigt in der Grundstellung nach vorne. Weicht die Einstellung bei einem Fahrzeug ab, so wird die Einbaulage entsprechend dem Zusammenbau markiert und beim Einbau entsprechend beachtet.

Beim Einpressen eines Achsgelenkes müssen diese beiden Einsparungen genau übereinander liegen.

Die Achsgelenke müssen mit entsprechendem festem Sitz im Lenker gehalten werden. Fertigungstechnisch bedingt gibt es Gelenke mit Übermaß. Sie sind durch eine zusätzliche Kerbe (siehe Pfeil) gekennzeichnet.

Da bei den Demontagearbeiten einmal ausgepreßte alte Gelenke keinen festen Sitz mehr ermöglichen, werden grundsätzlich neue Teile verwendet.

Falls im Rahmen anderer Arbeiten der Achsschenkel aus- und eingebaut wurde, hier das wichtigste Drehmoment für die selbstsichernde Mutter der Achsschenkelverschraubung oben und unten: 60 Nm = 6,0 mkg.

Die selbstsichernde Mutter nicht zweimal verwenden; immer Neuteile einsetzen.

b) Federbeinachse

Bei dieser Achse erfolgt die Prüfung des Spiels mit einem Spezialwerkzeug, das ähnlich, wie auf Seite 124 beschrieben, gehandhabt wird. Bauartbedingt muß allerdings nur jeweils ein Gelenk geprüft werden.

Achten Sie bei der Kontrolle der Achsgelenke auch auf beschädigte Staubkappen. Bemerken Sie Risse, muß das vollständige Gelenk erneuert werden. Eintretendes Spritzwasser sorgt nämlich sehr schnell für das Auswaschen der Fettpackung, was wiederum einen erheblichen Verschleiß an den Traggelenken auslöst.

Die als Ersatzteil erhältlichen neuen Staubkappen dürfen nur dann montiert werden, wenn die Beschädigungen bei anderen Arbeiten in der Werkstatt entstanden sind. Beim Erneuern der Kappen sind in diesem Fall auch die Spannringe zu erneuern; ebenfalls ist die Mehrzweckfettfüllung zu ergänzen.

Für den Aus- und Einbau der Traggelenke sind neben den Abziehwerkzeugen auch eine Presse sowie entsprechende Treibhülsen notwendig, so daß diese Arbeiten dem V.A.G-Betrieb vorbehalten sind.

Hier die wichtigsten Drehmomente für den Fall, daß die Achse im Rahmen anderer Arbeiten zerlegt werden mußte:

– Achsgelenkbefestigung am Schenkel	35 Nm = 3,5 mkg (Klemmschraube)
– Stabilisatorbefestigung	30 Nm = 3,0 mkg
– Exzenterbefestigung des Querlenkers am Achskörper	40 Nm = 4,0 mkg

Radlager ersetzen

Der Käfer wurde an der Vorderachse sowohl mit Trommelbremsen als auch mit Scheibenbremsen ausgerüstet. Nach und nach wurde dabei die Trommelbremse durch die Scheibenbremse verdrängt. Die Arbeitsbeschreibung für das Ersetzen des Radlagers ist bei beiden Bremsanlagen ähnlich und unabhängig davon, ob eine Längslenker- oder eine Federbeinachse zum Einsatz kam.

Das Fahrzeug aufbocken und den Nabendeckel mit einem kräftigen Montiereisen abdrücken. Die Innensechskantschraube der Klemmutter lösen und die Klemmutter herunterdrehen. Auf der linken Seite den Tachoantrieb trennen; dazu die Sicherung abdrücken. Auf dieser Seite besitzt die Klemmutter Linksgewinde.

Achtung: Bei Fahrzeugen mit Trommelbremsen braucht das Rad nicht abgenommen zu werden. Hier wird das Rad mit der Bremstrommel abgezogen. Vorher sind die Bremsbacken zurückzustellen.

Bei der Scheibenbremse ist das Rad abzunehmen und der Bremssattel auszubauen (siehe Kapitel »Bremsen«).

Damit beim Abziehen der Nabe das äußere Radlager nicht in den Schmutz fällt, sollten Sie versuchen, dieses zusammen mit der Druckscheibe vorher abzuziehen. Breiten Sie in jedem Fall ein sauberes Tuch vor dem Rad aus, damit das Radlager auf das Tuch fällt. Bei der Scheibenbremse die Nabe abziehen, dazu das Rad mit zwei Muttern nach dem Ausbau des Bremssattels wieder aufsetzen, damit man die Einheit – Nabe und Bremsscheibe – besser abziehen kann.

Der Außenring des äußeren Radlagers kann durch einfache Sichtprüfung untersucht werden. Ein verschlissenes Radlager erkennt man an Narben (Grübchenbildung im Bereich der Lauffläche).

Der äußere Lagerring ist leider nicht direkt zu untersuchen, da der Lagerkäfig fest aufgepreßt ist; beim Abdrücken des Käfigs wird das Lager zerstört.

Das gleiche gilt auch für das innere große Radlager. Allerdings ist hier bereits zur Sichtprüfung des Außenlaufringes der Dichtring mit einem Montiereisen oder großen Schraubenzieher zu entfernen und der Lagerkäfig herauszunehmen.

Das Austreiben der Außenlaufringe, gleichgültig, ob es sich um das große oder kleine Radlager handelt, erfolgt mit einem geeigneten Dorn. Den Dorn wechselseitig über Kreuz ansetzen und den Lagerring in mehreren Stufen austreiben.

Das Einsetzen erfolgt im V.A.G-Betrieb mit einer Presse; jedoch können die Außenlaufringe auch mit einem Hammer (ca. 800 g) und einem entsprechenden Druckstück eingetrieben werden.

Es ist ein Einschlagwerkzeug erforderlich, das genau den Außendurchmesser des Laufringes haben sollte, da sonst der Laufring beschädigt wird. Lagerringe immer gerade ansetzen und nicht schief eintreiben. Prüfen Sie nach Abschluß der Arbeiten, ob der Lagerring auf dem Grund der Radnabe (innen) anliegt.

Lagerkäfige mit einer gleichmäßigen Fettpackung versehen (umlaufende Fettschicht etwa 5 mm dick).

Der innere Lagerkäfig kann sofort eingesetzt werden und wird vom Dichtring gehalten (Neuteil verwenden). Der Dichtring ist über Kreuz mit einem Gummihammer einzutreiben. Er darf nach beendeter Arbeit nicht schief in der Nabe sitzen.

Die Bremstrommel wieder ansetzen. Den gefetteten Lagerkäfig, die Druckscheibe und die Sechskantmutter montieren. Beim Anziehen der Mutter unbedingt das Rad drehen. Klemmt das Radlager, die Mutter sofort wieder lösen und den Radlagerring neu ansetzen.

Praxistip

- Als Radlagerfett sollten Sie nur ein geeignetes Markenfett verwenden. Bei einer ungeeigneten Sorte besteht die Gefahr, daß flüssig gewordenes Fett in die Bremsanlage gerät.
- Der Radnabendeckel wird nicht mit Fett aufgefüllt.
- Vor dem Aufsetzen der Radnabe die Achszapfen sorgfältig von altem Fett und Bremsstaub reinigen.
- Wichtig ist dabei, daß kein Fett auf die Bremstrommellauffläche oder auf die Bremsscheibe gerät.

Das Radlagerspiel ist so einzustellen, daß die Druckscheibe durch seitlichen Fingerdruck mit dem Schraubenzieher verschoben werden kann. Dabei dürfen keine Hebelkräfte angewendet werden. Nach der Einstellung die Innensechskantschraube der Klemmutter mit 10 bis 13 Nm = 1,0 bis 1,3 mkg festziehen.

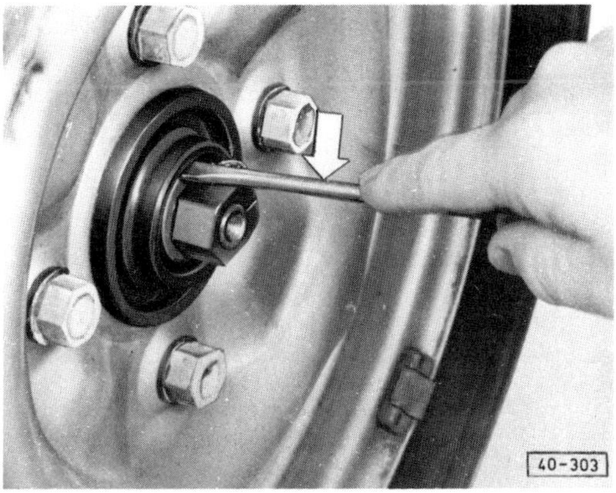

Für das Ersetzen eines Radlagers werden etwa 1 1/2 Stunden benötigt.

Vorderachse – Längslenkerachse

Alle Bauteile der Längslenkerachse können in eingebautem Zustand erneuert werden. Ist aber der Achskörper verzogen bzw. durch Rost zerstört, muß die komplette Vorderachse aus- und eingebaut werden. Die einzelnen Bauteile sind dann Stück für Stück umzurüsten. Für die Arbeiten benötigen Sie Stützböcke, einen Rangierwagenheber mit ausreichender Hubhöhe sowie zwei Helfer, die Ihnen rechts und links beim Abnehmen der Achse behilflich sind. Die Arbeiten können wegen des großen Aufwandes durchaus einen ganzen Tag in Anspruch nehmen. Da außerdem der Hydraulikkreis der Bremsanlage geöffnet wird und zahlreiche Spezialwerkzeuge erforderlich sind, können wir Ihnen den Aus- und Einbau der Vorderachse nicht empfehlen. Überlassen Sie die recht mühevolle Arbeit Ihrem V.A.G-Betrieb.

Falls Sie ein geübter Do-it-yourselfer sind, prüfen Sie vor Beginn der Arbeiten den von uns beschriebenen Umfang sehr sorgfältig. Die Arbeitsfolge läßt sich gut aus dem Explosivbild übernehmen. Wir bieten Ihnen nur eine grobe Zusammenfassung an:

Den Tank ausbauen. Achtung: Dabei nicht rauchen und kein offenes Feuer! Das Fahrzeug auf zwei solide Böcke stellen, und zwar so am Rahmen abstützen, daß die Vorderachse frei zugänglich ist. Die Räder abnehmen und die Lenkung am oberen Zweiarmflansch trennen. Die Bremsschläuche an den Verbindungsstellen zu den Bremsleitungen abschrauben und die Bremsanlage gegen Auslaufen sichern. Beachten Sie hier auch unsere Hinweise im Kapitel »Bremsen«. Die Tachowelle aus dem Achsschenkel herausziehen, die Radnaben mit Bremstrommel bzw. bei Scheibenbremsen den Bremssattel und die Bremsscheiben mit Naben abnehmen.

Alle Bauteile der Bremsanlage abbauen, so daß nur noch der Achsschenkel an der Achse bleibt. Die Achsbefestigungsschrauben am Rahmen und am Aufbau herausdrehen (vier Befestigungsschrauben am Rahmenkopf und zwei am Aufbau). Jetzt kann die Achse mit Hilfe zweier Helfer und eines geeigneten Wagenhebers abgenommen werden.

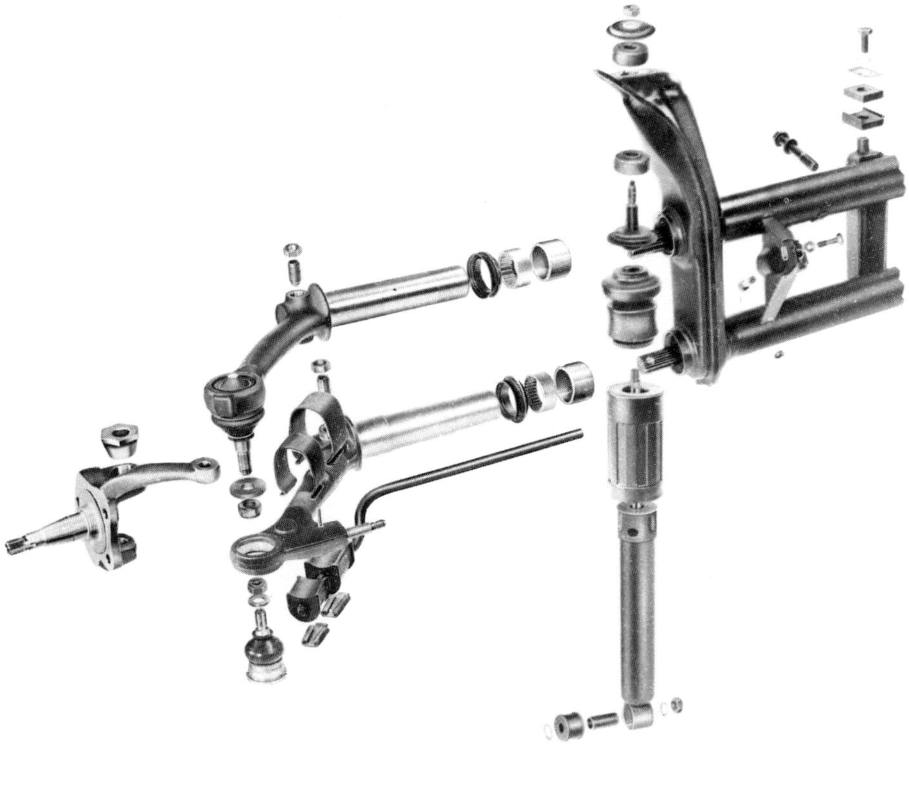

Die Teile der Radaufhängung der Längslenkerachse

Alle Bauteile der Voderachse ausbauen, wie Lenkungsdämpfer, Spurstange, Lenkgetriebe, Stoßdämpfer, Achsschenkel, Stabilisator und Traghebel mit Achsgelenken. Auf einer Seite können die Traghebel an den Federstäben bleiben, wenn die Federstäbe wieder eingesetzt werden. Beim Abschrauben der Achsgelenke die Lage der Markierung an den Exzenterbuchsen für die Sturzeinstellung anzeichnen (siehe auch Abschnitt »Achsgelenk prüfen«, Seite 124f.). Neuen Achskörper beim V.A.G-Betrieb besorgen.

Achtung: Schweiß- und Richtarbeiten am Achskörper sind grundsätzlich unzulässig; deshalb kommt hier nur ein neues Originalteil in Betracht.

Vor dem Einbau der Achsteile erfolgt eine umfassende Reinigung und Prüfung.

Der Einbau geschieht in umgekehrter Reihenfolge: Zunächst die Lagerbuchsen, dann das Nadellager mit der Kennzeichnung nach außen eintreiben. Dabei sollten Spezialwerkzeuge benutzt werden, um die Metallbuchsen und das Nadellager richtig zu positionieren. Ein Einbau ohne diese Spezialwerkzeuge ist möglich, aber nicht empfehlenswert.

Die Metallbuchsen und das Nadellager einbauen.

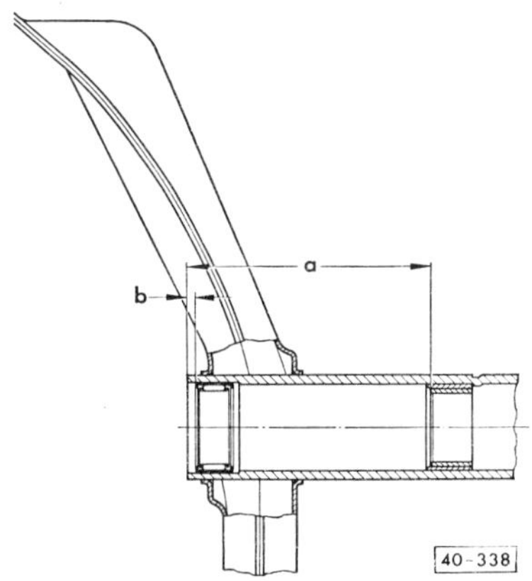

Einbaumaße ohne Eintreibdorn:

Metallbuchse »a«		Nadellager »b«	
oben	122 + 2 mm	oben	3,5 + 0,2 mm;
unten	132 + 2 mm	unten	5 + 0,2 mm.

Die Federstäbe einführen. Diese müssen gut mit Mehrzweckfett bestrichen werden. Um das Einbauen zu erleichtern, umwickelt man den vorderen Teil des aus zehn Blättern bestehenden Drehstabes mit Klebeband oder einem Stück Bindedraht.

Die Traghebel montieren und alle Anbauteile einsetzen. Die Gummilager für den Stabilisator würden wir erneuern. Hierfür gibt es einen kompletten Montagesatz, der auch neue Schellen und Spannbügel enthält. Die Nasen der Spannbügel werden mit einem Hammer umgeschlagen und so gegen Verrutschen gesichert.

Beim Zusammenbau des Achsschenkels die Exzenterbuchse leicht eingefettet ansetzen. Die Kerbe für die Sturzeinstellung steht nach vorne. Bei abweichender Ein-

Praxistip

- Werden die alten Drehstäbe übernommen, sollten diese sorgfältig untersucht werden, da gelegentlich einzelne Blätter brechen. Meistens bemerken Sie dann, daß Ihr Fahrzeug auf einer Seite hängt (wenn die Vorderachse noch eingebaut ist).
- Zur Prüfung brauchen die einzelnen Stäbe nicht auseinandergenommen werden; es genügt, wenn Sie die Fettpackung außen am jeweiligen Drehstab mit einem Lappen abstreifen und dann die Schmalseiten der Blätter auf Risse kontrollieren.
- Die Drehstäbe besitzen seitlich an den jeweiligen Enden Ansenkungen, in die dann die Gewindestifte der Traghebel eingreifen. Die Reihenfolge der einzelnen Blätter deshalb nicht verwechseln.
- Achtung: Bei der Montage der Bremsanlage keine Verunreinigungen in die Bremsleitungen bringen. Die Bremsschläuche nicht verdreht einbauen und die Anlage (siehe Kapitel »Bremsen«) abschließend einstellen und entlüften.

stellung bringen Sie die Kerbe auf die vorher bei der Demontage angebrachte Markierung. Die Bremse komplettieren, einstellen und entlüften.

Die Schmiernippel in den Achskörper hineindrehen und die Vorderachse noch einmal kräftig abschmieren.

Die wichtigsten Drehmomente:

Gewindestift am Traghebel	45 Nm = 4,5 mkg
Kontermutter dazu	45 Nm = 4,5 mkg
Sechskantmutter selbstsichernd an den Achsgelenken (stets neue Muttern verwenden)	60 Nm = 6,0 mkg
Stoßdämpferbefestigung	
– oben	20 Nm = 2,0 mkg
– unten	35 Nm = 3,5 mkg
Aufbau an Achskörper	20 Nm = 2,0 mkg
Achskörper am Rahmen (stets neue Sicherungen verwenden)	50 Nm = 5,0 mkg
Lenkungsbefestigung (hier neue Sicherungsbleche verwenden)	30 Nm = 3,0 mkg

Lenkstockhebelbefestigung an Lenkung (hier neue Sicherungsbleche verwenden, falls dieses Bauteil demontiert wurde)	70 Nm = 7,0 mkg
Spurstangenköpfe (hier neue Splinte einsetzen)	30 Nm = 3,0 mkg
Lenkungsdämpferbefestigung (innen)	25 Nm = 2,5 mkg
Lenkungsdämpferbefestigung außen am Rahmen	45 Nm = 4,5 mkg

Den Radeinschlag so einstellen, daß bei ausgefederter Achse zwischen oberem Traghebel und Reifen ein Spalt von 5 ± 1 mm frei bleibt.

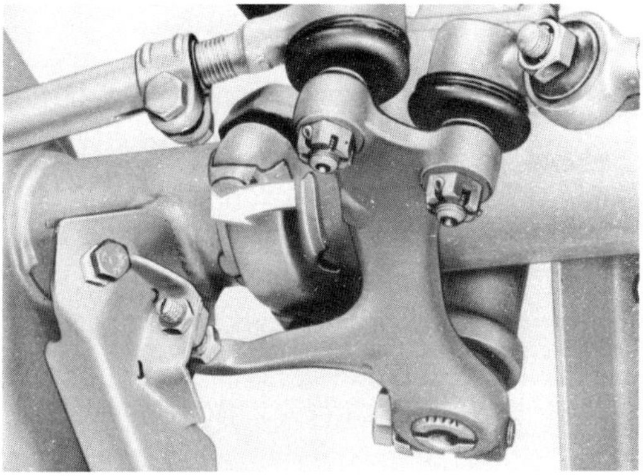

Einstellschraube

Prüfen des Radeinschlags

Hier noch einmal unsere Empfehlung: Nach Prüfen des vollständigen Arbeitsumfanges sollten Sie das Ersetzen der Vorderachse einem V.A.G-Betrieb überlassen. Ohnehin müssen Sie, wenn Sie diese Arbeiten selbst durchführten, einen V.A.G.-Betrieb mit den Vermessungs- und den Einstellarbeiten beauftragen. Bedenken Sie, daß ein neuer Satz Reifen teurer ist als der Arbeitslohn für den Vermessungsaufwand.

Hinterachse

Die beiden Ausführungsarten der Käfer-Hinterachse sind einmal die Pendelachse und zum anderen die Schräglenkerachse.

Das typische Kennzeichen der Pendelachse ist eine deutliche Sturzveränderung bei Zuladung. Bei der Schräglenkerachse fehlt dieses typische Kennzeichen. Die Konstruktion ist moderner, dafür aber wesentlich aufwendiger.

Einen Teil der Hinterradaufhängung der Pendelachse haben wir schon im Kapitel »Getriebe« beschrieben. Hier bilden Schaltgetriebe, Differential und Antriebswellenlagerung eine Baueinheit. Wenn Sie also Probleme mit der Lagerung und Abdichtung der Antriebswellen bei der Pendelachse haben, dann sehen Sie im Kapitel »Getriebe« nach.

Zwei Arbeitsgänge möchten wir ausklammern. Es handelt sich einmal um den Aus- und Einbau der Federstäbe. Diese sind nicht nur wartungsfrei, sondern besitzen auch eine hohe Lebensdauer. Sie kommen kaum in Verlegenheit, Federstäbe auswechseln zu müssen.

Zum anderen handelt es sich um das Differential, welches mit dem Schaltgetriebe in einem Gehäuse untergebracht ist. Für alle Arbeiten am Differential werden nicht nur eine hohe Qualifikation, sondern auch Spezialwerkzeuge benötigt. Wenn Getriebe und Differential schadhaft sind, dann ist in der Regel ein Original-Austauschteil die beste Lösung.

Auch für Arbeiten an der Hinterachse empfehlen wir, zwar Prüfungen selbst durchzuführen, jedoch die Reparatur Ihrem V.A.G-Betrieb zu überlassen.

Pendelachse

Stoßdämpfer ersetzen – Pendelachse

Die Stoßdämpfer der Hinterachse können Sie selbst auswechseln. Sie benötigen dazu etwa eine Stunde.

Das Fahrzeug aufbocken und das Rad abnehmen. Dann mit einer Stahlbürste die Schrauben oben und unten an der Stoßdämpferbefestigung reinigen und mit Rostlöser behandeln.

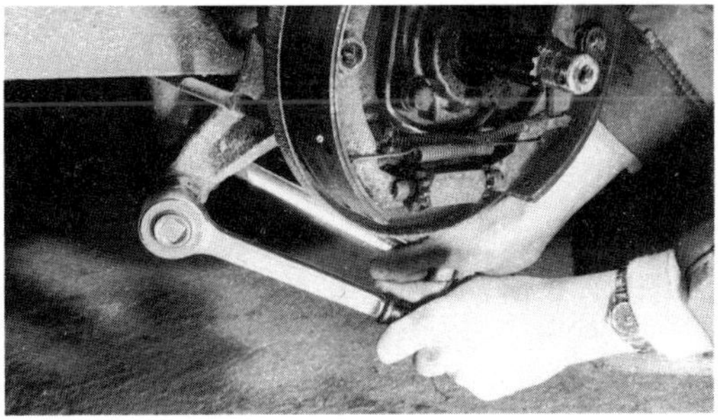

Die Muttern abdrehen: dabei die Schrauben mit einem Schlüssel gegenhalten. Den Stoßdämpfer samt Schrauben abdrücken. Dazu benutzen Sie am besten ein kräftiges Montiereisen.

Es kann vorkommen, daß die Distanzbuchsen der Stoßdämpfergummis an den Schrauben festgerostet sind. Prüfen Sie deshalb, bevor Sie die neuen Stoßdämpfer kaufen, ob Sie die Schrauben freibekommen (falls nicht, sind neue Teile zu besorgen).

Prüfen im eingebauten Zustand: Einen defekten Stoßdämpfer erkennt man an Ölspuren am Stoßdämpferrohr. Leichte Undichtigkeiten sind kein Grund für einen Wechsel. Stellen sich zusätzlich noch Poltergeräusche ein, ist der Ölverlust zu weit fortgeschritten.

Prüfen im ausgebauten Zustand:

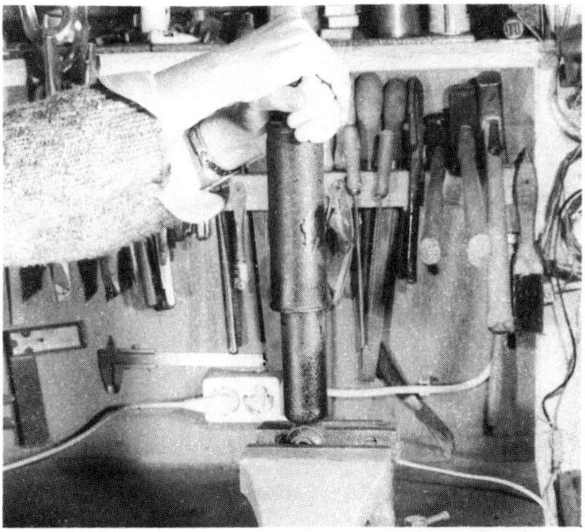

Nach dem Ausbau den Stoßdämpfer am unteren Befestigungspunkt in einem Schraubstock einspannen und die Kolbenstange von Hand gleichmäßig hin und her bewegen. Bemerken Sie Ungleichmäßigkeiten (Löcher oder Rucken), ist der Stoßdämpfer auszuwechseln. Prüfen Sie den Stoßdämpfer über den ganzen Hub von Anschlag zu Anschlag.

Die wichtigsten Drehmomente:

Stoßdämpferbefestigung oben und unten	60 Nm = 6 mkg
Achsrohrlagerflansch an Federstrebe	110 Nm = 11 mkg
Deckel für Federstrebennabe	40 Nm = 4 mkg

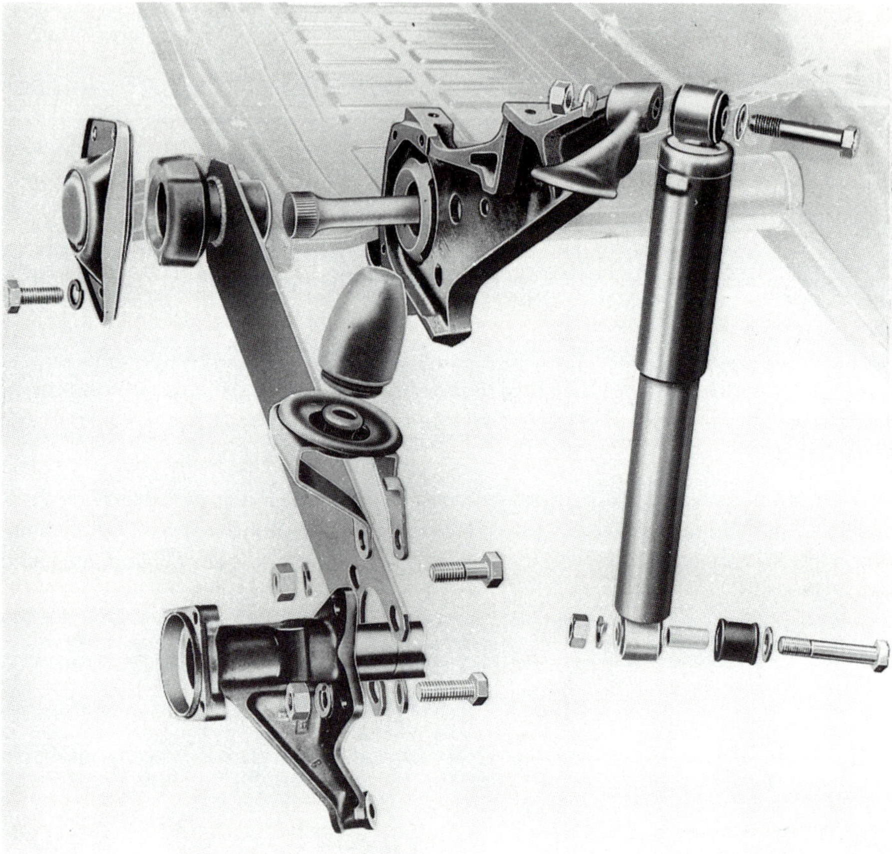

Alle Bauteile der Pendelachsenaufhängung finden Sie in diesem Explosivbild.

Praxistip

Im Gegensatz zu Poltergeräuschen, die vom Stoßdämpfer ausgehen, sind gelegentlich auch Klappergeräusche zu bemerken, die von der Ausgleichsfeder stammen können. In diesem Fall sind die Gummilager der Ausgleichsfeder zu prüfen.

Ausgleichsfeder aus- und einbauen – Pendelachse

Diese Arbeiten brauchen wir nicht weiter zu beschreiben, da im folgenden Explosivbild alle Einzelheiten wiedergegeben sind.

Beachten Sie, daß neue Gummilager grundsätzlich mit Talkum eingesetzt werden.

Verwechseln Sie beim Aus- und Einbau nicht den rechten und linken Hebel; der linke Hebel ist mit einem »L« gekennzeichnet.

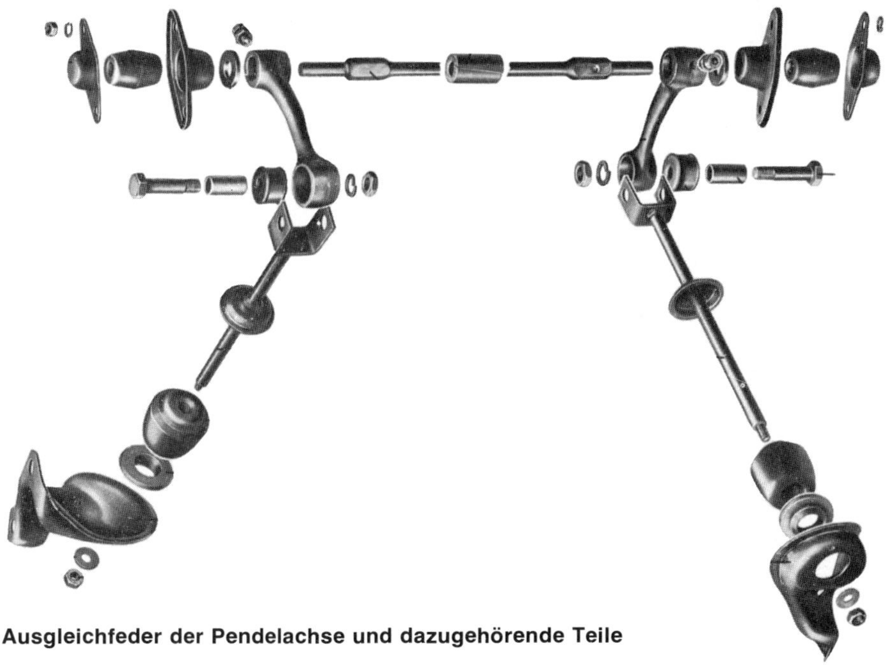

Ausgleichfeder der Pendelachse und dazugehörende Teile

Die wichtigsten Drehmomente:

Mutter an Schubstange unten	10 Nm = 1 mkg
Lagerbock oben rechts und links, Deckelbefestigung dazu	20 Nm = 2 mkg
Befestigung der Hebel am Ausgleichsfederstab	20 Nm = 2 mkg
Kontermutter dazu	20 Nm = 2 mkg
Verschraubung der Schubstangen an den Hebeln	50 Nm = 5 mkg

Radlager hinten ersetzen – Pendelachse

Die Beschreibung des Arbeitsvorganges finden Sie im Kapitel »Getriebe« auf Seite 115f.

Schräglenkerachse

Stoßdämpfer ersetzen – Schräglenkerachse

Die Arbeiten ähneln in diesem Fall der Beschreibung, die Sie im Abschnitt »Pendelachse« (Seite 134ff) nachlesen können.

Die Lage des Stoßdämpfers ersehen Sie aus der folgenden Explosivzeichnung.

Der Zeitaufwand beträgt etwa eine Stunde.

Radaufhängung der Schräglenkerachse

Achslenker aus- und einbauen – Schräglenkerachse

Das Fahrzeug aufbocken; das Rad und die Bremstrommel abnehmen. Achtung, wichtiger Hinweis: Die Kronenmutter lösen, solange das Fahrzeug auf dem Boden steht (siehe auch Kapitel »Bremsen«).

Die Gelenkwelle mit einem Vielzahnsteckschlüssel abschrauben. Den offenen Teil der Gelenkwelle mit einem sauberen Tuch abdecken und die Gelenkwelle mit Draht am Aufbau so befestigen, daß sie nicht stört.

An den mit Pfeilen gekennzeichneten Stellen die Federstrebe mit einem Meißelschlag markieren. Am äußeren Ende der Federstrebe einen Wagenheber ansetzen und die Federstrebe leicht anheben. Die Schraubverbindung an der Strebe trennen. Die Bremsleitung öffnen und die Bremsanlage gegen auslaufende Bremsflüssigkeit sichern (z. B. mit einem Klebeband).

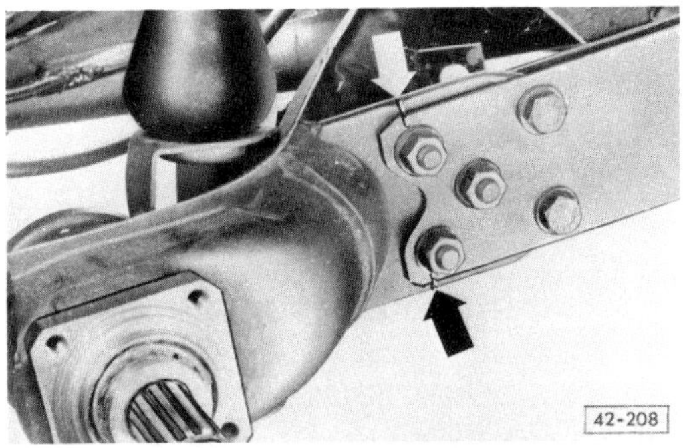

Die Paßschraube an der inneren Lenkerbefestigung lösen und die Stoßdämpferbefestigung unten herausschrauben. Während ein Helfer den Schräglenker hält, drehen Sie die innere Paßschraube vollständig heraus.

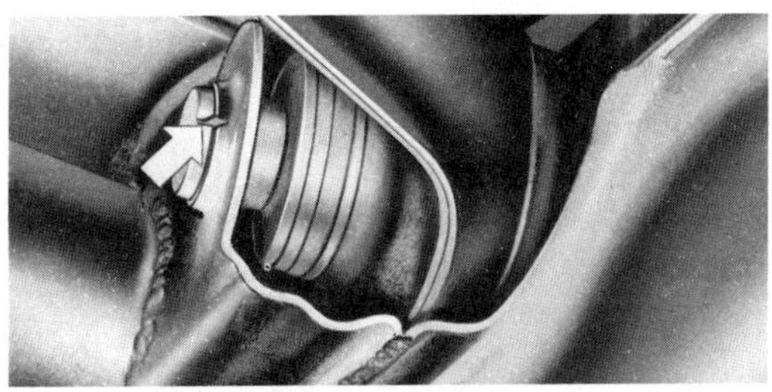

Der Einbau geschieht in umgekehrter Reihenfolge. Die Paßschraube immer mit einem kräftigen Meißelschlag sichern.

Die Federstrebe und den Achslenkerflansch entsprechend der Markierung verschrauben. Der im Bild gezeigte Winkel muß immer kleiner als 180° sein.

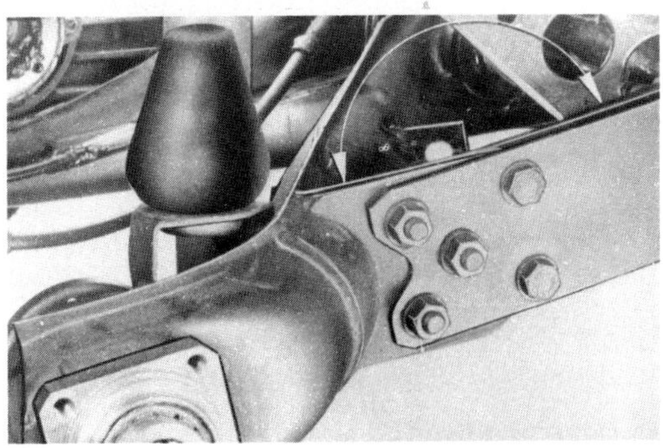

Die wichtigsten Drehmomente:

Paßschraube am Schräglenker innen	120 Nm = 12,0 mkg
Gelenkwelle am Flansch	45 Nm = 4,5 mkg
Stoßdämpferbefestigung unten und oben	60 Nm = 6,0 mkg

Für diese Arbeiten benötigen Sie etwa 2 Stunden.

Radlager hinten ersetzen – Schräglenkerachse

Bremstrommel und Bremsträger

Radlagerung der Schräglenkerachse

Das Ersetzen des Radlagers erfordert neben einem Universalabzieher »Kukko« mit langem Arm auch eine spezielle Eintreibhülse in Verbindung mit einer Presse. Deshalb sollten Sie diese Arbeiten Ihrem V.A.G-Betrieb überlassen.

Der Zeitaufwand beträgt etwa 1 Stunde bei ausgebautem Lenker.

Das Lager kann auch dann ersetzt werden, wenn der Schräglenker nicht ausgebaut wurde.

Die Bremstrommel abziehen, den äußeren Deckel für das Hinterradlager mit Dichtring, Abstandring und Rundschnur abnehmen.

Die Welle mit einem weichen Dorn aus Aluminium bzw. Messing oder mit einem Zweiarmabzieher heraustreiben oder ausdrücken, den inneren Dichtring mit einem Montierhebel herausdrücken. Den Sicherungsring des inneren Lagers mit einer Sicherungszange herausnehmen und das Lager mit einem weichen Dorn austreiben.

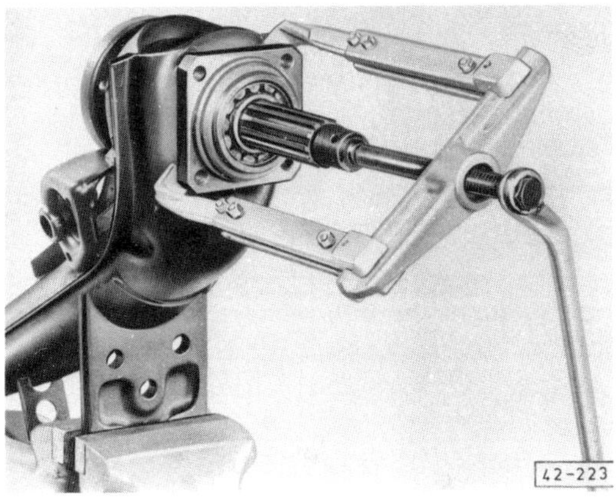

Das äußere Lager (Zylinderrollager) herausschlagen. Dazu besitzt das Lagergehäuse einen speziellen Freistich (siehe Pfeil), damit der Außenlaufring besser erfaßt werden kann.

Das Radlagergehäuse reinigen und das Rillenkugellager einpressen bzw. eintreiben (das Lager mit Radlagerfett einfetten).

Achtung: Den Lagerkäfig nicht beschädigen!

Den Dichtring mit einem Gummihammer einschlagen und die Dichtlippe mit Mehrzweckfett bestreichen. Damit ist das innere Lager erneuert.

Die Abstandshülse einführen und das äußere Zylinderrollager einsetzen. Die Börtelkante des Außenlagers muß dabei nach außen zeigen.

Achtung: Den Lagerkäfig nicht beschädigen!

Jetzt von innen die Hinterradwelle, auf der noch der innere Abstandsring sitzt, in das Lager stecken. Die zwischen den Lagern sitzende Abstandshülse mit einem Schraubenzieher von außen etwas anheben, damit die Welle leichter eingeführt werden kann. Den äußeren Abstandsring aufsetzen und das Lager mit Hilfe einer Spezial-Eintreibhülse einziehen. Damit ist das Lager vollständig montiert.

Die Kronenmutter und die Treibhülse wieder abnehmen. Den äußeren Lagerdeckel, in den man zuvor einen neuen Dichtring eingesetzt hat, zusammen mit einem neuen Rundschnurring einsetzen. Die Bremstrommel montieren. Soweit notwendig, die Bremse einstellen. Neuen Splint für die Kronenmuttersicherung verwenden.

Die wichtigsten Drehmomente:

Kontermutter der Bremstrommel	350 Nm = 35 mkg
Schrauben für Radlagerdeckel außen	60 Nm = 6 mkg

Achtung, wichtiger Hinweis: Die Kronenmutter erst dann festziehen, wenn das Fahrzeug wieder auf dem Boden steht (siehe auch Kapitel »Bremsen«).

Gelenkwelle ersetzen – Schräglenkerachse

Die Gelenkwellen unterliegen höchsten Beanspruchungen. Sie müssen trotz der ständigen Aus- und Einfederbewegungen die Antriebskräfte in jeder Stellung ruck-

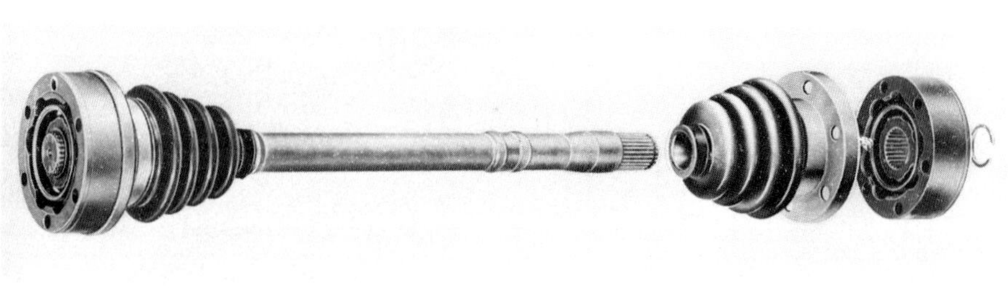

frei übertragen. Diese Aufgabe können über viele Betriebskilometer hinweg nur hochwertige Ausgleichsgelenke übernehmen. Die Gelenke sind auf Lebensdauer mit Spezialfett versorgt. Bei Schäden an den Faltenbälgen sind diese unverzüglich zu ersetzen, da sonst Staub und Wasser eindringen können.

Zum Ersetzen der Faltenbälge ist es notwendig, ein Gleichlaufgelenk abzudrücken. Dies ist ohne Presse in aller Regel nicht möglich. Sie selbst können aber den Aus- und Einbau übernehmen.

Zum Aus- und Einbau ist ein Vielzahnsteckschlüssel (lange Ausführung) erforderlich. Damit werden die Schrauben sowohl am Getriebeflansch als auch an der Hinterradwelle außen herausgedreht.

Achten Sie darauf, daß beim Herausnehmen der Welle kein Schmutz in die Gelenke gerät. Die offenen Gelenke sind stets mit einem sauberen Lappen zu schützen. Vor dem Einbau der Welle sollten Sie jedes Gelenk mit etwa 45 g Spezialfett für Gleichlaufgelenke (G 6) versorgen. Das Fett ist sorgfältig einzupressen. Hingegen muß der Gelenkflansch beim Anbau immer fettfrei sein, damit ein einwandfreier Sitz erreicht wird.

Achtung: Beim Einbau der Gelenke ist auf die richtige Montage der Gummibälge zu achten, denn bei Undichtigkeiten kann Wasser eindringen. Dies führt zu Zerstörung des Fettes und zum Fressen der Gelenke.

Praxistip

Schäden an den Gelenkwellen äußern sich durch Lastwechselschläge (Knacken beim Gasgeben und Gaswegnehmen). Zur Prüfung Fahrzeug auf eine ebene Fläche stellen, den ersten Gang einlegen und den Wagen von einem Helfer hin- und herbewegen lassen. Sie selbst prüfen unter dem Wagen, ob sich die Gelenkwelle innerhalb der Gelenke verdreht.

Vorsicht: Diese Prüfung ist nur auf einer ebenen Straße durchzuführen. Das Fahrzeug mit Bremsklötzen in geringem Abstand zu den Rädern gegen Wegrollen sichern.

Bremsanlage

Der Fachmann wird einem Laien sicher nicht empfehlen, selbst Reparaturen an der Bremsanlage auszuführen; denn sogar kleine Montagefehler können folgenschwere Unfälle auslösen. Somit sind die Reparatur und die Prüfung der Bremsanlage Sache des V.A.G-Betriebes.

Begnügen Sie sich daher mit Kontroll- und Einstellarbeiten. Auch mit diesem Arbeitsumfang können Sie als Do-it-yourselfer eine Menge Geld sparen.

Trotz dieser Einschränkungen werden in diesem Kapitel auch weitergehende Reparaturen beschrieben. Diese sind aber dem geübten Do-it-yourselfer mit perfekter Werkzeugausrüstung vorbehalten und nur für den Ausnahmefall gedacht, wenn z.B. während der Prüfarbeiten eine Panne passiert. Auch wenn kein V.A.G-Betrieb zur Verfügung steht, können die Reparaturhinweise eine wertvolle Hilfe sein. In jedem Fall sind aber gute bis sehr gute Fachkenntnisse erforderlich.

Praxistip

- Wir empfehlen, nur Originalteile zu verwenden.
- Keine Experimente!
- Die Bremsbeläge, Bremsscheiben und Trommeln sind fettfrei zu halten, die Beläge bei Verschmutzungen mit Schmirgelleinen abzuziehen.
- Verölte oder verhärtete Beläge sind zu ersetzen.
- Nach jeder Reparatur ist eine Bremsenprüfung durchzuführen.

Die Teile der Bremsanlage

- Fußbremse als hydraulische Zweikreis-Bremsanlage.
- Scheibenbremse vorne mit Festsattel der Firmen Teves oder Girling bzw. Trommelbremse bei bestimmten Käfer-Ausführungen (auch als Einkreis-Bremsanlage bei älteren Typen).
- Trommelbremse hinten.
- Hauptbremszylinder.
- Handbremse, mechanisch über Seilzüge auf die Hinterachse wirkend.

Scheibenbremsbeläge vorne
Bremssattel der Firma Girling

Das Fahrzeug aufbocken und das Rad abnehmen. Zur Sichtprüfung den gesamten Bremssattel mit einer Stahlbürste reinigen und mit Preßluft abblasen bzw. einen Pinsel einsetzen, um den Bremsschacht zu säubern.

Die Bremsbelagstärke erkennt man am Spiel zwischen der Belagrückenplatte und der Belaghaltefeder.

Zur Prüfung benutzen die V.A.G-Betriebe ein Spezialwerkzeug, mit dem die Prüfung bei angeschraubten Rädern möglich ist.

Wir empfehlen aber, immer die Räder abzunehmen, um die Prüfung ohne Lehre durchführen zu können.

Die Verschleißgrenze ist erreicht, wenn der Belag nur noch 2 mm stark ist (ohne Rückenplatte gemessen).

Ist die Verschleißgrenze erreicht, müssen die Bremsbeläge umgehend ersetzt werden. Dazu wird die Sicherungsöse aufgebogen und abgebogen. Der Belaghaltebügel ist nach hinten mit einem Splinttreiber herauszuschlagen. Man kann dazu ausnahmsweise auch einen dicken Nagel benutzen, dessen Spitze sorgfältig abgefeilt wurde.

Praxistip

- Wurde Bremsflüssigkeit nachgefüllt, muß vor dem Zurückdrükken des Kolbens die Flüssigkeit aus dem Klarsichtbehälter am Hauptbremszylinder abgesaugt werden. Dazu ist eine Plastikflasche zu verwenden.
- Bremsflüssigkeit ist giftig und ätzend; sie darf daher nicht mit einem Schlauch und dem Mund abgesaugt werden.
- Bremsflüssigkeit sollte nicht mit lackierten Flächen (Kotflügel) in Berührung gebracht werden.

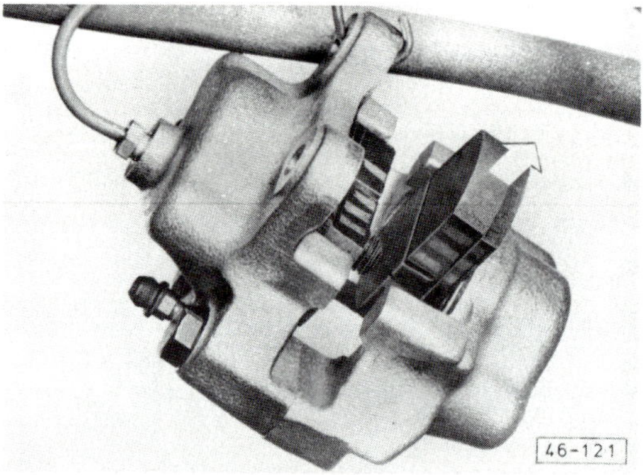

Der Bremssattel wird vom Achsschenkel abgeschraubt (zwei Schrauben) und mit einem Draht am Aufbau befestigt.

Achtung: Die Bremsleitung darf nicht geknickt werden!

Die Beläge sind um 90° zu drehen und nacheinander aus dem Sattel zu ziehen. Die Geräuschdämpfungsbleche werden zur Mitte geschoben und ebenfalls herausgenommen.

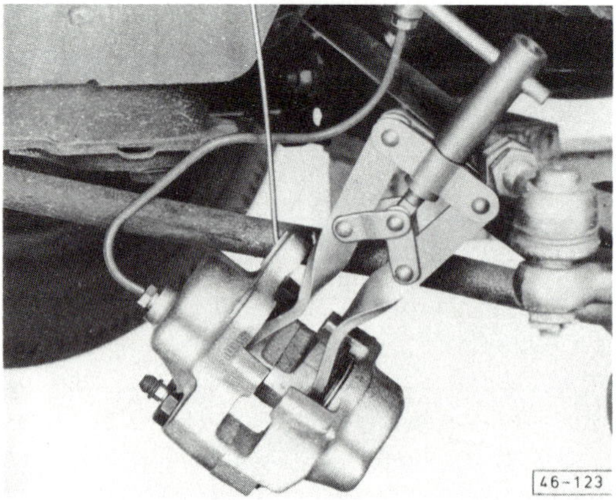

Während der Betriebszeit haben sich die Kolben automatisch nachgestellt, so daß sie wieder in ihre ursprüngliche Lage zurückgedrückt werden müssen.

Dazu verwendet man eine besondere Kolbenrücksetzzange, die im Fachhandel erhältlich ist. In der Ausnahmesituation kann jedoch auch ein Montiereisen vorsichtig benutzt werden. Achtung: Dabei keine Gewalt anwenden, damit die Bremsscheibe nicht verbogen wird! Als Schutz für diese kann eine Zwischenlage aus Holz dienen.

Gleichfalls müssen der Kolben des Radbremszylinders und die Schutzkappe gegen Beschädigungen geschützt werden. Hierzu kann die Rückenplatte des alten Bremsbelages dienen, die nicht wieder benutzt wird. Der Belag selbst kann leicht mit einem Schraubenzieher von der Rückplatte abgetrennt werden.

Zur Montageerleichterung ist beim Zurückdrücken der Kolben mit dem Montiereisen der Bremssattel mit zwei Schrauben wieder zu befestigen. Die Kolben rechts und links werden dann jeweils separat zurückgedrückt. Es ist aber empfehlenswert, die im Bild gezeigte Kolbenrücksetzzange zu verwenden, die im Fachhandel erhältlich ist.

Der Bremssattel ist innen mit einem kräftigen Pinsel oder mit einem Schraubenzieher, der mit einem Lappen umwickelt wurde, zu reinigen. Dabei dürfen die Staubmanschetten nicht beschädigt werden. Die Geräuschdämpfungsbleche sind so einzusetzen, daß der Pfeil nach oben in Drehrichtung der Räder zeigt. Die Bremsbeläge werden dann eingeführt und um 90° verdreht.

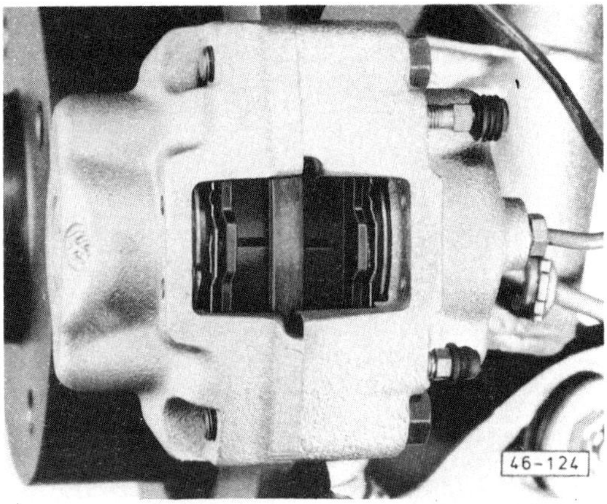

Dann wird der Bremssattel wieder angebaut. Ursprünglich waren die Schrauben dazu mit Sicherungsblechen gesichert. An dieser Stelle wird an beiden Schrauben eine Federscheibe eingesetzt, die ebenso wie die Schrauben immer erneuert werden muß.

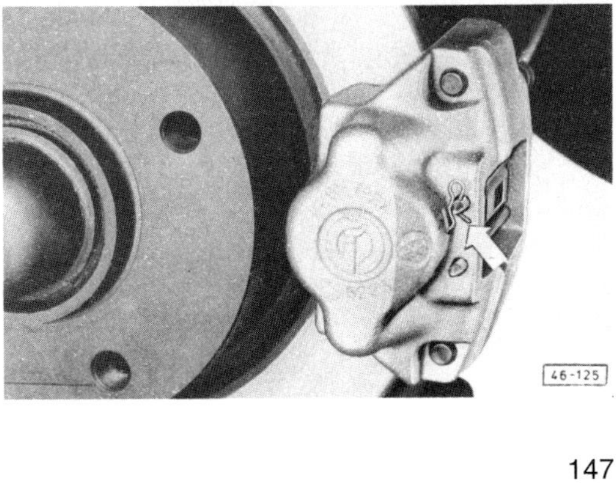

Die Belaghaltefeder und der Belaghaltebügel werden eingesetzt und der Haltebügel mit der Sicherungsöse gesichert. Der gerade Schenkel der Öse wird um 45° umgebogen.

Drehmoment: Bremssattel an Achsschenkel 40 Nm = 4 mkg.

Achtung: Beim Ersetzen sind grundsätzlich die Bremsbeläge auf beiden Seiten zu erneuern.

Vor Inbetriebnahme des Fahrzeuges: Nach dem Einsetzen der Bremsbeläge ist das Bremspedal mehrmals kräftig durchzutreten; denn die Bremse ist zunächst funktionslos. Erst wenn die Bremskolben wieder richtig sitzen, ist der übliche Betriebszustand erreicht.

Der Bremsflüssigkeitsstand im Vorratsbehälter des Hauptbremszylinders ist zu prüfen; gegebenenfalls ist nachzufüllen. Die Nachfüllflasche ist wieder fest zu verschließen. Die Bremsflüssigkeit darf nicht im offenen Behälter aufbewahrt werden, da sie sonst unbrauchbar wird.

Scheibenbremsbeläge vorne
Bremssattel der Firma Teves

Bei Fahrzeugen mit dem Bremssattel der Firma Teves braucht der Sattel zum Belagwechsel nicht ausgebaut zu werden. Das Verschleißmaß für die Bremsbelagdicke liegt ebenfalls bei 2 mm Stärke. Beim Ersetzen der Beläge sind grundsätzlich beide Seiten zu erneuern.

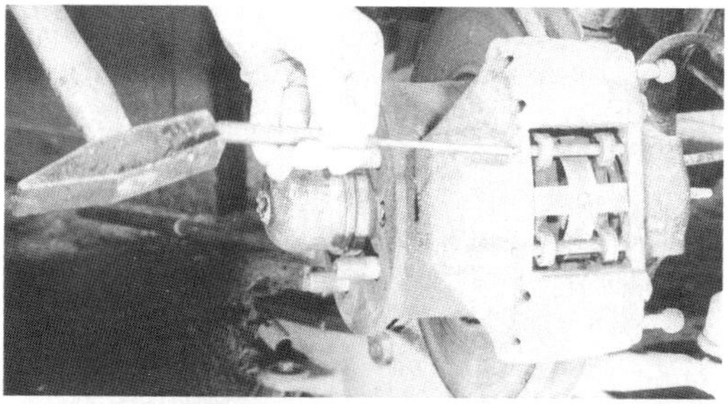

Zum Belagwechsel sind die Haltestifte mit einem sogenannten Splinttreiber, der im Werkzeugfachhandel erhältlich ist, herauszuschlagen; die Kreuzfeder ist abzunehmen.

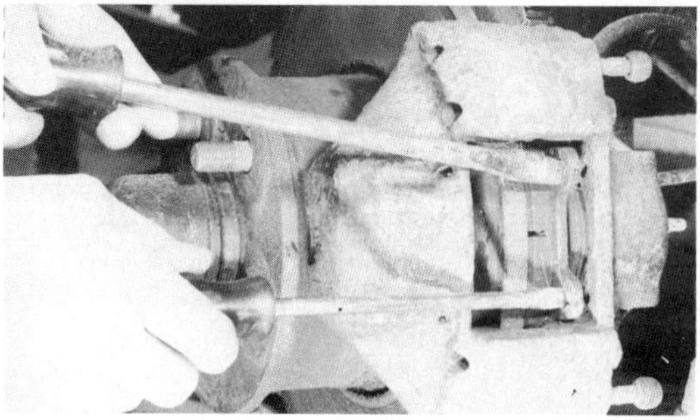

Die Bremsbeläge werden mit zwei Schraubenziehern oder einer Wasserpumpenzange wechselseitig herausgehebelt.

Die Bremsschächte im Bremssattel sind mit einem kräftigen Pinsel oder mit einem Schraubenzieher, der mit einem Lappen umwickelt wurde, zu reinigen.

Praxistip

- Wurde Bremsflüssigkeit nachgefüllt, muß vor dem Zurückdrükken des Kolbens die überschüssige Flüssigkeit aus dem Bremsflüssigkeitsbehälter am Hauptbremszylinder abgesaugt werden. Dazu ist eine Plastikflasche zu verwenden.
- Bremsflüssigkeit darf nicht mit einem Schlauch und dem Mund abgesaugt werden; denn Bremsflüssigkeit ist giftig und ätzend. Sie sollte auch nicht mit lackierten Flächen (Kotflügel) in Berührung gebracht werden.

Während der Betriebszeit hat sich die Bremse automatisch nachgestellt. Es ist erforderlich, die Kolben in die ursprüngliche Lage zurückzudrücken. Hierzu dient eine Kolbenrücksetzzange. Ersatzweise kann in der Ausnahmesituation ein Montiereisen verwendet werden.

Achtung: Dabei keine Gewalt anwenden! Damit die Bremsscheibe nicht verbogen wird, schützt man diese durch eine Zwischenlage aus Holz. Gleichfalls müssen der Kolben des Radbremszylinders und die Schutzkappe des Kolbens geschützt werden. Hierzu dient die Rückenplatte des alten Bremsbelages, der nicht wieder benutzt wird. Der Belag selbst kann leicht mit einem Schraubenzieher von der Rükkenplatte abgetrennt werden.

Die 20°-Kolbenstellung sollte geprüft werden; dazu benötigt man eine Lehre.

Der Kolben verstellt sich während des normalen Fahrbetriebs kaum von selbst. Gegebenenfalls ist er mit einem Schraubenzieher zu verdrehen, wobei die Klinge an den eingefrästen Nasen angesetzt wird.

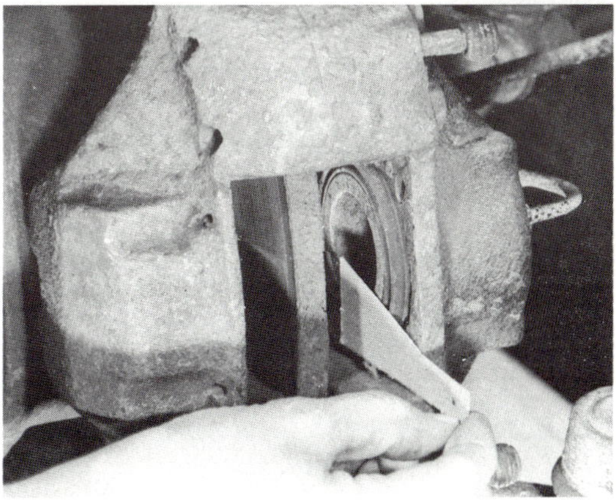

Diese Lehre läßt sich leicht aus Aluminium oder Hartpappe anfertigen. Die Abbildung zeigt die Originalgröße. Die Kolbenlehre wird an die untere Führungsfläche im Festsattel gehalten.

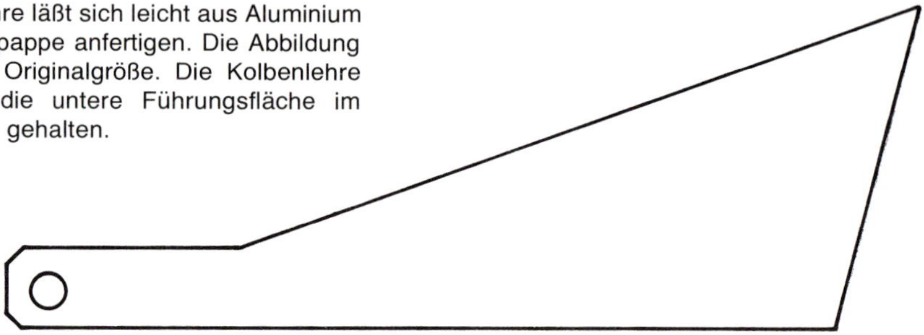

Praxistip

- Beim Reinigen des Bremsschachtes dürfen die Gummikappen der Bremszylinder nicht beschädigt werden. Am besten wird ein Schraubenzieher verwendet und mit einem Lappen umwickelt.
- Vor Inbetriebnahme des Fahrzeuges: Nach dem Einsetzen der Bremsbeläge ist das Bremspedal mehrmals kräftig durchzutreten; denn die Bremse ist zunächst funktionslos. Erst wenn die Bremskolben wieder ihren richtigen Sitz erhalten haben, ist der übliche Betriebszustand erreicht.

Die Bremsbeläge werden in den Schacht eingeführt; dazu werden eine neue Spreizfeder und aus Sicherheitsgründen auch neue Haltestifte verwendet. Zum Einschlagen der Stifte dient in den Werkstätten ein spezieller Einschlagdorn, damit die Spannhülsen nicht abgeschert werden. In der Ausnahmesituation kann aber auch ein Hammer eingesetzt werden. Wie im Bild gezeigt, wird dieser dann ohne Dorn benutzt.

Bremsscheiben

Bremsscheiben mit starken Riefen sind auszubauen und können in einer Dreherei nachgearbeitet werden:

- Dicke der Bremsscheibe im Neuzustand 9,5 mm
- Abdrehmaß pro Seite 0,5 mm
- Verschleißgrenze 8,0 mm
- Maximaler Seitenschlag 0,2 mm

Zum Wechsel der Bremsscheiben wird der Bremssattel ausgebaut. Der Nabendekkel wird mit einem kräftigen Montiereisen abgedrückt; auf der linken Seite ist zusätzlich der Tachoantrieb abzutrennen. Die Klemmutter abschrauben und die Bremsscheibe abnehmen. Das Radlager ausbauen, prüfen und in die neue Bremsscheibe einsetzen (siehe auch Kapitel »Vorderachse«).

Das Radlager ist sorgfältig zu fetten, die Bremsscheibe einzubauen und das Radlagerspiel einzustellen (siehe Seite 126). Bei der Montage des Bremssattels sind neue Federscheiben und Befestigungsschrauben zu verwenden.

A c h t u n g: Wenn neue Bremsscheiben montiert wurden, sollten auch immer neue Beläge eingesetzt werden, um eine einwandfreie Anlagefläche zu erhalten; denn die alten Beläge hatten sich auf die Riefen der alten Bremsscheibe eingeschliffen.

Trommelbremse vorne

Im Gegensatz zu Scheibenbremsen müssen die Trommelbremsen des Käfers von Zeit zu Zeit neu eingestellt werden. Dieses Nachstellen ist immer angezeigt, wenn sich das Pedal relativ weit durchtreten läßt, der Pedaldruck selbst aber hart bleibt. Bei einem weich nachgebenden Bremspedal könnte beispielsweise eine undichte Stelle im Bremssystem vorhanden sein.

Vor den Nachstellarbeiten sollte zunächst der Zustand der Beläge kontrolliert werden. Die Dicke beträgt bei:

- neuen Normal-Belägen etwa 3,8–4,0 mm;
- Übergröße-Belägen etwa 4,3–4,5 mm.

Das Nachstellen erfolgt durch zwei Einstellritzel (siehe auch Explosivbild). Mit einem Schraubenzieher wird das Ritzel jeweils im Uhrzeigersinn nach rechts bewegt, bis die Bremsbacken fest an der Trommel anliegen: Das Rad läßt sich nicht mehr drehen. Dann sind beide Ritzel wieder zurückzudrehen, bis das Rad frei läuft. Leichte Schleifgeräusche sind zulässig.

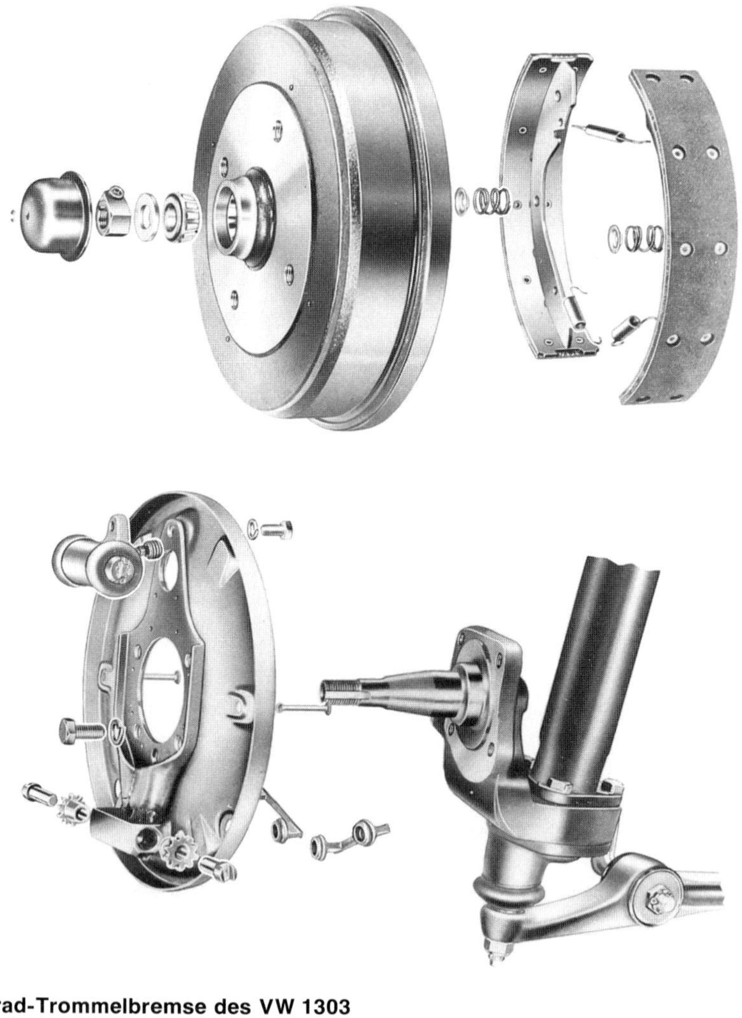

Vorderrad-Trommelbremse des VW 1303

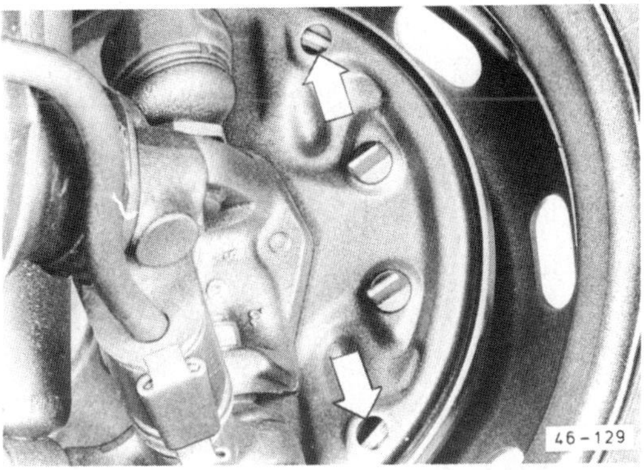

Die Verschleißgrenze ist erreicht wenn nur noch 2,5 mm Bremsbelag (ohne Backen) vorhanden sind.

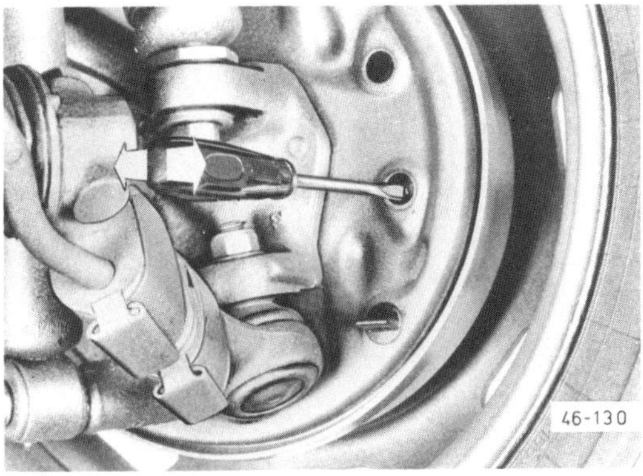

Je Rad müssen zwei Einstellritzel gedreht werden. Im Bild sind die Öffnungen zu den Nachstellritzeln eines Fahrzeuges mit Längslenkerachse zu sehen.

Bei Fahrzeugen mit Federbeinachse und Trommelbremsen liegen die entsprechenden Öffnungen an der Bremsträgerplatte unten. Die Arbeiten sind aber die gleichen.

Brembacken vorne

Das Ersetzen von Trommelbremsbelägen ist grundsätzlich Werkstattsache; denn hierfür sind sehr gute Fachkenntnisse erforderlich. Wer jedoch im Ausnahmefall diese Arbeiten selbst durchführt, hat nach den folgenden Anweisungen vorzugehen.

Vor dem Abziehen der Räder ist die Bremseneinstellung zurückzunehmen.

Zu kontrollieren ist auch der Zustand aller Rückzugsfedern. Verrostete Federn führen zu Problemen bei der Rückstellung der Backen und sind zu ersetzen. Sind in den Bremstrommeln Riefen zu erkennen, müssen diese im V.A.G-Betrieb ausgedreht und gleichzeitig Übergröße-Bremsbeläge eingesetzt werden. Leichte Riefen sind allerdings zulässig (siehe auch Abschnitte »Bremsbeläge« und »Bremstrommeln«).

Aus- und Einbau: Zur Demontage der Bremsbacken werden die Druckfedern und die Spannstifte herausgenommen. Dazu dient eine Kombizange, mit der gleichzeitig die Feder zurückgedrückt und der Spannstift um 90° gedreht wird.

Damit der Spannstift nicht ausweicht, wird er außen an der Bremsträgerplatte mit dem Finger festgehalten.

Zuerst wird ein Bremsbacken an der Nachstellschraube von Hand ausgehängt. Jetzt läßt sich die kleine Rückzugsfeder abnehmen. Beide Backen werden nun vom Bremszylinder zusammen mit der großen Rückzugsfeder heruntergezogen.

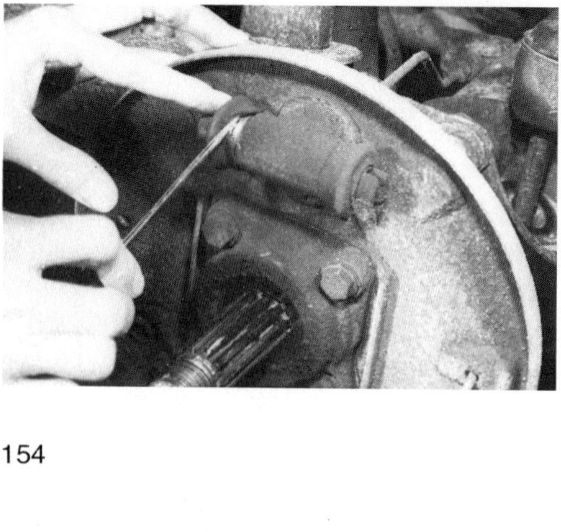

Prüfarbeiten: Heben Sie mit einem Schraubenzieher die Schutzmanschette des Zylinders ab. Darunter dürfen keine Spuren von Bremsflüssigkeit zu sehen sein. Anderenfalls muß der Bremszylinder in einer V.A.G-Werkstatt ausgewechselt werden.

Praxistip

- Die Bremsflüssigkeit in der Bremsanlage eines Autos steht unter leichtem Druck. Damit die Kolben nicht aus dem Bremszylinder herausgeschoben werden, sollte ein Gummiband oder ein Bindedraht um den Bremszylinder gelegt werden.
- Bremsbeläge verhärten an der Oberfläche. Es zeigt sich dann eine glasige Oberfläche, die selbst mit einem Schraubenzieher nur schwer beschädigt werden kann. Solche Beläge müssen auch dann ersetzt werden, wenn die Verschleißgrenze noch nicht erreicht ist.
- Es dürfen nur Original-Bremsbeläge verwendet werden. Die Beläge sind achsweise zu ersetzen.

Vor dem Einbau der neuen Bremsbacken ist die Bremsträgerplatte mit einer kräftigen Stahlbürste zu reinigen. Ritzel und Nachstellschrauben werden herausgenommen. Falls diese festgerostet sind, dienen zum Herausschlagen ein kräftiger Dorn und ein Hammer. Um Ärger beim Einstellen zu ersparen, sollten gegebenenfalls neue Ritzel wie auch Einstellschrauben verwendet werden. Das Einsetzen dieser beiden Teile erfolgt mit graphithaltiger Paste (z. B. Molykote Paste G).

Da Bremsbeläge stets fettfrei zu halten sind, sind vor der Montage nach Möglichkeit die Hände gründlich zu waschen.

Der Einbau der Bremsbacken erfolgt in umgekehrter Reihenfolge. Dabei ist auf die richtige Lage der Schlitze in den Stegen der Backen zu achten. Diese zeigen stets zum Radbremszylinder.

Bevor die Bremstrommel endgültig aufgesetzt wird, sind sowohl die Beläge als auch die Bremstrommel mit Schmirgelleinen abzuziehen. War die Bremstrommel verunreinigt, wird sie entweder mit Waschbenzin (falls sie mit Öl verunreinigt war) bzw. mit Wasser (bei Verunreinigung durch Bremsflüssigkeit) gereinigt und abschließend getrocknet. Die Achszapfen sind von Radlagerfett zu reinigen; die Radlagerfettfüllung ist zu prüfen, gegebenenfalls zu ergänzen (siehe auch »Radlager«)

Praxistip

- Bremsstaub kann gesundheitsschädlichen Asbest enthalten; deshalb Vorsicht beim Entfernen der Rückstände. Am besten wird der Staub mit einem harten Pinsel auf eine Zeitung gekehrt und eingewickelt.
- Werden bei der Kontrolle der Bremsanlage ölige, schmierige Verunreinigungen bemerkt, sollte nach den Ursachen gesucht werden:
  - Schmutz, der stechend scharf riecht, läßt auf einen undichten Radbremszylinder schließen.
  - Zäher öliger Schmutz deutet auf einen beschädigten Dichtring des Radlagers bzw. auf falsches Radlagerfett oder ein überfettetes Radlager hin. In diesem Fall ist der Dichtring zu ersetzen oder das Fett zu wechseln.
- Mit Bremsflüssigkeit verschmutzte oder ölverschmierte Beläge sind zu erneuern.

Bremstrommel vorne

Falls starke Riefen in der Bremstrommel zu bemerken sind, kann diese in einem V.A.G-Betrieb überarbeitet bzw. erneuert werden. Bei der Überarbeitung sind folgende Maße einzuhalten:

	Ausdrehmaß	Verschleißgrenze
Bremstrommel mit 230,1 mm ∅	231,1 mm	231,5 mm
Bremstrommel mit 248,1 mm ∅ (Federbein-Vorderachse)	249,1 mm	249,5 mm

Sie sehen anhand dieser Maße, daß nur äußerst geringe Riefen vorhanden sein dürfen. Fragen Sie daher Ihren V.A.G-Betrieb. Sie können hier die Trommeln ausdrehen und auch die Übergröße-Bremsbeläge aufnieten lassen. Schneller geht es natürlich, wenn gleich neue Trommeln mit Normal-Bremsbelägen verwendet werden.

Unabhängig davon, ob Sie sich für Normal- oder Übergröße-Bremsbeläge entscheiden, sollten Sie diese Arbeiten – von Ausnahmesituationen abgesehen – von einem V.A.G-Betrieb ausführen lassen; denn nach dem Ab- und Aufnieten muß der Belag jeweils noch auf den richtigen Bremstrommel-Durchmesser geschliffen werden.

Trommelbremse hinten

Der Zustand der Bremsbeläge wird auch bei der Hinterradbremse über zwei Sichtlöcher geprüft.

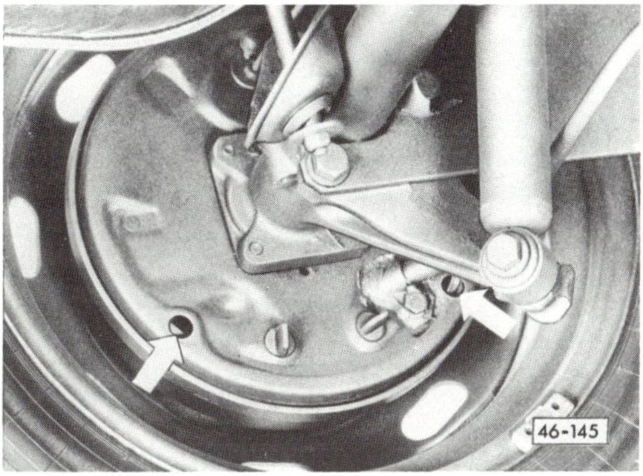

- Belagdicke neu 3,8 bis 4,0 mm
- Übergröße-Beläge 4,3 bis 4,5 mm
- Verschleißgrenze 2,5 mm

Das Nachstellen erfolgt durch die beiden unteren Löcher im Bremsträger. Die Ritzel sind wechselseitig im Uhrzeigersinn so lange zu drehen, bis das Rad festsitzt.

Praxistip

- Bei den Einstellarbeiten ist zu beachten, daß sich die Hinterräder – durch den Antriebsteil bedingt – relativ schwer drehen lassen. Man sollte sich beim Einstellen der Bremse dadurch nicht täuschen lassen.
- Wird die Bremse trotz mehrfacher Korrektur nicht frei, ist entweder die Handbremse neu einzustellen, oder das Handbremsseil sitzt fest.

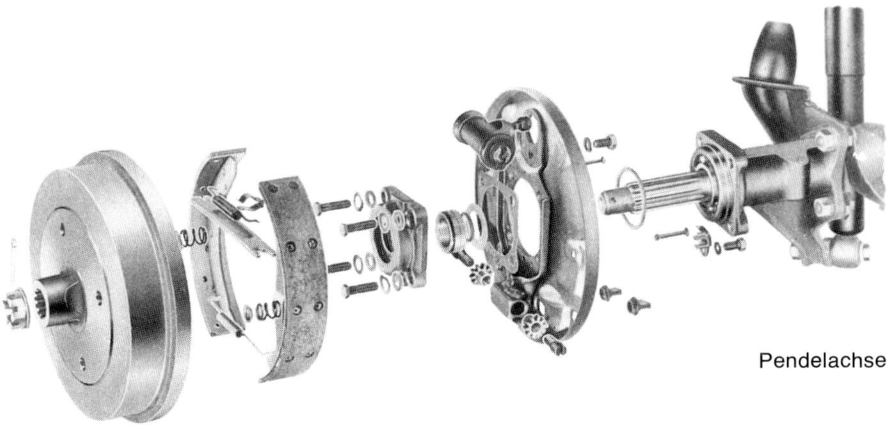

Pendelachse

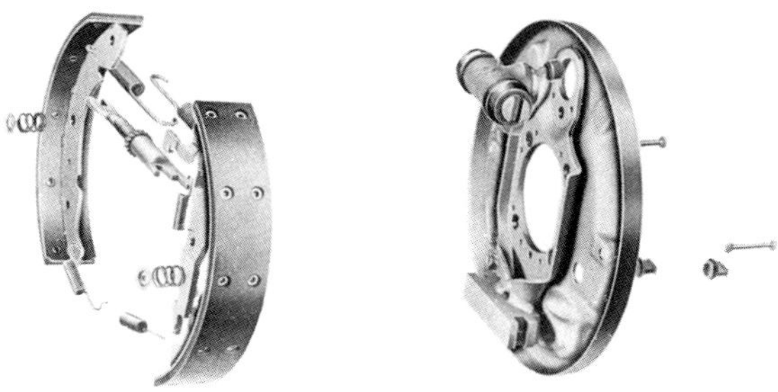

Bremsbacken mit
automatischer Nachstellung

Schräglenkerachse

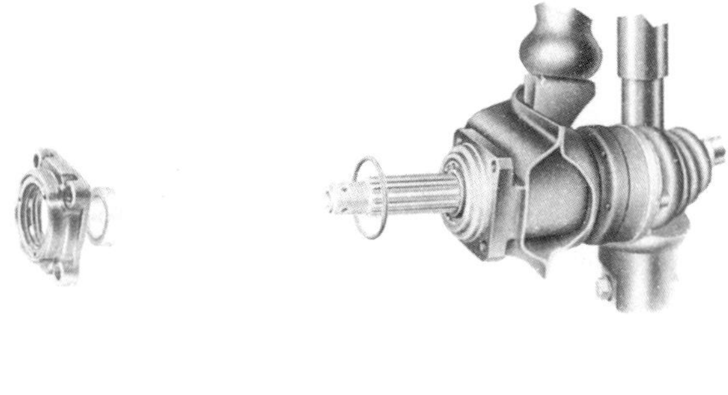

Hinterradbremse ohne und mit automatischer Nachstellung

Dann werden die Ritzel zurückgedreht, bis das Rad wieder frei läuft. Leichte Schleifgeräusche sind zulässig.

Bei Fahrzeugen mit automatischer Nachstellung entfallen diese Arbeiten. Hier erfolgt nur eine Grundeinstellung, wenn beispielsweise die Bremsbeläge ersetzt wurden.

Prüfarbeiten an der hinteren Trommelbremse

Mit einem Schraubenzieher wird die Schutzmanschette des Radbremszylinders vorsichtig abgehoben. Darunter dürfen keine Spuren von Bremsflüssigkeit zu sehen sein. Ist dies der Fall, muß der Bremszylinder in einem V.A.G-Betrieb ausgewechselt werden.

Auch der Zustand aller Rückzugsfedern ist zu kontrollieren. Verrostete Federn führen zu Problemen bei der Rückstellung der Backen und sind zu ersetzen. Sind in einer Bremstrommel Riefen zu erkennen, können diese im V.A.G-Betrieb ausgedreht oder ausgewechselt werden. Beim Auswechseln sind Übergröße-Bremsbeläge einzusetzen. Leichte Riefen sind allerdings zulässig (siehe auch »Beläge« und »Bremstrommel«).

Bremsbacken und -beläge hinten

Die Handbremse wird angezogen, der Gang eingelegt, der Splint der Kronenmutter an den Bremstrommeln herausgezogen und die Mutter heruntergedreht.

Achtung, Unfallgefahr: Wegen des großen Drehmoments von 350 Nm = 35 mkg darf die Mutter nur dann gelöst werden, wenn das Fahrzeug auf den Rädern steht.

Vor dem Abziehen der Bremstrommel ist die Bremse zurückzustellen.

Das Fahrzeug wird aufgebockt und die Bremstrommel komplett mit dem Rad abgenommen. V.A.G-Betriebe benutzen einen speziellen Bremstrommelabzieher. Wenn man aber das Rad auf der Trommel montiert läßt, kann genügend Kraft auf die Verzahnung ausgeübt werden, um die Trommel mit dem Rad abziehen zu können.

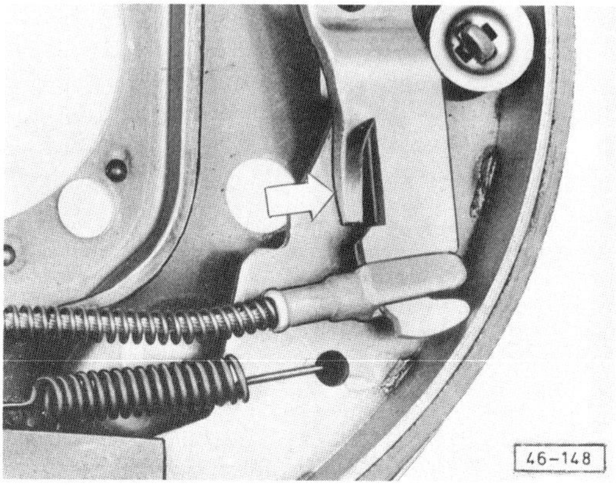

Bei Fahrzeugen mit automatischer Nachstellung ist der Bremshebel durch das Loch im Bremsträger über den Anschlag an der Bremsbacke hinwegzudrücken.

Die Druckfedern und Spannstifte werden ausgebaut, die Bremsbacken aus den Schlitzen der Nachstellmuttern herausgezogen und nach vorn gekippt.

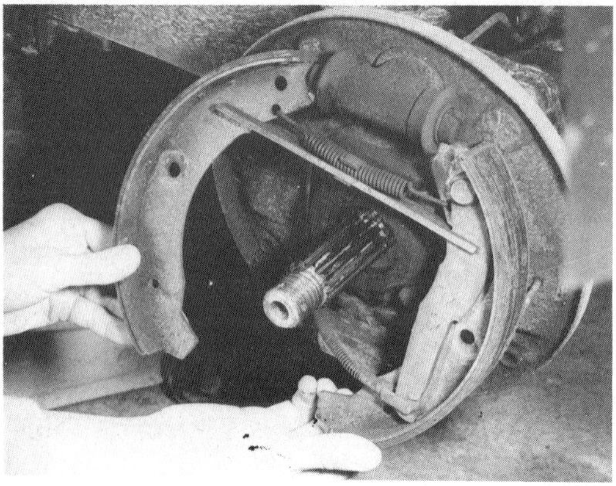

Jetzt kann die Rückzugfeder unten (bei automatischer Nachstellung zwei kleine Rückzugfedern) abgenommen werden. Beide Bremsbeläge werden vom Bremszylinder abgenommen. Dabei ist das Bremsseil auszuhängen.

Bevor die Bremse zusammengesetzt wird, ist die Bremsträgerplatte mit einer Stahlbürste zu reinigen. Zusätzlich werden die Einstellschrauben und die Ritzel herausgenommen. Falls diese festgerostet sind, dienen zum Herausschlagen ein kräftiger Dorn und ein Hammer. Gegebenenfalls sind neue Schrauben und Ritzel zu verwenden. Um Ärger beim Einstellen zu vermeiden, sind die Ritzel mit einer graphithaltigen Paste, z. B. Molykote Paste G, einzufetten.

Wichtig ist auch, daß der Bremshebel leichtgängig ist. Er muß sich ohne Kraftanstrengung bewegen lassen.

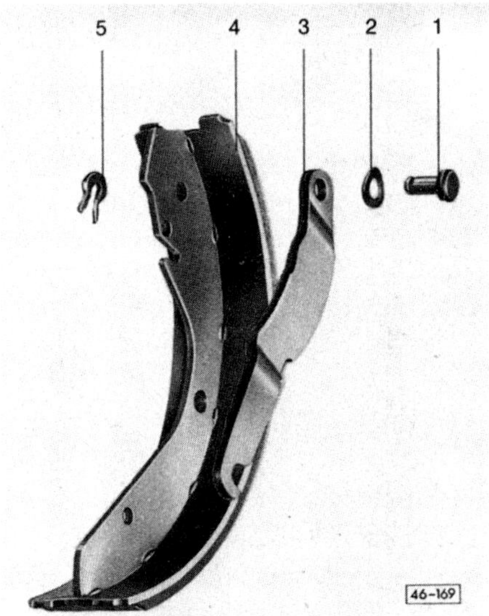

Bremshebel ohne automatische Nachstellung

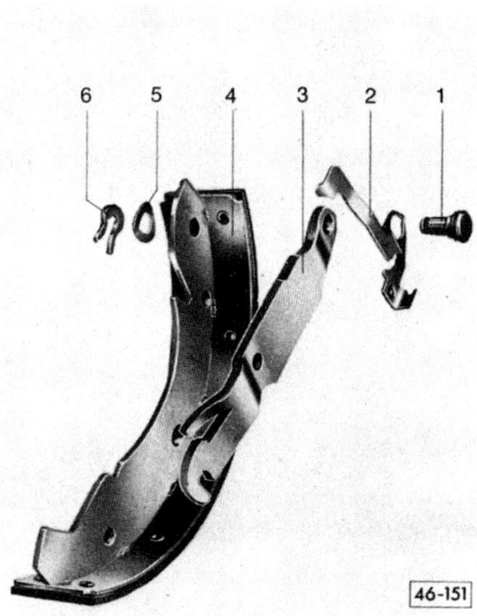

Bremshebel mit automatischer Nachstellung

Gegebenenfalls ist der Bremshebel mit Rostlöser gangbar zu machen. Ein festgerosteter Bremshebel ist häufig dafür verantwortlich, daß die Hinterradbremse nicht mehr frei wird.

Die Freigängigkeit des Handbremsseiles ist zu kontrollieren. Ein Helfer bedient dazu im Fahrzeuginneren den Handbremshebel. Beim Loslassen des Hebels müssen die Spiralfedern das Seil vollkommen zurückziehen. Ist dies nicht der Fall, muß das Seil ersetzt werden. Vorher kann geprüft werden, ob es mit Rostlöser gangbar zu machen ist. Dazu ist das Seil ebenfalls auszubauen.

Vor dem Komplettieren der Bremse ist der Zustand der Wellenabdichtung zu prüfen (siehe Kapitel »Hinterachse«).

Der Einbau der Bremse erfolgt in umgekehrter Reihenfolge. Dazu sind auch unsere Hinweise im Abschnitt »Vorderrad-Bremsbeläge« auf Seite 155 zu beachten.

Bei Fahrzeugen mit automatischer Nachstellung kann es erforderlich sein, die Druckstange neu einzustellen. Dazu wird das Nachstellritzel bei abgenommener Trommel so weit nachgestellt, daß sich die Trommel gerade noch aufsetzen läßt. Abschließend ist das Bremspedal zu betätigen, bis sich der Pedalweg nicht mehr automatisch verkürzt.

Achtung: Die Kronenmutter der hinteren Bremstrommel darf nur festgezogen werden, wenn das Fahrzeug auf dem Boden steht. Hierfür wird ein spezieller Drehmomentschlüssel benötigt.

Das Drehmoment beträgt 350 Nm = 35 mkg.

Das Fahrzeug komplettieren. Die Achsmutter versplinten (neuen Splint verwenden). Zum Einstellen der Bremse sind auch unsere Hinweise für die Bremsenprüfung auf Seite 168 zu beachten.

Prüfen der Bremstrommel hinten

Falls starke Riefen in der Bremstrommel zu bemerken sind, können diese in einem V.A.G-Betrieb überarbeitet oder ausgewechselt werden.

Bei der Überarbeitung müssen folgende Maße eingehalten werden:
Bremstrommel ∅ 230 mm; Ausdrehmaß 231 mm; Verschleißgrenze 231,5 mm.

Sie sehen an diesen Maßen, daß nur äußerst geringe Riefen vorhanden sein dürfen. Fragen Sie Ihren V.A.G-Betrieb. Sie können hier die Trommeln ausdrehen und auch die Übergröße-Bremsbeläge aufnieten lassen. Schneller geht es natürlich, wenn man gleich neue Trommeln einsetzt.

Unabhängig davon, ob Normal- oder Übergröße-Bremsbeläge aufgenietet werden müssen, gehört diese Arbeit in die Hand des V.A.G-Betriebes; denn der Belag muß jeweils noch auf den richtigen Bremstrommel-Durchmesser geschliffen werden.

Handbremse

Das Fahrzeug bleibt hinten auf beiden Seiten aufgebockt. Der Handbremshebel wird drei Zähne weit angezogen. Das Geräusch der Sperrklinke ist dreimal zu hören. Dann ist die Gummikappe vom Handbremshebel abzuziehen.

Die Kontermuttern an beiden Seiten werden gelöst und die zwei Nachstellmuttern so weit angezogen, daß sich beide Räder gerade noch von Hand drehen lassen. Beim Lösen des Handbremsseiles müssen beide Räder frei laufen; beim Durchdrehen ist nur die Belastung durch den Achsantrieb zu spüren. Nun werden die Nachstellmuttern gekontert und die Gummikappe wieder aufgesetzt.

46-153

Handbremsseil

Wenn die Schutzhüllen an den Seiten beschädigt sind, können Feuchtigkeit und Schmutz in die Seilführungen gelangen. Das Handbremsseil wird schwergängig, so daß die Bremsbacken trotz gelöstem Handbremshebel nicht mehr in die ursprüngliche Lage zurückgehen. Man bemerkt dann häufiger Schleifgeräusche. Gelegentlich ist auch eine starke Erwärmung der festsitzenden Radbremse schon außen an der Radkappe zu spüren: Die Bremse läuft heiß.

Schuld an einer schlechten Rückstellung kann auch eine verrostete Feder am Seilende (in der hinteren Bremstrommel) sein. In beiden Fällen muß das Bremsseil ausgebaut und erneuert werden. Bei festsitzendem Seil und unbeschädigter Hülle bzw. Rückzugsfeder kann man jedoch versuchen, das Seil mit Hilfe von Rostlöser gangbar zu machen.

Bei unserer Beschreibung gehen wir davon aus, daß die Bremse rechts und links entsprechend dem Abschnitt »Trommelbremse hinten« auf Seite 157 bereits demontiert ist. Nun wird am Handbremshebel die Kontermutter des festsitzenden Bremsseiles gelöst und zusammen mit der Einstellmutter heruntergedreht. An der Bremsträgerplatte wird nur der Bremsseilhalter abgeschraubt, so daß das Seil jetzt komplett mit der Hülle herausgezogen werden kann. Es ist zu prüfen, ob die Seilhülle beschädigt ist. Ist dies nicht der Fall, wird das Seil aus der Führung soweit wie möglich herausgezogen und mit Rostlöser behandelt, dann gereinigt, mit graphithaltiger Paste, z. B. Molykote Paste G, eingesetzt und mehrfach durch die Hülle gezogen.

Vor dem Einsetzen des gangbar gemachten oder neuen Seiles ist zu prüfen, ob der Bremshebel an der Bremsbacke leichtgängig ist. In jedem Fall ist der Lagerbolzen mit etwas MoS^2-Spray und Fett zu behandeln.

Der Einbau erfolgt in umgekehrter Reihenfolge; anschließend ist die Handbremse einzustellen.

Radbremszylinder

Wenn bei den Prüfarbeiten an der Bremsanlage ein undichter Radbremszylinder bemerkt wird, muß dieser ersetzt werden. Da zu diesen Arbeiten auch das Entlüften der Bremsanlage gehört, empfehlen wir Ihnen, diesen Reparaturumfang in einem V.A.G-Betrieb ausführen zu lassen.

Es kann aber vorkommen, daß beim Ausbau der Bremsbacken durch den Vorspanndruck der Anlage oder durch die innenliegende Feder der Bremszylinder auseinander geschoben wird. Deshalb zeigen wir Ihnen den inneren Aufbau eines neuen Bremszylinders und geben auch Hinweise über einen möglichen Aus- und Einbau sowie auch über das Entlüften.

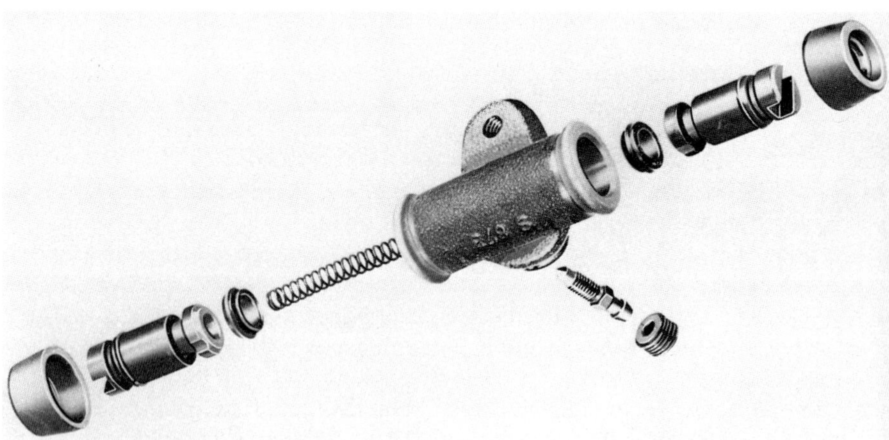

Die Teile des Radbremszylinders

Praxistip

- Undichte oder auseinandergefallene Radbremszylinder sind immer komplett zu ersetzen.
- Werden an einem Bremssattel der Scheibenbremse undichte Stellen bemerkt, ist dieser komplett auszubauen und durch ein Austauschteil zu ersetzen.

Ein auseinandergefallener Bremszylinder soll nicht wieder zusammengesetzt werden. In dieser Situation kann, falls die Fachkenntnisse ausreichen, notfalls ein neuer Radbremszylinder eingebaut werden. Falls möglich, sollten Sie aber Ihr Fahrzeug vom ADAC-Straßendienst in den nächsten V.A.G-Betrieb abschleppen lassen.

Wenn der Radbremszylinder ausgebaut wird, sind die Bremsträgerplatten im Bereich der Entlüfterschraube und die Bremsleitung (hinter dem Radbremszylinder) zu reinigen sowie die Entlüfterschraube und die Bremsleitung am Radbremszylinder abzuschrauben. Dabei darf mit dem Gabelschlüssel der Sechskant der Überwurfmutter nicht beschädigt und die Bremsleitung nicht geknickt werden; letztere ist gegen auslaufende Bremsflüssigkeit zu verschließen. Die Befestigungsschraube des Radbremszylinders wird herausgedreht und der Radbremszylinder abgenommen.

Der Einbau erfolgt in umgekehrter Reihenfolge. Dabei darf nicht vergessen werden, den Verschluß der Bremsleitung abzunehmen.

Wenn die Bremse vollständig montiert ist, muß die Anlage entlüftet und die Bremswirkung auf einer Probefahrt geprüft werden (siehe dazu auch die Abschnitte »Entlüften« auf Seite 166 und »Bremsenprüfung« auf Seite 168). Unsere Beschreibung bezieht sich auf die vorderen wie auf die hinteren Radbremszylinder.

Hauptbremszylinder

Werden Spuren von Bremsflüssigkeit am Flansch des Hauptbremszylinders bzw. an der Druckstange beobachtet, ist dieser undicht und muß umgehend ersetzt werden. In dieser Situation ist zunächst der Bremsflüssigkeitstand im Vorratsbehälter zu prüfen. Wenn hier noch eine ausreichende Befüllung vorhanden ist, kann man vorsichtig bis zum nächsten V.A.G-Betrieb fahren.

Der Hauptbremszylinder ist ebenfalls zu ersetzen, wenn sich plötzlich beim Betätigen der Bremse der Pedalweg erheblich vergrößert (Ausfall eines Bremskreises). In diesem Fall ist es notwendig, das Fahrzeug nicht mehr selbst in den V.A.G-Betrieb zu fahren, sondern den ADAC-Straßendienst einzuschalten.

Das Ersetzen des Hauptbremszylinders erfordert große Sachkenntnisse. Weil anschließend die komplette Anlage vollständig zu entlüften, gegebenenfalls auch einzustellen ist, raten wir Ihnen, den Aus- und Einbau des Hauptbremszylinders Ihrem V.A.G-Betrieb zu überlassen.

Bremsleitungen und -schläuche

Es empfiehlt sich, bei Prüf- und Kontrollarbeiten an der Bremsanlage auch den Zustand der Bremsleitungen und -schläuche zu untersuchen. Bremsleitungen dürfen keine Rostnarben und Scheuerstellen aufweisen. Bremsschläuche können im Laufe vieler Betriebsstunden porös werden und aufquellen. Sie sind dann umgehend durch Originalteile zu ersetzen.

Beim Aus- und Einbau von Bremsleitungen und -schläuchen wird der Hydraulikkreis geöffnet. Es muß mit größter Genauigkeit und Sauberkeit gearbeitet werden. Da die komplette Anlage abschließend zu entlüften und eine Bremsenprüfung vorzunehmen ist, raten wir Ihnen, diese Arbeiten in einem V.A.G-Betrieb ausführen zu lassen.

Bremsanlage entlüften

Bei allen hydraulischen Bremsanlagen, wie sie heute in den meisten gängigen Pkw verwendet werden, wird mittels Fußkraft im Hauptbremszylinder Hydraulikdruck erzeugt, der dann über die Bremsleitungen und -schläuche zu den Radbremszylindern weitergeleitet wird. Dieses bewährte System funktioniert aber nur, wenn der Bremskreis entlüftet wird. Das bedeutet, daß immer dann, wenn die Anlage an einer Stelle geöffnet wurde, Entlüftungsarbeiten notwendig sind. Für diese Arbeiten ist neben sehr guten Fachkenntnissen auch ein fachkundiger Helfer notwendig. Daher empfehlen wir Ihnen, Entlüftungsarbeiten an der Bremsanlage im V.A.G-Betrieb ausführen zu lassen.

Wenn wir diese Arbeiten trotzdem beschreiben, sollten Sie dies nicht als Reparaturempfehlung verstehen, sondern an die Ausnahmesituation denken, in der Sie sich selbst helfen müssen.

Vor Beginn der Entlüftungsarbeiten sind – soweit notwendig – alle Radbremsen einzustellen. Zusätzlich sind die Entlüfterventile zu reinigen und versuchsweise kurzzeitig zu öffnen, um die Gängigkeit der Ventile zu prüfen.

Das Ventil des jeweils zu entlüftenden Radbremszylinders wird mit einem dünnwandigen Klarsichtschlauch versehen, der in einer Entlüfterflasche endet, deren Boden mit Bremsflüssigkeit bedeckt ist.

Nun betätigt ein Helfer das Bremspedal so lange, bis sich ein ausreichender Druck aufgebaut hat. Dann wird das Entlüfterventil geöffnet. Wenn Bremsflüssigkeit aus dem Schlauch austritt, wird das Entlüfterventil geschlossen und die Prozedur ge-

Entlüften einer Scheibenbremse

Praxistip

- Es ist nur neue Original-Bremsflüssigkeit zu verwenden. Gebrauchte Flüssigkeit darf nicht wieder eingefüllt werden. Da auch gebrauchte Bremsflüssigkeit giftig ist, sollte diese in ein besonderes Gefäß geschüttet und bei Ihrem V.A.G-Betrieb oder einer Altöl-Sammelstelle abgegeben werden.
- Bremsflüssigkeit ist stets nur verschlossen aufzubewahren. Offen aufbewahrte Bremsflüssigkeit darf nicht verwendet werden.

gebenenfalls mehrfach wiederholt, bis das Bremspedal nicht mehr federnd nachgibt.

Wird mehrfach entlüftet, ist stets der Bremsflüssigkeitsstand im Vorratsbehälter zu beobachten und gegebenenfalls nachzufüllen. Es ist stets nur neue Original-Bremsflüssigkeit nachzufüllen, wenn die Minimalmarke erreicht ist.

Müssen mehrere Radbremszylinder entlüftet werden, ist folgende Entlüftungsreihenfolge zu beachten: 1. Radbremszylinder hinten rechts; 2. Radbremszylinder hinten links; 3. Bremssattel vorne rechts; 4. Bremssattel vorne links.

Entlüften einer Trommelbremse

Bremsenprüfung

Nach Abschluß der Reparaturarbeiten wird die Bremsanlage in der Werkstatt auf dem Rollenprüfstand getestet. Sie besitzen diese Untersuchungsmöglichkeit nicht; trotzdem empfehlen wir stets einen Bremstest. Sorgen Sie dafür, daß während der Bremsenprüfung keine Passanten belästigt werden können und sich kein Fahrzeug in der Nähe befindet (Unfallgefahr).

Fußbremse

Das Fahrzeug wenige Meter kurz anrollen lassen und scharf abbremsen. Zeigt das Fahrzeug eine deutliche Bremswirkung, nun auf etwa 50 km/h beschleunigen, das Lenkrad festhalten, auskuppeln und eine Vollbremsung ausführen. Die Bremswirkung muß gleichzeitig eintreten und auf der Straße deutliche Reifenspuren hinterlassen.

Den Bremstest noch einmal ausführen, aber allmählich abbremsen. Dabei das Lenkrad nicht festhalten, sondern nur führen. Bei der Bremsung darf der Wagen nicht ausbrechen bzw. nicht nach einer Seite ziehen.

Bremsweg prüfen

Eine Bremsung aus ca. 70 km/h bedeutet einen Bremsweg von ca. 35 m. Die Bremsleistung ist von verschiedenen Faktoren (z.B. vom Wetter, Straßenzustand und Straßenbelag) abhängig. Der angegebene Bremsweg ist deshalb nur ein grober Richtwert. Genaue Werte liefert nur der Bremsprüfstand beim V.A.G-Betrieb.

Handbremse

Die gleichmäßige Wirkung bei niedriger Geschwindigkeit überprüfen. Dazu wird das Fahrzeug auf etwa 20 km/h beschleunigt, dann die Handbremse schlagartig angezogen und sofort wieder losgelassen. Dabei ist der Knopf im Handbremshebel zu drücken. Beide Räder müssen gleichzeitig blockieren. Die beiden kurzen Bremsspuren der Hinterräder auf der Straße liefern gute Anhaltswerte. Sorgen Sie dafür, daß das Fahrzeug bei einseitiger Bremswirkung nicht ausbricht.

Praxistip

Bremsbeläge schleifen sich auf den ersten Fahrkilometern und bei den ersten Fahrmanövern ein; das heißt, die volle Verzögerung wird unter Umständen nicht sofort erreicht. Wir empfehlen deshalb, das Bremspedal vor dem Test bei mäßiger Geschwindigkeit eine kurze Strecke leicht zu betätigen. Das gleiche gilt auch bei eventuell leicht schief ziehenden Bremsen, wenn sie neu belegt wurden.

Explosionsbild der Schneckenrollenlenkung

Lenkung

In den Kapiteln Bremsen und Achsen haben wir Sicherheitsbedenken geäußert und deshalb den Umfang an Eigenleistungen deutlich begrenzt. Das gleiche gilt auch für Arbeiten an der Lenkung. Begnügen Sie sich mit Prüfarbeiten. Bedenken Sie, welche Unfallgefahr ein nicht mehr lenkbares Auto darstellen würde. Eigenleistungen sind somit dem Spitzenkönner unter den Do-it-yourselfern vorbehalten.

Der Käfer kann mit zwei Lenksystemen ausgerüstet sein: Einerseits ist es die Schneckenrollenlenkung in Fahrzeugen mit kleinem Kofferraum (= Längslenkerachse), andererseits die Zahnstangenlenkung (Einsatz August 1974) bei Fahrzeugen mit großem Kofferraum (Einsatz August 1972). Beide Systeme besprechen wir wegen der unterschiedlichen Arbeiten getrennt.

Schneckenrollenlenkung

Lenkung einstellen

Zur Prüfung der Lenkungseinstellung das Fahrzeug zunächst nicht aufbocken, sondern das Lenkrad durch das offene Seitenfenster mit mäßigem Kraftaufwand um die Mittellage bewegen. Die Räder stehen dabei geradeaus. Am Lenkradumfang darf dabei bis zu dem Punkt, an dem jeweils Widerstand spürbar wird, ca. 15 mm Spiel sein.

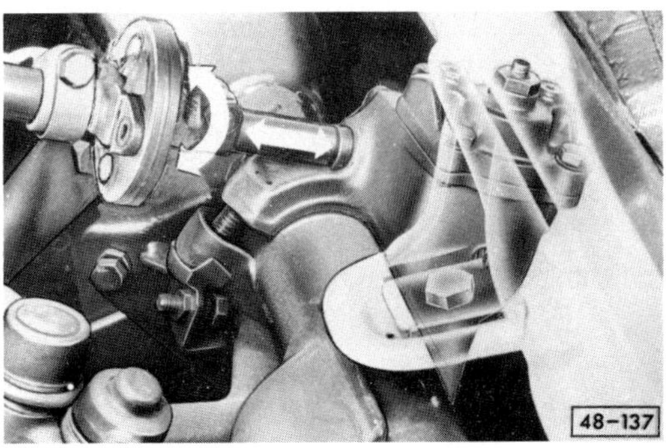

Ist das Spiel größer, das Fahrzeug aufbocken und prüfen, ob sich die Lenkspindel axial bewegen läßt.

Ist dies der Fall, wird das Lenkspindel-Spiel mit Hilfe der beiden abgebildeten Spezialwerkzeuge VW 277 und 278b eingestellt, so daß die Lenkspindel kein axiales Spiel mehr aufweist.

Da die Sonderwerkzeuge nur den V.A.G-Betrieben zur Verfügung stehen, sollten diese Arbeiten auch dort durchgeführt werden.

Bei den Einstellarbeiten wird die Schraube immer nur in kleinen Schritten nachgestellt und gekontert. Die so gewonnene provisorische Einstellung wird durch Drehen am Lenkrad geprüft. Beim Durchdrehen darf kein unnormales Haken spürbar werden; gegebenenfalls ist die Einstellschraube wieder etwas zu lösen. Konnte das Spiel durch Einstellen der Spindel nicht beseitigt werden, ist das Spiel der Lenkrolle zu korrigieren.

Für die Einstellarbeiten ist ein Handlochdeckel vom Kofferraum aus zu öffnen. Zur Einstellung wird die Kontermutter gelöst und die Einstellschraube so weit hineingedreht, bis Widerstand spürbar wird. Die Lenkrolle steht dann an der Spindel an.

Achtung, wichtiger Hinweis: Bei beiden Einstellarbeiten keine Gewalt anwenden.

Praxistip

- Auf dem Gehäuse der Lenkung erkennen Sie zwei Kunststoff-Verschlußstopfen; diese dienen der Befüllung mit Getriebefließfett. Eine Kontrolle erübrigt sich in aller Regel. Die Füllmenge beträgt 160 ccm.

- Gehen Sie bei Störungen im Bereich der Lenkung (Flattern, Geräuschbildung oder Schwergängigkeit) nicht immer davon aus, daß die Lenkungseinstellung Schuld an den Ursachen ist. Betrachten Sie Ihr Fahrzeug als Einheit und prüfen Sie zusätzliche Punkte:
  - Schmierung der Vorderachse;
  - Spur- und Sturzeinstellung der Vorderachse;
  - Spiel in den Spurstangen bzw. in der Vorderradaufhängung selbst (Kugelgelenke);
  - Unwucht der Vorderräder;
  - Zustand der Stoßdämpfer bzw. des Lenkungsdämpfers (Ölspuren);
  - Befestigung des Lenkgetriebes an der Vorderachse.

Auch bei dieser Einstellung gilt der Grundsatz, daß man beim Durchdrehen der Lenkung keinerlei Klemmen oder Haken spüren darf.

Abschließend das Fahrzeug abbocken und das Lenkspiel noch einmal prüfen. Die bereits erwähnten 15 mm Spiel am Lenkradkranz dürfen nicht überschritten werden.

Jeder Mechaniker wird bei Einstellarbeiten nach weiteren möglichen Fehlerursachen im Bereich der Vorderachse suchen (Sichtprüfung). Ein solcher Fehler wäre z. B. ein loses Lenkgehäuse.

Zu jeder Einstellung gehört eine abschließende Probefahrt. Die Lenkung muß bei Kurven, die mit 15 bis 20 km/h durchfahren werden, selbständig bis fast zur Mittelstellung zurücklaufen. Ist dies nicht der Fall, wurde die Lenkung zu stramm eingestellt.

Der Zeitaufwand für die Prüf- und Einstellarbeiten an der Lenkung beträgt etwa 30 Minuten.

Spurstangen prüfen und ersetzen – Schneckenrollenlenkung

Die Prüfung erfolgt ähnlich wie bei der Lenkungseinstellung. Ein Helfer bewegt die Lenkung um die Mittellage, während Sie unter dem Fahrzeug (es ist nicht aufgebockt) das Spiel der Spurstangenköpfe verfolgen. Der Spurstangenkopf darf bei auftretenden Lenkkräften weder kippen noch nach oben oder unten ausweichen.

Zur Prüfung kann man auch mit einem kräftigen Rohr, das sich innen an der Felge abstützt, von oben auf den Spurstangenkopf drücken. Dabei darf kein oder nur geringes Spiel auftreten.

Zum Ausbau einer Spurstange ist ein Spezialabzieher erforderlich. Den Splint der Befestigungsmutter herausziehen und die Kronenmutter abdrehen. Den Abzieher ansetzen, dabei die Gewindespindel des Abziehers genau mittig ansetzen (Zentrierbohrung im Spurstangenkopf vorhanden), damit das Gewinde nicht beschädigt wird.

Die Spurstangenköpfe haben:

- an der linken Spurstange außen ein linkes Gewinde, innen ein rechtes Gewinde.
- an der rechten Spurstange außen ein rechtes Gewinde, innen ein linkes Gewinde.

Nach dem Öffnen der Sicherungsmutter innen bzw. der Klemmschelle außen kann der Spurstangenkopf abgedreht werden.

Nach dem Einbau eines Spurstangenkopfes alle Schrauben sorgfältig sichern. Die Kronenmutter anziehen und immer bis zum nächsten Splintloch weiterdrehen. In jedem Fall neue Splinte verwenden.

Anschließend ist die Spur einzustellen.

Anmerkung: Bei der rechten Spurstange muß beim Wechseln des inneren Spurstangenkopfes zusätzlich der Lenkungsdämpfer (innen) abgeschraubt werden. Das Auge im Spurstangenkopf für die Dämpferbefestigung erhält eine neue Gummibuchse, die im Schraubstock eingedrückt wird.

Für das Prüfen und Ersetzen der Spurstangen benötigen Sie bei der Schneckenrollenlenkung etwa 25 Minuten.

Die wichtigsten Drehmomente:

– Klemmschellen am Spurstangenkopf	20 Nm = 2,0 mkg
– Kronenmutter am Spurstangenkopf	30 Nm = 3,0 mkg
– Lenkhebel an Lenkspindel	70 Nm = 7,0 mkg
– Sicherungsmutter der Spurstangenköpfe innen	25 Nm = 2,5 mkg
– Befestigung des Lenkgetriebes an der Vorderachse	30 Nm = 3,0 mkg

Achtung, wichtiger Hinweis: Verbogene Spurstangen dürfen nicht gerichtet werden, sondern sind grundsätzlich durch Neuteile zu ersetzen.

Lenkungsdämpfer ersetzen – Schneckenrollenlenkung

Der Lenkungsdämpfer hat die Aufgabe, von der Fahrbahn ausgehende Schwingungen zu dämpfen und diese soweit abzubauen, daß die Schwingungen am Lenkrad vom Fahrer nicht mehr wahrgenommen werden.

Schäden am Lenkungsdämpfer bemerkt man meistens durch heftige Flatterbewegungen am Lenkrad bei mittlerer Geschwindigkeit. Der Lenkungsdämpfer ist dann wahrscheinlich undicht; die Ölbefüllung hat deutliche Spuren am Gehäuse hinterlassen.

Zum Ausbau werden die Mutter am Stoßstangenkopf und eine Schraube am Achsrohr herausgedreht. Der Lenkungsdämpfer läßt sich dann mit einem Montiereisen abdrücken.

Zur Prüfung wird der Lenkungsdämpfer in einen Schraubstock eingespannt, und zwar so, wie es der Einbaulage entspricht. Beim Drücken der Kolbenstange dürfen keinerlei ruckartige Bewegungen auftreten. Ein neuer Dämpfer läßt sich relativ schwer und ruckfrei bis zur Endstellung durchdrücken. Beim Einbau sind grundsätzlich neue Sicherungsbleche zu verwenden.

Der Zeitaufwand beträgt etwa eine Stunde.

Die wichtigsten Drehmomente:

– Lenkungsdämpfer am Spurstangenkopf	25 Nm = 2,5 mkg
– Lenkungsdämpfer am Aufbau	45 Nm = 4,5 mkg

Lenkrad und Lenksäule – Schneckenrollenlenkung

Für den Do-it-yourselfer besteht kaum ein Grund, die komplette Lenksäule auszubauen. Der Zeitaufwand würde fast 2 Stunden betragen.

Das Explosivbild unten auf dieser Seite soll nur der Information dienen. Soweit Arbeiten anfallen, gehen sie aus diesem Bild hervor.

Hinweis: Das Mantelrohr der Lenksäule ist mit zwei Abreißschrauben am Aufbau befestigt (im Fußraum oberhalb der Sicherungsdose). Zum Ausbau müssen diese

Lenkrad und Lenksäule der Schneckenrollenlenkung

Schrauben ausgebohrt werden. Bei der Montage werden die zwei Abreißschrauben so lange festgezogen, bis der Sechskantkopf abreißt.

Die wichtigsten Drehmomente:

– Klemmschellen der Lenkungskupplung (selbstsichernde Sechskantmuttern stets erneuern)	25 Nm = 2,5 mkg
– Befestigung des Lenkstockschalters mit Innensechskantschraube	10 Nm = 1,0 mkg
– Mutter der Lenkradbefestigung	50 Nm = 5,0 mkg
– Abstand zwischen Lenkradnabe und Lenkstockschalter	2 bis 4 mm

Zahnstangenlenkung

Die Zahnstangen-Lenkung Ihres Käfers ist wartungsfrei. Gelegentlich können Klappergeräusche auftreten, die von einer zu lose eingestellten Lenkung herrühren.

Bei ernsthaften Schäden ist die Lenkung immer komplett auszuwechseln. Ein Zerlegen und Reparieren ist nicht möglich.

Lenkung einstellen – Zahnstangenlenkung

Das Fahrzeug aufbocken, das Reserverad herausnehmen, den Verschlußstopfen (siehe Pfeil) entfernen und die Kontermutter lösen. Die Einstellschraube von Hand so weit hineindrehen, bis ein Gegendruck spürbar wird; sie liegt nun an der Druckscheibe an. Auf diese Weise werden Klappergeräusche in Verbindung mit dem Druckstück unterbunden (siehe auch die Explosivzeichnung). Die Einstellschraube mit einem Schlüssel festhalten und die Kontermutter anziehen.

Der Zeitaufwand beträgt etwa 25 Minuten.

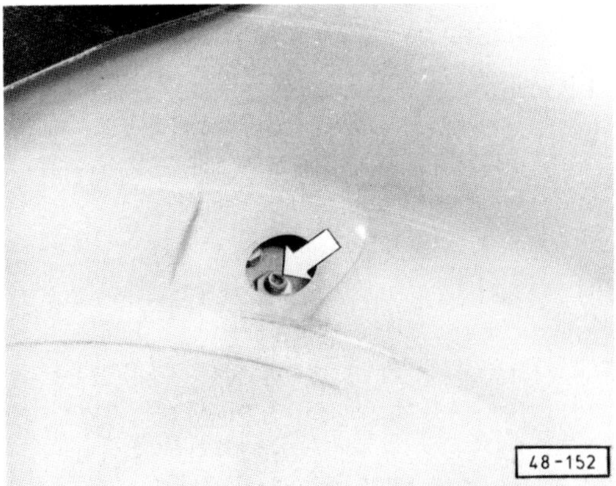

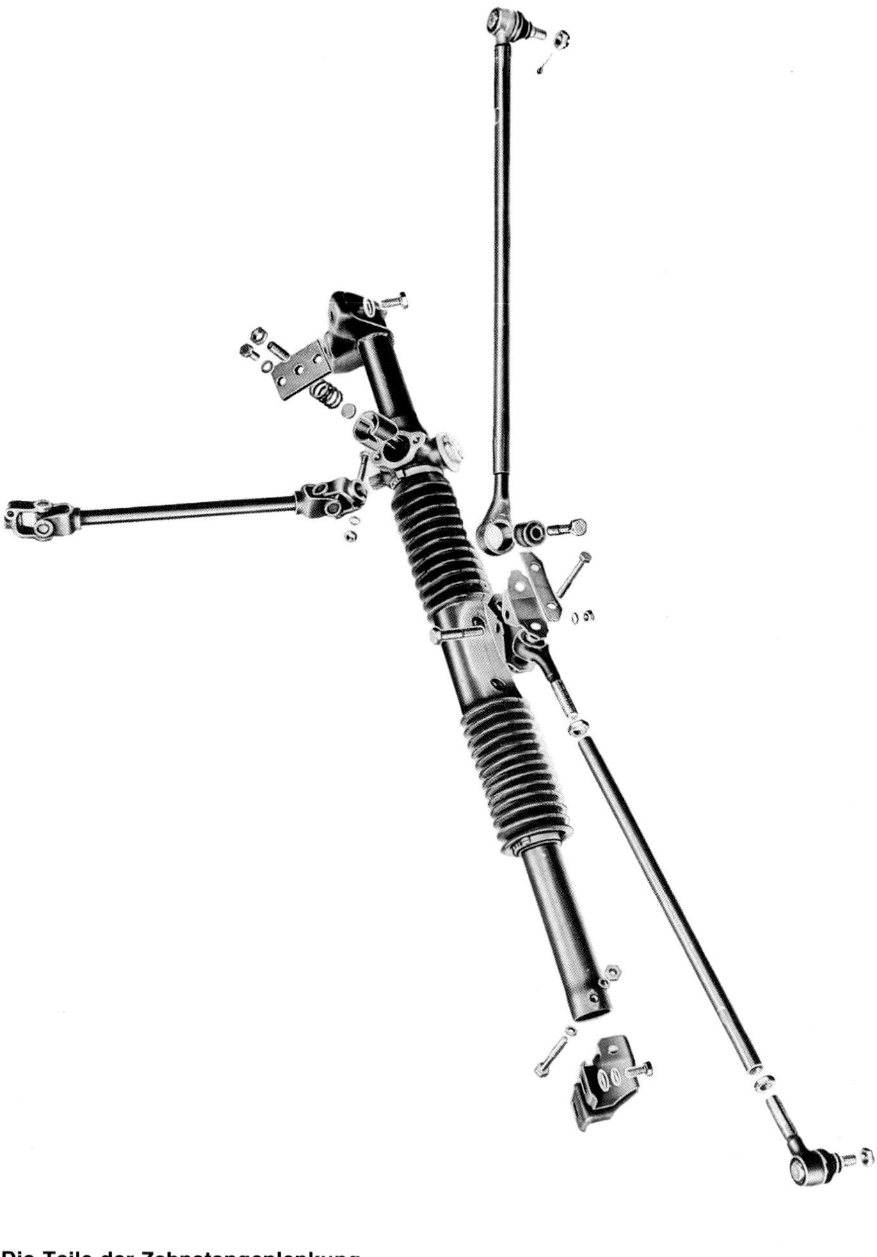

Die Teile der Zahnstangenlenkung

Faltenbalg ersetzen – Zahnstangenlenkung

Ist der Faltenbalg der Zahnstange beschädigt, muß er komplett ausgebaut werden. Die Schutzhülle wird immer von der dem Lenkgetriebe entgegengesetzten Seite aufgezogen. Da zum Abdrücken der Spurstangenköpfe Spezialwerkzeuge notwendig sind, sollten Sie diese Arbeiten dem V.A.G-Betrieb überlassen.

Der Zeitaufwand beträgt hier etwa 1 Stunde.

Für den fortgeschrittenen Do-it-yourselfer geben wir trotzdem die wichtigsten Drehmomente an:

– Halter des Lenkgetriebes am Aufbau	40 Nm = 4,0 mkg
– Lenkgetriebe am Halter	20 Nm = 2,0 mkg
– Lenkwelle (des Lenkrades) am Antriebsritzel	25 Nm = 2,5 mkg
– Befestigung der Spurstangenköpfe innen	55 Nm = 5,5 mkg
– Befestigung des Reiters am Halter	20 Nm = 2,0 mkg

Hinweis: Soweit Sicherungsbleche eingesetzt werden, sind diese immer zu erneuern.

Spurstangenköpfe ersetzen; komplette Spurstange ersetzen Zahnstangenlenkung

Die Prüfung der Spurstangenköpfe bei der Schneckenrollenlenkung haben wir schon auf Seite 174 beschrieben. Die Arbeiten ähneln sich hier, wenn die Köpfe ersetzt werden müssen. Allerdings werden die Köpfe jeweils innen und außen mit Sechskantmuttern gesichert und nicht mit Klemmschellen wie bei den Spurstangenköpfen der Rollenlenkung außen.

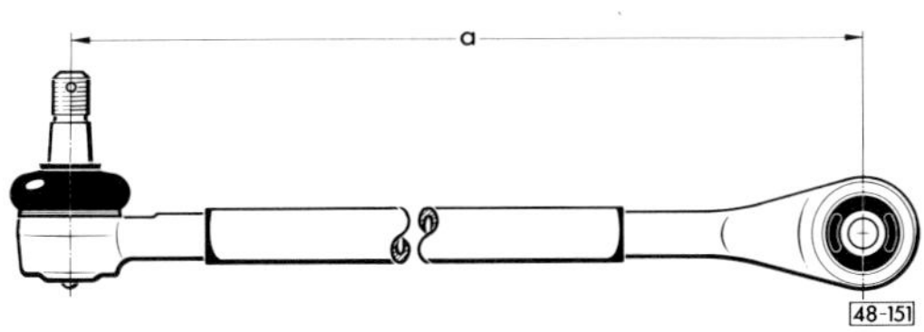

Die Spurstange ist auf das Maß a = 602 mm genau einzustellen.

Die linke Spurstange wird beim neuen Fahrzeug als starre Ausführung eingebaut. Ist ein Spurstangenkopf ausgeschlagen, muß eine komplette einstellbare Spurstange eingesetzt werden, wobei das Gummimetall-Lager (innen) im Schraubstock

Praxistip

- Wenn Sie eine Spurstange oder einen Spurstangenkopf auswechseln, empfiehlt es sich, stets die Anzahl der Umdrehungen zu zählen. Bei sorgfältiger Arbeitsweise kann man sich so zunächst das Einstellen der Spur sparen. Trotzdem raten wir in jedem Fall zu einer Kontrollmessung beim V.A.G-Betrieb. Denn ein Satz Reifen für die Vorderachse ist teurer als die Einstellarbeiten.

  Leider bemerkt man Einstellfehler immer erst dann, wenn die Reifen weitgehend verschlissen sind. Fehler in der Spureinstellung machen sich übrigens durch starken einseitigen Profilverschleiß am Reifen bemerkbar.

- Nicht beschrieben haben wir in diesem Kapitel die Lenkung des Käfers Typ 1302. Hier besitzt das Lenkgestänge einen sogenannten Zwischenlenker, der gegenüber der Lenkung am Rahmen befestigt ist. Falls bei diesem Fahrzeugtyp die Lenkung schwergängig ist, ist der Zwischenlenker auszubauen und zu prüfen. Da der Zwischenlenker nicht abgeschmiert werden kann, muß er zum Gangbarmachen zerlegt werden. Beim Wiedereinsetzen werden die Teile mit Graphitfett bestrichen.

einzupressen ist. Als Druckhülse verwenden Sie am besten eine passende Nuß aus Ihrem Werkzeugkasten. Für diese Arbeiten hat sich Gleitpaste bewährt.

Für das Ersetzen der Spurstangenköpfe werden etwa 30 Minuten benötigt, für das Ersetzen der kompletten Spurstange etwa eine Stunde.

Die wichtigsten Drehmomente

– Befestigung des Spurstangenkopfes an der Spurstange 25 Nm = 2,5 mkg
– Befestigung der Spurstangenköpfe außen am Lenkarm 30 Nm = 3,0 mkg (Splintsicherung)

Achtung, wichtiger Hinweis: Soweit Splint- oder Blechsicherungen im Bereich der Lenkung eingesetzt werden, sind aus Sicherheitsgründen grundsätzlich neue Teile zu verwenden.

Räder und Reifen

An Rädern und Reifen kann man beim besten Willen nicht viel reparieren. Dieses Kapitel besteht deshalb nur aus einer Bereifungs- und Felgenliste, die wir mit einigen Hinweisen versehen haben.

Welche Reifen für Ihren Käfer besonders geeignet sind, erfahren Sie außer bei Ihrem V.A.G-Betrieb durch Tests, die von Automobilclubs und Fachzeitungen immer wieder durchgeführt werden. Da sich das Angebot der Reifenindustrie ständig ändert, sollten Sie diese Tests unmittelbar vor dem Reifenkauf bei Ihrem Automobilclub anfordern. Das Montieren und Auswuchten ist dann Sache des V.A.G-Betriebes.

Abmessungen und Bezeichungen

	Diagonalreifen			**Gürtelreifen**		
Modell	Reifengröße	Scheibenrad	Einpreß-tiefe	Reifengröße	Scheibenrad	Einpreß-tiefe
VW 1200	5.60–15 4 PR 6.00–15 L 4 PR	4 1/2 J × 15	41 mm	155 SR 15	4 1/2 J × 15	41 mm
VW 1300 VW 1302 VW 1303 VW 1303 Cabriolet	5.60–15 4 PR 6.00–15 L 4 PR	4 1/2 J × 15	41 mm	155 SR 15 165 SR 15 175/70 SR 15	4 1/2 J × 15 4 1/2 J × 15 5 1/2 J × 15	41 mm 41 mm 34 mm

Diagonalreifen

- Die Bezeichnung »5.60« bedeutet das Maß für die Reifenbreite in Zoll.
- Die zweite Ziffer hinter der Reifenbreite »15« ist das Maß für den Felgendurchmesser in Zoll.
- Die letzte Kennziffer »4 PR« ist eine Bezeichnung für die Tragfähigkeit.

Gürtelreifen

- Die erste Ziffer, zum Beispiel »155«, ist die Bezeichnung der Reifenbreite in mm.
- Die Buchstabenfolge »SR« weist darauf hin, daß der Reifen bis 180 km/h zugelassen ist. Somit ist ein SR-Reifen für den Käfer ausreichend.
- Die zweite Bezeichnung, zum Beispiel »15«, ist wie bei den Diagonalreifen das Maß des Felgen-Durchmessers in Zoll.
- Wenn von Reifen der Dimension »175/70« gesprochen wird, dann bedeutet die 70, daß Sie einen Reifen benutzen, der im Verhältnis zur Reifenbreite nur 70 % hoch ist. Man spricht dann auch von einem 70er Breitreifen.

E.C.E.-Bezeichnungen

Die UN-Wirtschaftskommission für Europa (E.C.E.) hat die Regelung Nr. 30 – Einheitliche Vorschriften für Kraftfahrzeugreifen – erarbeitet. Danach ist folgende Beschriftung auf Reifen zu lesen:

155 R 13 78 S (E3) XXXX

155	R	13	78	S	(E3)	XXXX
Reifenquerschnittsbreite	Radial-(Gürtel-)Reifen	Felgendurchmesser in Zoll	Belastungs-Kennzahl (78 = 452 kg maximale Reifentragfähigkeit)	Geschwindigkeitssymbol (Tabelle 1)	Prüfzeichen (E = Europa; 3 = Land, in dem die Zulassung erteilt wurde)	Prüfnummer

Tabelle 1: E.C.E.-Geschwindigkeitssymbole

Kennzeichnung	Höchstgeschwindigkeit km/h	Kennzeichnung	Höchstgeschwindigkeit km/h
L	120	R	170
M	130	S	180
N	140	T	190
P	150	U	200
Q	160	H	210

Hinweis: Gürtelreifen dürfen nur auf Hump-Felgen montiert werden.

Achten Sie bei der Umrüstung auf Leichtmetallfelgen darauf, daß hier besondere Radschrauben eingesetzt werden. Ein Satz der zum Fahrzeug gehörenden Rad-

Praxistip

Während in früheren Jahren der Gürtelreifen eher für den sportlichen Fahrer gedacht war, werden heute fast ausschließlich auch für langsamere Fahrzeuge nur noch Gürtelreifen eingesetzt, wobei der Trend zum Breitreifen geht. Auch der Käfer wird häufig mit noch breiteren Reifen als hier angegeben ausgerüstet. Falls Sie diesen Wunsch haben, wenden Sie sich an Ihren V.A.G-Betrieb. Dieser kann dann klären, ob eine Umrüstung möglich ist.

Gegebenenfalls muß Ihr Fahrzeug dann dem TÜV vorgeführt werden.

Bedenken Sie aber, daß die Reifenbreite den Rollwiderstand unter Umständen vergrößert und daß dadurch der Kraftstoffverbrauch steigt.

schrauben sollte immer im Wagen bleiben, um das Reserverad montieren zu können, falls Sie an einem Rad mit Leichtmetallfelgen eine Panne haben.

Felgen-Bezeichnungen

Bei dem Beispiel »4 1/2 J × 15« bedeuten:

- 4 1/2 das Maß der Felgenbreite in Zoll.
- »J« ist eine Bezeichnung für die Felgenkontur.
- »15« ist der Felgen-Durchmesser in Zoll.

Reifenfülldruck in bar

Diagonalreifen				Gürtelreifen	
halbe Zuladung		voll beladen			
vorn	hinten	vorn	hinten	vorn	hinten
1,1	1,9	1,3	1,9	1,3	1,9

Radwechsel

Der Radwechsel gehört zu den einfachsten Hobbyarbeiten. Der Vollständigkeit halber beschreiben wir kurz die einzelnen Arbeitsvorgänge:

1. Die Handbremse anziehen.

2. Die Radkappe mit einem kräftigen Schraubenzieher oder mit Hilfe des Drahtbügels aus dem Bordwerkzeug abziehen. Der Drahtbügel wird in die Löcher am Rand der Radkappe gesteckt.

3. Die Radschrauben mit einem Steckschlüssel eine Umdrehung lösen. Dabei können Sie das Bordwerkzeug verwenden. Besser geeignet ist ein solides Radkreuz.

4. Den Wagenheber auf der betreffenden Seite in die Vierkantaufnahme unmittelbar vor dem hinteren Kotflügel einführen und den Wagen durch Rechtsdrehen der Kurbel anheben.

Bei älteren Fahrzeugen ohne Kurbelwagenheber die Betätigungsstange in das Hebelgelenk stecken und den Wagen anheben. Die Radschrauben herausdrehen und das Rad abnehmen.

Hinweis: Bei älteren Fahrzeugen finden Sie den Bordwagenheber neben dem Reserverad vorne. Bei neuen Fahrzeugen ist der Wagenheber unter der Rücksitzbank hinter der Batterie in einem besonderen Halter untergebracht.

5. Die Scheibenwaschanlage vom Reserverad trennen und aufsetzen.

Hinweis: Da das Reserverad bis 3 bar zur Versorgung der Waschanlage aufgefüllt wird, muß dieser Überdruck bis zum Sollwert 1,3 bar vorne bzw. 1,9 bar hinten korrigiert werden. Da dies mit Bordmitteln ohne Manometer ziemlich schwierig ist, sollten Sie besser mit dem hohen Druck zur nächsten Tankstelle fahren.

6. Die Radschrauben ansetzen, über Kreuz beidrehen und soweit wie möglich festziehen. Das Fahrzeug durch Linkskurbeln ablassen. Bei älteren Wagenhebern bedienen Sie dazu das Hebelgelenk. Die Radschrauben über Kreuz gleichmäßig festziehen. Die Radkappe mit einem kräftigen Schlag ansetzen.

Hinweis: Nach dem Radwechsel sollte bei nächster Gelegenheit das Anzugsdrehmoment der Radschrauben mit einem Drehmomentschlüssel geprüft werden. Es beträgt 130 Nm = 13 mkg.

Praxistip

Bei älteren Fahrzeugen kann die Vierkantaufnahme für den Bordwagenheber durch Rost zerstört sein. Meist bemerkt man dies erst, wenn man während der Panne den Wagenheber ansetzt. Prüfen Sie deshalb gelegentlich den Zustand des Vierkantrohres und den Bereich des Wagenbodens, an dem das Rohr angeschweißt ist.

Die auf Seite 22 beschriebenen preiswerten Hydraulikwagenheber (nicht der Rangierwagenheber) können im Falle einer Reifenpanne nicht eingesetzt werden, weil der Wagenheber bereits im abgelassenen Zustand ca. 20 cm hoch ist. Hier hilft nur ein im Handel erhältlicher Scherenwagenheber. Besser ist es natürlich, wenn man die Original-Wagenheberaufnahme instandsetzen läßt.

Heizung

Beim Käfer wird für die Heizung die Wärme der Abgasanlage genutzt. Frischluft wird vom Motorgebläse angesaugt und über die stark verrippten Wärmetauscher und Luftkanäle zu den Warmluft-Austrittsöffnungen geleitet. Das Auspuffgas heizt den Wärmetauscher von innen heraus auf, während sich außen die Frischluft für das Wageninnere erwärmt. Dazu ist der Wärmeaustauscher mit einem verzinkten Blechmantel umgeben, an den auch die Heizungsklappen angebaut sind. An jedem Zylinderkopf rechts und links ist ein Wärmetauscher montiert.

Den Arbeitsumfang »Wärmetauscher ersetzen« haben wir schon im Kapitel »Auspuffanlage« beschrieben. Ein Ersatz ist immer dann notwendig, wenn der Blechmantel durchgerostet ist und die erwärmte Frischluft ins Freie austreten kann. Dadurch kann auch die Wirkung der Heizung beeinträchtigt werden.

Bei ungenügender Wärmeleistung sollten der Wärmetauscher und die Auspuffanlage geprüft werden. Defekte an der Auspuffanlage machen sich durch zischende Geräusche bemerkbar.

Kalt-Warm-Zug ersetzen

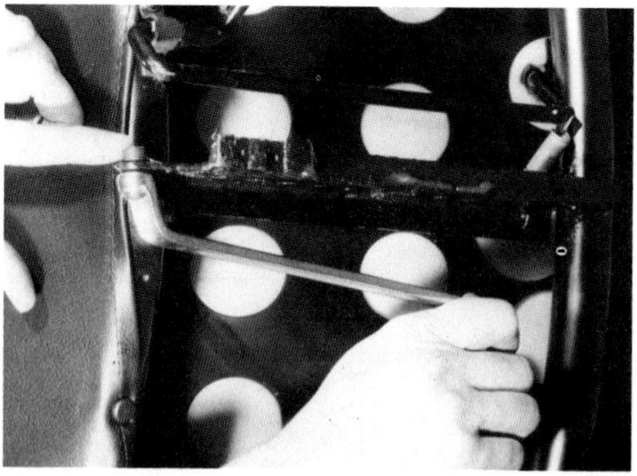

Den Beifahrersitz herausnehmen; dazu die Anschlagschraube und die Mutter (vorne in der Mitte der Sitzverstellung) herausschrauben. Den Sitz nach hinten schieben; es läßt sich dann aus Platzgründen besser arbeiten.

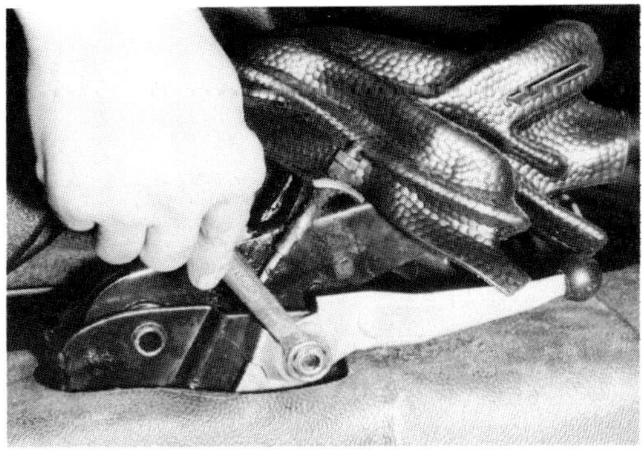

Die Gummikappe vom Handbremshebel abziehen und die Sechskantmutter des rechten Kalt-Warm-Lufthebels abschrauben. Den Heizungshebel mit den Klemmscheiben abziehen; die Drahtzüge aushängen.

Das Fahrzeug nun aufbocken und die Klemmstücke der Drahtzüge an den beiden Hebeln der Wärmetauscher öffnen. Die verstärkten Enden der Heizungszüge lassen sich jetzt aus den Klemmstücken herausziehen. Die Gummiabdichtung aus den beiden Führungsrohren der Seilzugführung abnehmen. Die Seile im Wageninnern aus den Rohren vollständig herausziehen.

Die neuen Züge sorgfältig einfetten und je einen Zug in die dünnen Rohre einführen. Die Seile in den Heizungshebel stecken. Den Hebel mit den Klemmscheiben wieder einsetzen. Die Sechskantmutter so anziehen, daß der Kalt-Warm-Hebel mit mäßiger Handkraft bedient werden kann. Den Hebel ganz nach unten (Heizung aus) drücken. Unter dem Wagen die Dichtungsstopfen in die Rohrenden am Rahmen einführen und damit sorgfältig gegen Wassereintritt verschließen. Das verstärkte Ende der Züge in die Klemmstücke einführen.

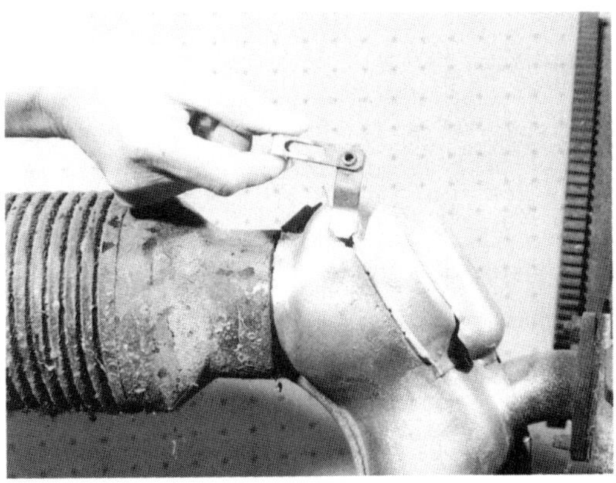

Die Heizungsklappen nun auf Gängigkeit prüfen. Sie müssen durch Federkraft immer in geschlossener Stellung gehalten werden. In dieser Stellung das Seil so festklemmen, daß es nicht durchhängt, jedoch die Heizungsklappe auf Anschlag geschlossen bleibt. Die Klemmstücke festziehen. Ein Helfer bedient jetzt den Kalt-Warm-Hebel im Wageninneren.

In den beiden Stellungen »auf« und »zu« muß die Klappe des Wärmetauschers jeweils an den Endanschlägen anliegen (Anschlag hörbar im Inneren des Wärmetauschers). Die Gummikappe auf den Handbremshebel wieder aufstecken und den Sitz einbauen.

Mit dem linken Heizungshebel werden die Warmluftdüsen des hinteren Fußraumes geöffnet bzw. geschlossen. Die Arbeiten an dem dazugehörigen Bowdenzug brauchen wir nicht näher zu beschreiben, da der Zug bis zu den Klappen leicht kontrolliert werden kann.

Der Zeitaufwand beträgt etwa 35 Minuten.

Bowdenzüge der Frischluft-Belüftung instandsetzen

Die Frischluftzuführung wird über zwei Regulierknöpfe am Armaturenbrett dosiert:

- Knöpfe links Herumdrehen bedeutet Düsen geöffnet;
- Knöpfe rechts Herumdrehen über einen Druckpunkt hinweg bedeutet Düsen geschlossen.

Kann der Frischluftanteil nicht mehr abgestellt werden, hat sich vermutlich der Bowdenzug der fraglichen Seite verstellt. Zur Prüfung den Kofferraum ausräumen und die Abdeckung hinter der Armaturentafel abnehmen.

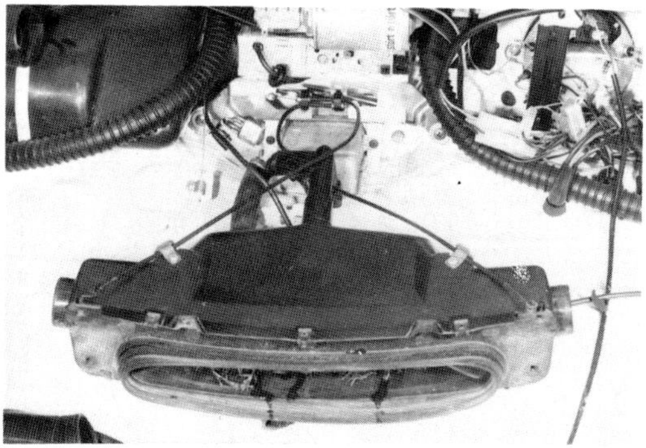

Der Frischluftkasten wird im oberen Bereich mit drei Blechschrauben im Blechfalz des Windlaufes gehalten. Im unteren Bereich sind eine 6er Schraube herauszudrehen und der Wasserablaufschlauch abzuziehen. Jetzt kann der Frischluftkasten nach vorne umgeklappt werden, wobei die Bowdenzüge und die Zahnstangen der Regulierknöpfe hinter dem Armaturenbrett sichtbar werden.

Wenn jetzt ein Helfer im Fahrzeug die Regulierknöpfe bedient, verschieben sich die Zahnstangen jeweils bis zu den Endanschlägen. Analog dazu müssen sich auch die Bowdenzüge mit den Klappen bewegen. Meistens ist nur die Befestigung der

Bowdenzughülle verrutscht, die dann neu befestigt werden muß. Gegebenenfalls ist auch der Bowdenzug oder ein Verstellknopf zu ersetzen.

Der Zeitaufwand beträgt etwa 45 Minuten.

Benzinelektrische Heizung

Der Käfer wurde gegen Aufpreis mit einer vom Motor unabhängigen Umluftheizung ausgerüstet. Die Unterbringung erfolgte im Kofferraum vorne links.

Beim Einschalten der Heizung fördert ein Gebläse Verbrennungsluft und vermischt diese mit dem Brennstoff. Der Brennstoff wird vom normalen Fahrzeugtank angesaugt und über eine separate Pumpe in die Vorkammer der Heizung eingespritzt.

Eine Glühzündkerze erwärmt das Benzinluftgemisch und erhitzt den Wärmetauscher. Sobald die Heizungsflamme den Thermoschalter genügend erwärmt hat, wird die Glühzündkerze abgeschaltet. Das Benzin-Luftgemisch entzündet sich jetzt ohne fremde Zündung von selbst.

Von einem Warmluftgebläse wird durch ein Umluftrohr Luft aus dem Fahrzeug-Innenraum abgesaugt und über den Wärmetauscher in den Fahrgastraum geleitet.

Technische Daten:

– Heizungsleistung	2000 kcal je Stunde
– Kraftstoff-Verbrauch	0,32 l je Stunde
– Leistungsaufnahme bei Betriebszustand	36 W im Arbeitsbetrieb

Wartungsarbeiten

Alljährlich vor der Heizungsperiode sollten folgende Arbeiten durchgeführt werden:

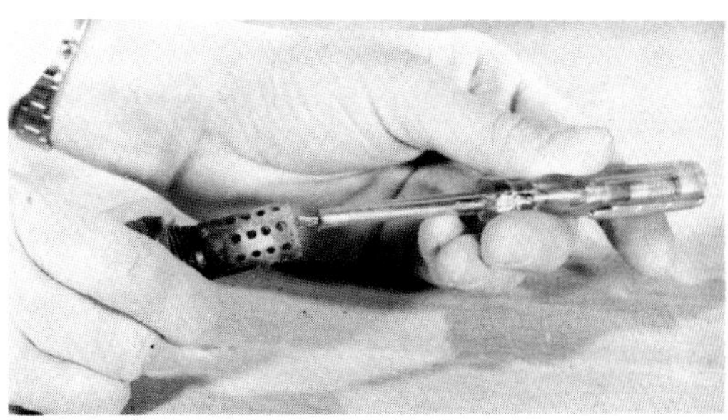

- Die Glühzündkerze auf Abbrand kontrollieren; gegebenenfalls erneuern.

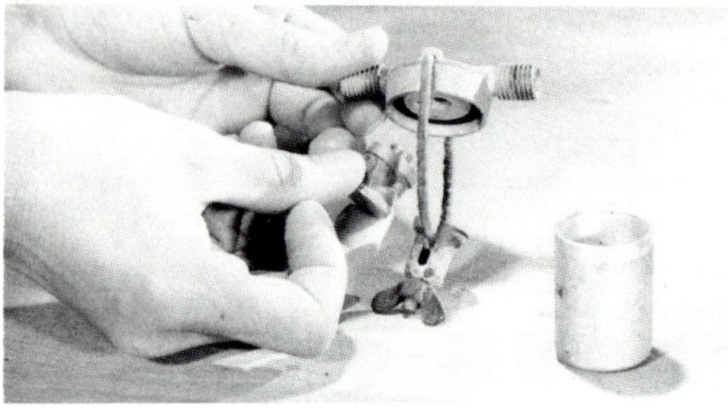

- Das Kraftstoff-Filter reinigen.
- Alle elektrischen Anschlüsse auf Korrosion und festen Sitz prüfen.
- Alle Befestigungsschrauben der Heizung nachziehen.

Bei winterlichen Fahrbedingungen können sich Schmutz oder Schnee am Abgasrohr oder am Ansaugrohr ansetzen. Daher sollte bei Störungen an der Heizung unter solchen Bedingungen der einwandfreie Durchgang dieser Rohre im vorderen Radhaus geprüft werden.

Meist hat dann der Sicherheitsschalter der Heizung angesprochen, der von außen ohne Demontage der Heizungsabdeckklappen im Innenraum bedient werden kann.

Praxistip

- Aus Sicherheitsgründen raten wir davon ab, weitergehende Arbeiten, als hier beschrieben, an der benzinelektrischen Heizung auszuführen.
- Beim Tanken ist die Heizung abzustellen.
- Bei Prüfarbeiten nicht rauchen, kein offenes Feuer!

Armaturentafel und Anzeigeinstrumente

Auch in diesem Kapitel müssen wir von zwei Bauarten sprechen:

Beim 1200er und 1300er Käfer können alle Einbauten der Armaturentafel direkt vom vorderen Kofferraum aus erreicht werden. Dazu ist lediglich eine Abdeckung herauszunehmen. Auch wichtige Teile der Elektrik sind dann gut zu prüfen.

Zum anderen ist es der Käfer 1303 mit gewölbter Scheibe, bei dem die Schalttafel nur nach innen herausgenommen werden kann.

Grundsätzlich gilt für beide Bauarten, daß vor dem Eingriff das Massekabel der Batterie abzuklemmen ist, um einen Kurzschluß zu verhindern.

Tachometer aus- und einbauen

Das Massekabel der Batterie abklemmen (Batterie unter der Rücksitzbank rechts), den Kofferraum ausräumen und die Abdeckung herausnehmen.

Den linken Stutzen der Frischluftversorgung ausbauen und das Kabel bzw. die Lampenfassung für die einzelnen Leuchten der Reihe nach herausziehen. Um Verwechslungen auszuschließen, empfiehlt es sich, jede einzelne Leitung mit einer Fahne aus selbstklebendem Kreppband zu umwickeln und diese Fahne der Lage nach (unabhängig von der Funktion) zu bezeichnen.

Praxistip

Bemerken Sie, daß die Tachonadel besonders im unteren Geschwindigkeitsbereich stark pendelt, ist in aller Regel die Tachowelle defekt. Deshalb zunächst immer die Tachowelle ersetzen, bevor Sie den Tachometer ausbauen.

Die Überwurfmutter der Antriebswelle mit der Wasserpumpenzange abdrehen. Rechts und links am Tachometer zwei Kreuzschlitzschrauben lösen und den Tachometer durch eine leichte Linksdrehung aushaken.

Der Einbau geschieht in umgekehrter Reihenfolge. Vorher den Spannungskonstanthalter vom alten Tachometer auf das neue Teil umbauen.

Der Zeitaufwand beträgt etwa 35 Minuten.

Tachowelle aus- und einbauen

Die Radkappe vorne links abnehmen und die Sicherung der Tachowelle mit einem Schraubenzieher abdrücken:

- Sicherung bei älteren Käfern mit Splint.
- Sicherung bei neueren Fahrzeugen mittels Sicherungsring gesichert. Vorsicht beim Abnehmen, da dieser Ring gern unauffindbar wegspringt. Achtung: Bei dieser Arbeit besteht Verletzungsgefahr!

Die Antriebswelle mit einem kräftigen Ruck hinter dem Rad in Radmitte aus dem Achsschenkel herausziehen. Im Kofferraum die Abdeckung herausnehmen und die Antriebswelle nach innen durch die Gummitülle ziehen. Die Überwurfmutter am Tacho abschrauben.

Praxistip

Beim Einsetzen der Welle in den Achsschenkel kann ein Helfer außen das Rad drehen, so daß der Vierkant der Welle leichter durch den Vierkant des Radnabendeckels geschoben werden kann.

Die neue Tachowelle beim Verlegen nicht knicken. Sie ist so einzusetzen, daß beim Einschlagen des Rades und bei allen Aufbaubewegungen keine Scheuerstellen entstehen. Beim Einsetzen der Welle in den Achsschenkel stets eine neue Gummitülle verwenden. Die Überwurfmutter am Tacho anziehen und die Tachowelle im Radnabendeckel sichern.

Armaturentafel des VW 1303

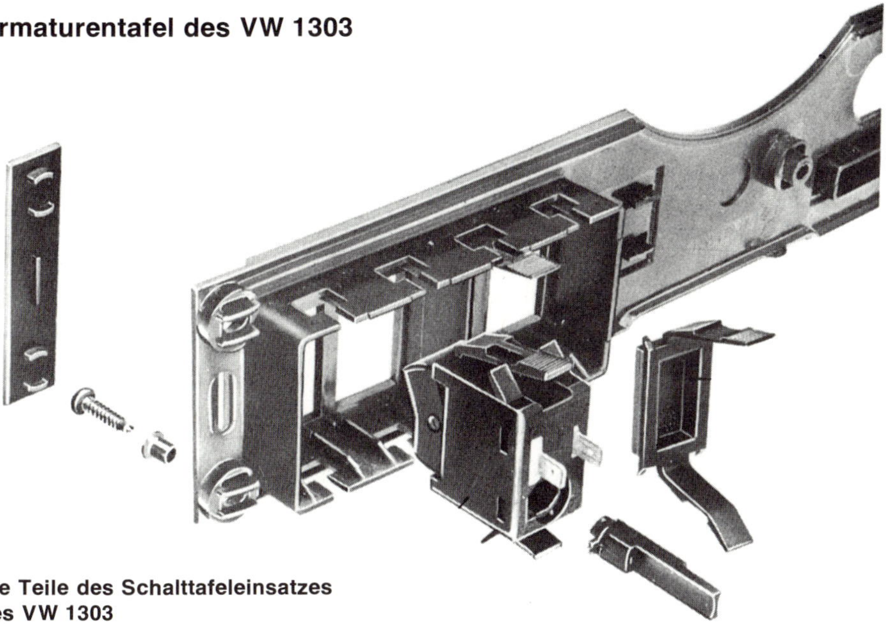

Die Teile des Schalttafeleinsatzes des VW 1303

Praxistip

Bei ungenauer Benzinstandanzeige ist in aller Regel nicht das Anzeigeninstrument im Tachometer schadhaft, sondern eher der Spannungskonstanthalter bzw. der Schwimmer im Tank zu prüfen (siehe Abschnitt »Geber für Kraftstofftank aus- und einbauen«, Seite 76, und Kapitel »Elektrik«, Seite 212f).

Bei diesem Käfer sind die Einbauten der Armaturen vom Fahrzeuginneren aus zu erreichen. Zunächst den Abdeckstreifen des Tafeleinsatzes abhebeln. Die darunterliegenden Kreuzschlitzschrauben herausdrehen; den Schalttafeleinsatz vorsichtig nach vorn ziehen. Die Schalter werden zum vollständigen Ausbau durch Drücken auf die Einrastnasen entnommen.

Hinweis: Zeituhr und Tachometer werden jeweils durch Gummimanschetten im Schalttafeleinsatz bzw. in der Schalttafel gehalten. Sie werden von Hand herausgedrückt. Dabei sollte kein Werkzeug benutzt werden, um Schäden zu vermeiden.

Elektrik

Vor Arbeiten an der Fahrzeugelektrik schrecken viele Laien zurück, weil die Fehlersuche einige theoretische Kenntnisse voraussetzt. Man ist zwar bereit, sich mit den mechanischen Bausteinen des Autos zu befassen, weil hier Mängel schon häufig optisch zu erkennen sind. Nicht so bei der Elektrik. Hier braucht man zunächst einfache Meßgeräte und einen Stromlaufplan, um Pannen schnell beheben zu können.

Da die Elektrik und die Elektronik in Fahrzeugen der Zukunft noch eine größere Rolle spielen werden als heute, sollten Sie sich die Zeit nehmen, unsere kurze Einführung und das Wesen der Fahrzeug-Verkabelung zu studieren.

Stromlaufplan

Stromlaufpläne zu diesem Buch finden Sie in dem beigelegten Faltblatt. Beim Lesen dieses Kapitels sollten Sie den Ihren Käfer betreffenden Plan aufschlagen.

Stromlaufpläne, in der Technik auch Schaltpläne genannt, lassen sich auf zwei Arten zeichnen. Einmal kann man das ganze Stromnetz mit den einzelnen Details, so wie die Verbraucher im Fahrzeug montiert wurden, auf ein Papier übertragen (siehe Schaltplan für den VW 1300/1302, Modell 1972). Man erhält ein recht unübersichtliches Gewirr von Kabeln. Mit einiger Sorgfalt kann man den Plan entwirren und verstehen. Eine Erklärung zu dieser Art Schaltplan erübrigt sich. Am besten Sie verfolgen hier die entsprechende Leitung vom nicht mehr funktionierenden Verbraucher – alle Verbraucher sind mit großen Buchstaben von A bis Z bezeichnet – und über die Sicherung hinweg bis zur Stromversorgung über den dazugehörigen Schalter bzw. das Relais zur Lichtmaschine und Batterie. Fragliche Stellen werden mit der Prüflampe oder dem Ohmmeter abgetastet.

Eine andere Art von Stromlaufplänen – sie wird zur Zeit im Kraftfahrzeugbau bevorzugt verwendet – ergibt sich aus der Möglichkeit, die gesamte Elektrik in einzelne Strompfade aufzulösen. Die Pläne werden dadurch wesentlich übersichtlicher. Allerdings muß man schon einige Fachkenntnisse besitzen, um die Einzelheiten am Fahrzeug wiederzufinden. Das Lesen dieser Art von Schaltplänen möchten wir Ihnen anhand von Beispielen verständlicher machen.

Falls Sie einen Käfer besitzen, der älter als das Modelljahr 1972 ist, kann Ihnen unsere Erläuterung ebenfalls behilflich sein. Jedoch müssen Sie den entsprechenden Strompfad wegen der fehlenden Bezeichnung im Stromlaufplan selber suchen. Alle Erklärungen beziehen sich auf den Schaltplan für den Käfer 1303, der ab 1973 gebaut wurde.

Greifen wir für's erste ein Detail heraus:

Im Stromlaufplan stellt die untere gelbe Leiste die Fahrzeugmasse symbolisch dar (Karosserie, Motorblock usw.). Hier klemmen Sie einen Anschluß Ihrer Prüflampe fest (natürlich nur sinnbildlich gemeint). Von hier aus verfolgen Sie den entsprechenden Strompfad wieder bis zu den Sicherungen bzw. zu den Schaltern und Relais und von dort aus weiter zur Stromversorgung aus der Batterie bzw. von der Lichtmaschine. Unser Verbraucher ist die im Text erwähnte, an Masse angeklemmte Prüflampe. Berühren Sie nun mit der Prüfklinge der Lampe einen »Plus«-führenden Kontakt, z. B. eine Sicherung, leuchtet die Prüflampe auf. Natürlich müssen dazu der Schalter des betreffenden Verbrauchers sowie die Zündung eingeschaltet sein.

Ein weiteres Beispiel: Die Hupe

Nehmen Sie einmal an, die Hupe Ihres Fahrzeuges gibt keinen Ton mehr von sich. Dann werden Sie als erstes prüfen, ob die Sicherung S11 im Sicherungskasten noch einwandfrei ist. Dies ist neben der Stromversorgung durch die Batterie die Grundvoraussetzung für jede weitere Prüfung.

In dem diesem Buch beiliegenden Stromlaufplan des VW 1303, gültig ab August 1974, finden Sie das Signalhorn unter H1 im Strompfad 29. Diese Information stammt aus der alphabetischen Legende neben dem Schaltplan. Sie suchen nun auf der unteren gelben Leiste die Nr. 29 bzw. die Sicherung S11 im Strompfad 30. An der Hupe müßte bei eingeschalteter Zündung Strom anliegen. Verfolgen Sie das schwarzgelbe Kabel über den Leitungsverteiler T3a bis zur Sicherung S11. Wenn Sie immer noch keinen Strom gefunden haben, prüfen Sie die beiden Kontaktzungen des Sicherungshalters. Haben Sie noch kein Glück, geht es auf dem schwarzen Kabel weiter bis zum Zündschloß D Klemme 15 (im Strompfad 7, 11 und 12). Es erhält wiederum den Strom von Klemme 30 (rotes Kabel). Nun könnte es sein, daß die Hupe zwar eine einwandfreie Stromversorgung hat; aber sie muß ja noch mit Masse, genau wie Ihre Prüflampe, versorgt werden. Das entsprechende braune Kabel verläuft von der Hupe (in Strompfad 29) zum Hupenknopf H und von hier aus auf Masse. Der Hupenknopf ist also nichts weiter als ein einfacher Taster, der die bei eingeschalteter Zündung unter Spannung stehende Hupe mit dem notwendigen Masseanschluß versorgt.

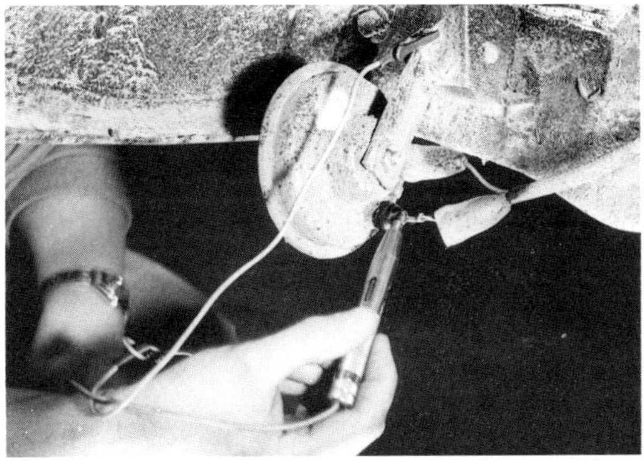

Bevor Sie die Lenksäule und hier die braune Masseleitung näher prüfen, legen Sie einfach eine separate Masseleitung auf die Hupe, d. h. Sie verbinden die nicht stromführende Klemme der Hupe mit einer blanken Stelle des Fahrzeugaufbaus.

Ertönt das Horn, liegt eine Unterbrechung im Bereich der Signalhornbetätigung vor. Entweder ist der Kontakt im Lenkstockschalter defekt, oder aber der Schleifring hat Unterbrechung. Bauen Sie nun das Lenkrad aus und prüfen Sie den Schleifkontakt, der die Verbindung zwischen Hupenknopf und zur Masse herstellt.

Könner wissen natürlich, daß beim Käfer mit Schneckenrollenlenkung immer dann, wenn die Hupe nicht funktioniert, zuerst das Massekabel an der Gummigewebe-Kupplung zwischen Lenksäule und Lenkgetriebe zu prüfen ist. In diesem Kapitel wollten wir Ihnen jedoch – auf einem etwas umständlicheren Wege – das Vorgehen anhand des Stromlaufplans erklären.

So wie es hier vorgeführt wurde, lassen sich alle Bauteile der elektrischen Anlage prüfen. Vielleicht nehmen Sie als nächstes zur Übung in Strompfad 5 die Batterie vor (mit »A« bezeichnet) und verfolgen Sie den Strompfad über »B« Magnetschalter und »B« Anlasser (Erklärung dazu siehe Abschnitt »Anlasser«, Seite 209f).

Praxistip

- Das einfachste Prüfwerkzeug ist die Prüflampe, ohne die eine Fehlersuche unmöglich ist.
- Besser ist jedoch das Mehrfachprüfgerät, dessen Voltskala die Prüflampe ersetzt. Mit der Ohmskala können zusätzlich Durchgangsmessungen durchgeführt werden, z. B. wenn Kabel unterbrochen oder Schalter defekt sind.

  Das Ohmmeter für den Hobbybereich zeigt einen hohen Wert (unendlich) an, wenn geprüfte Kabel oder Schalter unterbrochen sind, d. h. wenn der Zeiger nicht ausschlägt. Ein niedriger Ohmwert hingegen ist immer dann abzulesen, wenn der zu prüfende Schalter bzw. das Kabel einwandfrei ist.
- Sicherungen haben häufig eine Doppelfunktion. Wenn z. B. die Hupe nicht ertönt und gleichzeitig das Bremslicht nicht aufleuchtet, dann ist eine Sicherung (hier die Nr. 11) defekt.
- Der Praktiker wird bei einer solchen elektrischen Prüfung immer die Sicherung im Halter drehen, um eine mögliche Kontaktkorrosion zu beseitigen und anschließend die Kabel am elektrischen Verbraucher auf Verdacht abziehen und aufstecken (Korrosion). Meist ist dann der Schaden behoben.

Wichtiger Hinweis: Diesem Buch liegt ein weiterer Schaltplan bei, und zwar für den VW 1200, gültig ab August 1974. Unsere Erklärungen gelten sinngemäß auch für diesen Plan; lediglich die Ziffern für die einzelnen Verbraucher lauten anders.

Schaltzeichen für Stromlaufpläne

Gleichstrom

Generator (allgemein)

Zelle einer Batterie (Akkumulator)

Motor (allgemein)

Meßgerät (allgemein)

Leitung allgemein bzw. elektrische Verbindung

Leitungsquerschnitt

Leitungsverbindung nicht lösbar

Leitungsverbinder steckbar

Leitungsverbindung lösbar

Leitungskreuzung

Ausschalter in Ruhelage geschlossen (Stromdurchgang)

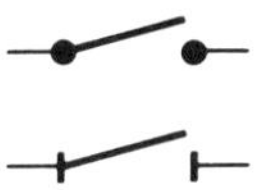
Einschalter

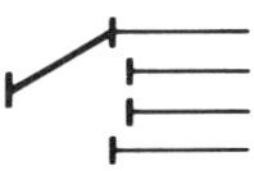
Schaltbahn (hier vier)

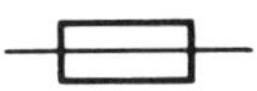
Sicherung (allgemein)

Glühlampe

Heizwiderstand

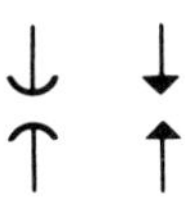
Überschlagstelle

Kondensator (allgemein)

Transformator mit Eisenkern

Gleichrichter (Diode)

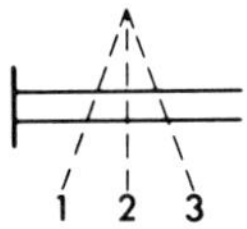

Antrieb durch menschliche Kraft

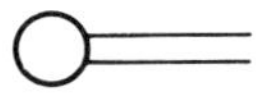
Antrieb durch mechanische Bewegung

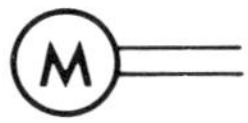

Motorantrieb

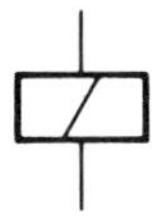
Magnetische Spule (allgemein)

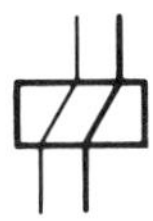
Spannungs- und Stromspule

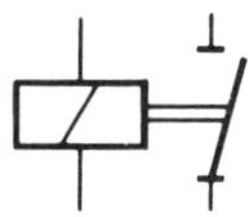
Relais (elektromechanisch)

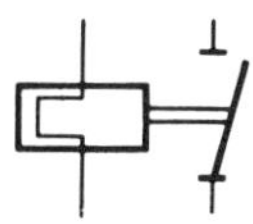
Relais (elektrothermisch)

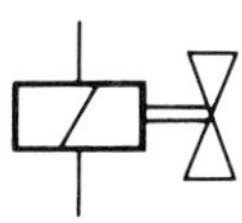
Magnetventil

Ohmscher Widerstand

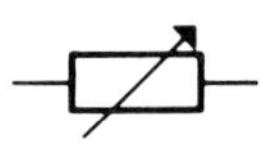
Verstellbarer Widerstand (Potentiometer)

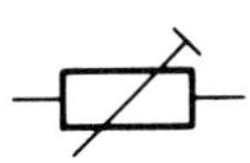
Fest einstellbarer Widerstand

Gebrauchsanleitung für Stromlaufpläne

	Benennung	in Strompfad
A	– Batterie	**4**
B	– Anlasser	**5, 6**
C	– Gleichstrom-Generator	**1, 2, 3**
C^1	– Reglerschalter	**1, 2, 3**
D	– Zündanlaßschalter	**6, 7, 12**
E	– Scheibenwischerschalter	**8, 9, 10**
E^1	– Lichtschalter	**16, 17, 19**
E^2	– Blinkerschalter mit Kontakt für Handabblendung	**14, 38, 39**
E^3	– Warnlichtschalter	**38, 39, 42, 43, 44**
E^9	– Schalter für Belüftermotor	**13**
E^{15}	– Schalter für beheizbare Rückblickscheibe	**12**
T^2	– Flachsteckerführung, zweifach a – im Motorraumdeckel b – Gepäckraum vorn links c – Gepäckraum vorn rechts	
T^3	– Flachsteckerführung, dreifach Gepäckraum vorn links hinter Dämpfung für Motorraum rechts	

Legende, bestehend aus:

Teile-Bezeichnung

Strompfad-Nummer (mit deren Hilfe Sie das Teil im Stromlaufplan finden (z. B. Blinkerschalter E^2 im Strompfad 14)

Erläuterung (wo Sie z. B. eine Flachsteckerführung im Fahrzeug finden)

a) Leitungsfarbe (entspricht der Kabelfarbe im Auto).

b) Leitungsquerschnitt in mm^2.

c) Teile-Bezeichnung: Damit finden Sie in der Legende, zu welchem Teil das im Stromlaufplan gezeichnete Schaltzeichen gehört, z. B. E^9 = Schalter für Lüftermotor.

d) Anschlußßklemmen mit der Klemmenbezeichnung, die auf dem Originalteil angegeben ist.

e) Schaltzeichen (hier: Lampe).

f) Bildliche Darstellung der Teile, deren Schaltzeichen sich im Strompfad darüber befinden. Gleichzeitig Hilfe für das richtige Anschließen von Leitungen.

g) Strompfade mit Strompfad-Nummern zum leichteren Auffinden der Teile im Stromlaufplan (siehe Legende).

h) Interne Verbindungen (dünne Striche): Diese Verbindungen sind **nicht** als Leitung vorhanden. Interne Verbindungen sind z. B. Masseanschlüsse, die direkt durch ein Lampengehäuse hergestellt werden.

Bitte beachten Sie:

Alle Schalter und Kontakte sind in mechanischer Ruhestellung gezeichnet. Die verschiedenen Schaltkontakte eines Schalters werden in dem Strompfad gezeichnet, in dem sie funktionell angeordnet sind.

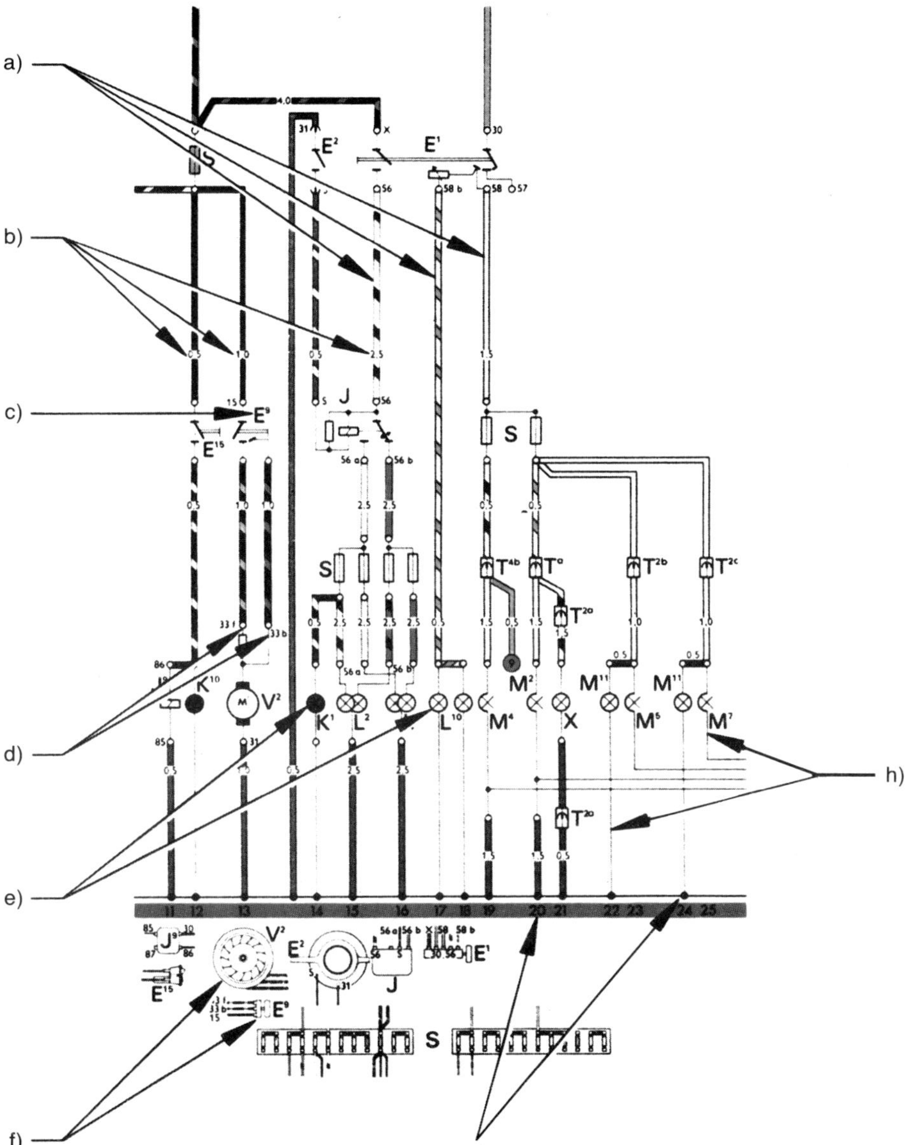
a)
b)
c)
d)
e)
f)
g)
h)
E1
E2
E9
E15
J
S
K10
V2
K1
L2
L10
M4
M2
X
M11
M5
M7
T4b
Ta
T2a
T2b
T2c
J9
11 12 13 14 15 16 17 18 19 20 21 22 23 24 25

Batterie A in Strompfad 5

Die Batterie liefert die elektrische Energie für den Anlaßvorgang und dient gleichzeitig als Puffer zwischen Lichtmaschine und Verbraucher. Die Lichtmaschine heißt in der Fachsprache korrekt »Generator«. Praxisgerechter erscheint uns aber das Kürzel »Lima«, das im folgenden verwendet wird.

Erzeugt die Lima bei laufendem Motor mehr Strom, als momentan benötigt wird, erfolgt automatisch die Aufladung der Batterie. Ist der Strombedarf kurzfristig größer als die Limaleistung, kann die Batterie den Strombedarf des Fahrzeugnetzes ergänzen. Fahrzeuge mit Drehstom-Lichtmaschinen sind hier im Vorteil, weil sie leistungsfähiger sind als Gleichstom-Lichtmaschinen.

Batterie prüfen

Achtung: Batteriesäure wirkt stark ätzend; bei Haut- oder Augenkontakt sofort mit klarem Wasser spülen und einen Arzt aufsuchen. Siehe auch unsere Sicherheitshinweise auf Seite 33.

Säurestand: Die im Käfer serienmäßig vorgesehene Batterie ist nicht völlig wartungsfrei. Von Zeit zu Zeit ist der Säurespiegel, der etwa 5 mm über den Separatoren-Platten liegen sollte (bei vielen Ausführungen wurde außen zur Erleichterung eine Säurestandsmarkierung angebracht), durch Nachfüllen von destilliertem Wasser zu ergänzen. Da die Käfer-Batterien ein durchsichtiges Kunststoffgehäuse besitzen, müssen zur Prüfung die Verschlüsse der Zellen nicht abgeschraubt werden. Bei dieser Kontrolle lohnt sich auch ein Blick auf die Batterieklemmen. Diese sollten stets frei von Korrosion sein und festsitzen.

Ladezustand: Bei Fahrzeugen, die häufig im Kurzstreckenverkehr eingesetzt werden, reicht die Ladezeit der Lima nicht immer aus, um die Batterie voll aufzuladen. Besonders vor Beginn der kalten Jahreszeit ist eine Batterieprüfung empfehlenswert.

Praxistip

Wenn Ihr Fahrzeug mit einer Drehstom-Lichtmaschine ausgerüstet ist, lassen Sie den Motor niemals mit abgeklemmter Batterie laufen, da sonst die Dioden und der Regler der Lima beschädigt werden.

Mit einer Säurespindel entnimmt man etwas Batteriesäure und liest an der Spindelskala das spezifische Gewicht ab.

Ladezustand	**Spezifisches Gewicht**
Entladen	1,12
Halb geladen	1,20
Gut geladen	1,28

Die Säuredichte in allen Zellen sollte nicht mehr als 0,02 voneinander abweichen. Die hier angegebenen Werte gelten für gemäßigtes Klima.

Eine weitere Prüfung mit Hilfe eines Batterie-Testers, bei dem die Batterie unter Belastung geprüft wird, ist oft unmöglich, da ein entsprechendes Testgerät nicht vorhanden ist. Sie können aber ersatzweise das Voltmeter Ihres Motortesters benutzen.

Für die Batterieprüfung benötigen Sie etwa 10 Minuten.

Schließen Sie das Testgerät an die Batterie an und schalten Sie alle Verbraucher ein. Damit der Motor nicht anspringt, wird das mittlere Kabel an der Verteilerkappe abgezogen. Starten Sie nun den Motor etwa 5 bis 10 Sekunden lang. Der Anlasser muß in dieser Zeitspanne ohne Drehzahleinbuße gleichmäßig durchdrehen, und die Spannung auf der Voltskala des Testers darf nicht unter 9,5 Volt absinken. Wird der Anlasser innerhalb dieser Zeit langsamer bzw. sinkt der Voltwert stark ab, muß die Batterie geladen werden.

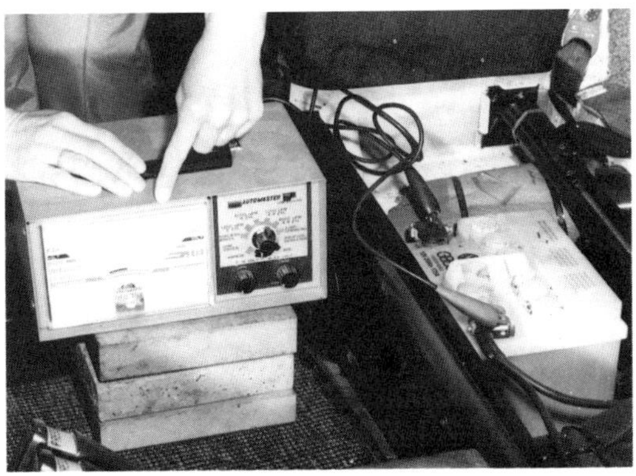

Batterie laden

Im Fachhandel gibt es preiswerte Batterie-Ladegeräte, so daß Sie vor jeder Wintersaison die Batterie nachladen können.

Eine Ladestromstärke zwischen 3 und 5 Ampere ist völlig ausreichend. Die richtige Ladeleistung beträgt etwa 10 % der Batteriekapazität; beispielsweise wird eine 45 Ah-Batterie mit etwa 4,5 Ampere geladen. Eine Ladeleistung über 5 Ampere würden wir im Interesse der Batterieschonung nicht einsetzen.

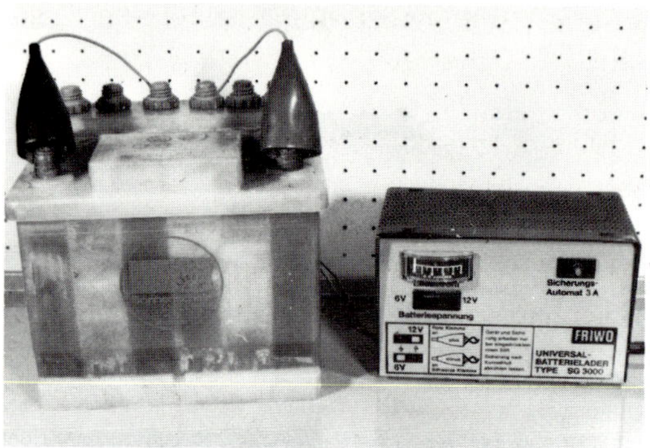

Zum Laden der Batterie zuerst das Masseband und dann den Pluspol abklemmen, die Verschlußstopfen aufschrauben und, falls notwendig, destilliertes Wasser bis zur Markierung nachfüllen. Nun den Pluspol der Batterie mit dem Pluspol des Ladegerätes und den Minuspol entsprechend anschließen. Das Ladegerät auf 12 Volt einstellen und einschalten. Die Ladezeit richtet sich nach dem Ladezustand. Ihre Batterie ist voll geladen, wenn sie etwa $^{1}/_{2}$ Stunde gegast hat.

Anschließend noch einmal destilliertes Wasser nachfüllen, die Batteriestopfen einschrauben, den Pluspol und zuletzt das Masseband anklemmen.

Praxistip

- Stark entladene Batterien können in der kalten Jahreszeit einfrieren. Solche Batterien müssen vor dem Aufladen aufgetaut werden.
- Entlädt sich eine Batterie trotz wiederholter Nachladung, ist sie verbraucht und muß ersetzt werden. Die Lebensdauer hängt von der Beanspruchungsart ab: Meist ist nach 4 bis 5 Wintern das sichere Starten an einem kalten Morgen nicht mehr möglich. Bedenken Sie, daß eine Starthilfe mit An- und Abfahrt eines Pannenhilfeunternehmens teurer ist als eine neue Batterie.
- Vergleichen Sie beim Batteriekauf unbedingt die Preise und die Technik.
- Die Batteriedaten: 12 Volt; Kapazität 36 Ah.
- Wichtig ist auch, daß die Batterie die ab Werk vorgesehene Befestigungsmöglichkeit besitzt.
- Wenn Sie noch einen geringen Aufpreis zahlen, erhalten Sie eine »wartungsfreie« Batterie, bei der in den ersten zwei Jahren kein destilliertes Wasser nachgefüllt werden muß (gilt für gemäßigtes Klima).

Achtung: Batteriegase (Knallgas) können Explosionen auslösen. Deshalb den Laderaum immer gut lüften und am Batteriekasten bzw. im Bereich der Batterie nicht mit offener Flamme arbeiten.

Die Batterie und der Batteriekasten sind stets sauber zu halten. Bei Verunreinigung durch Säure wird mit Wasser gereinigt.

Lichtmaschine C und Regler C1 in Strompfad 1 und 2

Der Käfer wurde sowohl mit Gleichstrom-Lichtmaschine als auch mit Drehstrom-Lichtmaschinen ausgerüstet. Der Vorteil der Drehstromausführung ist die hohe Ladeleistung, die bereits ab der Leerlauf-Drehzahl zur Verfügung steht. Bei der Gleichstrom-Lima sorgt ein besonderer Regler dafür, daß bei zu niedriger Spannung, etwa bei geringer Motordrehzahl der Generator von der Batterie getrennt wird. Sie erkennen dies an der brennenden Ladekontrollampe.

Lichtmaschinen sind wartungsfrei und halten meist bis 100 000 km durch. Die Kontrollen beschränken sich auf die Prüfung der Keilriemenspannung (siehe Seite 48f). Bei Gleichstrom-Lima ist ein etwas früherer Ausfall möglich, wenn die Schleifkohlen abgenutzt sind. Diese Arbeiten beschreiben wir auf Seite 206.

Prüfen der Lichtmaschinenspannung mit dem Voltmeter des Mehrfachtesters

Gleichstrom-Lichtmaschine

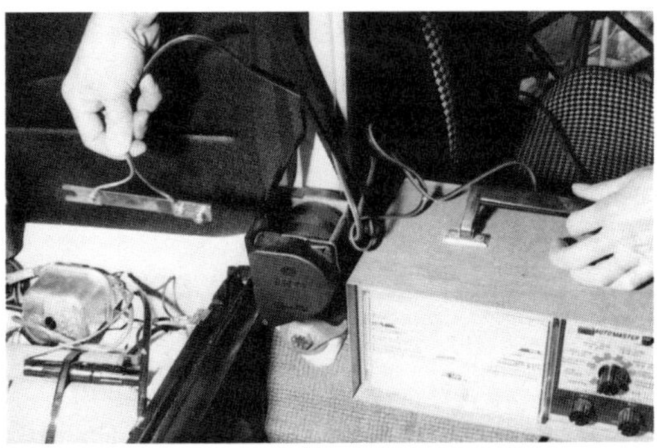

Das Kabel von Klemme B+ des Reglers abtrennen, die Plus-Klemme des Voltmeters an Klemme B+ des Reglerschalters anlegen, die Minus-Klemme des Voltmeters an Masse anklemmen.

Achtung: Die abgezogene Leitung darf nicht mit der Fahrzeugmasse in Berührung kommen.

Den Motor anlassen. Bei langsamer Steigerung der Drehzahl springt der Zeiger des Voltmeters auf Werte zwischen 12 und 14 Volt. Beim Abstellen des Motors springt der Zeiger von 12 Volt auf 0, bevor der Motor vollkommen stillsteht. Damit ist bewiesen, daß der Rückstromschalter des Reglers funktioniert. Zur weiteren

Prüfung der Lichtmaschine unter Last ist ein Testgerät mit Nebenwiderstand notwendig. Dieser Nebenwiderstand wird an Klemme B + des Reglers angeschlossen. Falls Sie einen Motortester besitzen, der mit einem Nebenwiderstand ausgerüstet ist, beachten Sie die Gebrauchsanleitung.

Drehstrom-Lichtmaschine

Schließen Sie das Plus- und Minuskabel Ihres Motortesters an die Batterie an und schalten Sie das Voltmeter ein. Beim Startvorgang kann die Batteriespannung auf Werte bis 9,5 Volt absinken. Ist der Motor angesprungen, wird die Voltskala in aller Regel bei Motordrehzahl 3000 Umdrehung pro Minute einen Wert von 13,5 bis 14,5 Volt anzeigen. Dies ist ein Beweis, daß Lima und Regler arbeiten.

Steigt die Spannung nicht an, prüfen Sie die Verkabelung der Lima. Dazu den Motor abstellen und den Mehrfachstecker abziehen, mit einem Korrosionsschutzspray behandeln und wieder aufsetzen. Die Kontrolle mit dem Tester wiederholen.

Mit dieser Prüfung ist noch nichts über die Leistungsfähigkeit der Lima ausgesagt. Für eine solche Leistungsmessung sind neben Amperemeter und Voltmeter auch ein Batterie-Trennschalter und ein Belastungswiderstand notwendig. Da sich die Anschaffung dieser Geräte sicher nicht lohnt, sollten Sie diese Prüfung einem V.A.G-Betrieb überlassen.

Schleifkohlen ersetzen

Gleichstrom-Lichtmaschine

Bei mangelnder Lichtmaschinenleistung – dies wird meistens durch Leuchten der Ladekontrolleuchte angezeigt – ist der Zustand der Schleifkohlen zu prüfen. Dies geschieht ohne Ausbau der Lima. Kohlen, die fast völlig im Bürstenhalter verschwinden, sind verbraucht. Die Verschleißgrenze liegt bei 5 mm.

Notieren Sie, bevor Sie zum V.A.G-Betrieb gehen, die vollständige Nummer, die Sie auf der Lima finden, damit Ihnen die richtigen Schleifkohlen ausgehändigt werden. Biegen Sie sich aus schwachem Draht einen Haken, mit dem Sie die Federn der Schleifkohlen anheben können, und ziehen Sie die obere und untere Schleifkohle aus den Haltern heraus. Die Schleifkohlen hängen jetzt noch an zwei Anschlußlitzen, die mittels Schrauben befestigt sind.

Der Einbau erfolgt in umgekehrter Reihenfolge.

Die Schleifkohlen laufen auf dem Kollektor. Dieser darf nicht verschmiert sein und keine Schleifspuren oder Brandstellen aufweisen. Ist dies der Fall, muß die Lima überholt werden. Wir empfehlen in diesem Fall den Einbau einer Austausch-Lima.

Wenn nach Ersetzen der Schleifkohlen (einwandfreier Kollektor vorausgesetzt) die rote Ladekontrollampe noch immer glimmt, ist in aller Regel ein Spannungsabfall in der elektrischen Anlage schuld an diesem Fehler. Prüfen Sie deshalb besonders die Klemmen auf Korrosion und lose Klemmverbindungen:

– Reglerschalter	Klemme B+	– Zündschloß	Klemme 30
– Lichtschalter	Klemme 30	– Zündschloß	Klemme 15/54
– Sicherungsdose	Klemme 30	– Sicherungsdose	Klemme 15/55

Für das Ersetzen der Schleifkohlen benötigen Sie etwa 25 Minuten.

Drehstrom-Lichtmaschine

Auch die Drehstrom-Lima besitzt Schleifkohlen, die hier allerdings eine etwas andere Funktion haben. Die Schleifkohlen sitzen in einem Spannungsregler. Nach Ausbau des Spannungsreglers kann der Verschleiß »J« gemessen werden:

– Länge im Neuzustand	10 mm
– Verschleißgrenze	5 mm

Der Spannungsregler kann ohne Ausbau der Lima demontiert werden.

Lichtmaschine ersetzen

Weitergehende Arbeiten an der Lichtmaschine als Prüfen und Ersetzen der Schleifkohlen möchten wir Ihnen wegen der fehlenden Spezialwerkzeuge nicht empfehlen. Wenn Ihr Fahrzeug schon eine etwas höhere Laufleistung (ca. 80 000 km) hat und die Lima fällt aus, würden wir Ihnen schon aus Zeitgründen zu einer

Austausch-Lima raten. Bedenken Sie, daß sich der Verschleiß nicht nur an den Schleifkohlen, sondern auch an den Lichtmaschinen-Lagern auswirkt. Eine Eigenmontage lohnt sich angesichts der geringen Einbauzeit von knapp 1 1/2 Stunden sicher nicht.

Für den Fall, daß Sie trotzdem ein neues Teil einsetzen wollen, beschreiben wir den Aus- und Einbau in Kurzform:

Die Batterie abklemmen. Den Keilriemen und den Vergaser ausbauen. Alle vier Schrauben im Kühlgebläsedeckel herausdrehen. Die Verkabelung der Lima trennen. Das Spannband des Generators abnehmen. Die Schraube am Kühlgebläsekasten rechts herausdrehen, damit der Gebläsekasten angehoben werden kann.

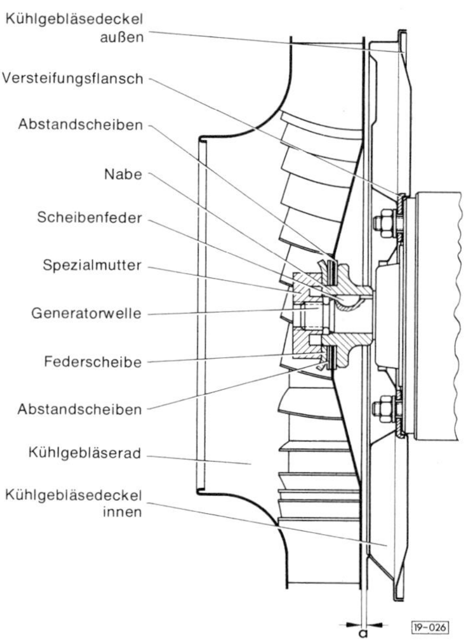

Die neue Lichtmaschine mit dem alten Kühlgebläse und Gebläsedeckel komplettieren. Achten Sie darauf, daß der Lufteinlaß nach unten zeigt.

Der Abstand des Kühlgebläses zum Deckel wird mit Scheiben eingestellt. Wir würden die demontierte Scheibenpackung wieder übernehmen. Zwischen Gebläserad und Deckel soll ein Abstand von ca. 1,8 mm vorhanden sein. Die Federscheibe der Gebläseradmutter zeigt mit der aufgebogenen Seite zur Mutter.

Der Einbau erfolgt in umgekehrter Reihenfolge.

Anlasser B und Magnetschalter B in Strompfad 6 und 7

Wenn Laien von einem beschädigten Anlasser berichten, wird häufig die Geschichte vom Hammertrick erzählt. Angeblich läßt sich der nicht funktionierende Starter mit einem wohldosierten Hammerschlag wieder ingangsetzen. Wir halten die Geschichte für zumindest gut erfunden. Zur Anlasserreparatur braucht man in Wirklichkeit alles andere als einen Hammer.

Der Anlasser selbst ist weniger störanfällig. Schäden stellen sich meistens am Magnetschalter und an der Verkabelung ein.

Der Anlasser dreht sich zu langsam bzw. der Motor zieht nicht durch

Zunächst empfehlen wir, eine Prüfung der Batteriespannung durchzuführen (siehe Seite 202f). Dies gilt besonders dann, wenn der Schaden an einem kalten Wintermorgen auftritt und gleichzeitig mit dem Betätigen des Zündanlaßschalters die Kontrollampen erlöschen. Ist die Batteriespannung einwandfrei, sollten sie als nächstes die Verkabelung am Anlasser prüfen:

- Klemme 30 (dickes Kabel) kommt von der Batterie.
- Klemme 50 kommt vom Zündanlaßschalter.
- Anschluß der Feldwicklung geht direkt in den Anlasser.

Störanfällig ist hier besonders die Klemme 50. Sie können mit einem kräftigen Schraubenzieher eine Verbindung von Klemme 30 zur Klemme 50 legen. Dabei muß der Anlasser hörbar einrasten und den Motor sicher durchdrehen.

Achtung: Vorher den Schalthebel in Leerlaufstellung bringen und die Handbremse anziehen. Bei dieser Pannenhilfe fließen hohe Ströme; beim Verbinden kann es zur Funkenbildung kommen. Der Schraubenzieher darf dabei keine Masseverbindung haben, da sonst Kurzschlußgefahr besteht.

Der Anlasser dreht sich nicht

Eine andere Fehlerquelle ist dann zu vermuten, wenn der Anlasser sich nicht dreht, der Magnetschalter jedoch einen deutlichen Klackton verursacht. Wahrscheinlich ist in diesem Fall der Magnetschalter defekt.

Prüfen Sie, bevor Sie den Anlasser ausbauen, die Spannung am Anschluß der Feldwicklung: Messen Sie mindestens 7 Volt, ist ein Austauschanlasser fällig, messen Sie weniger als 7 Volt, muß nur der Magnetschalter ersetzt werden.

In beiden Fällen ist der Anlasser auszubauen.

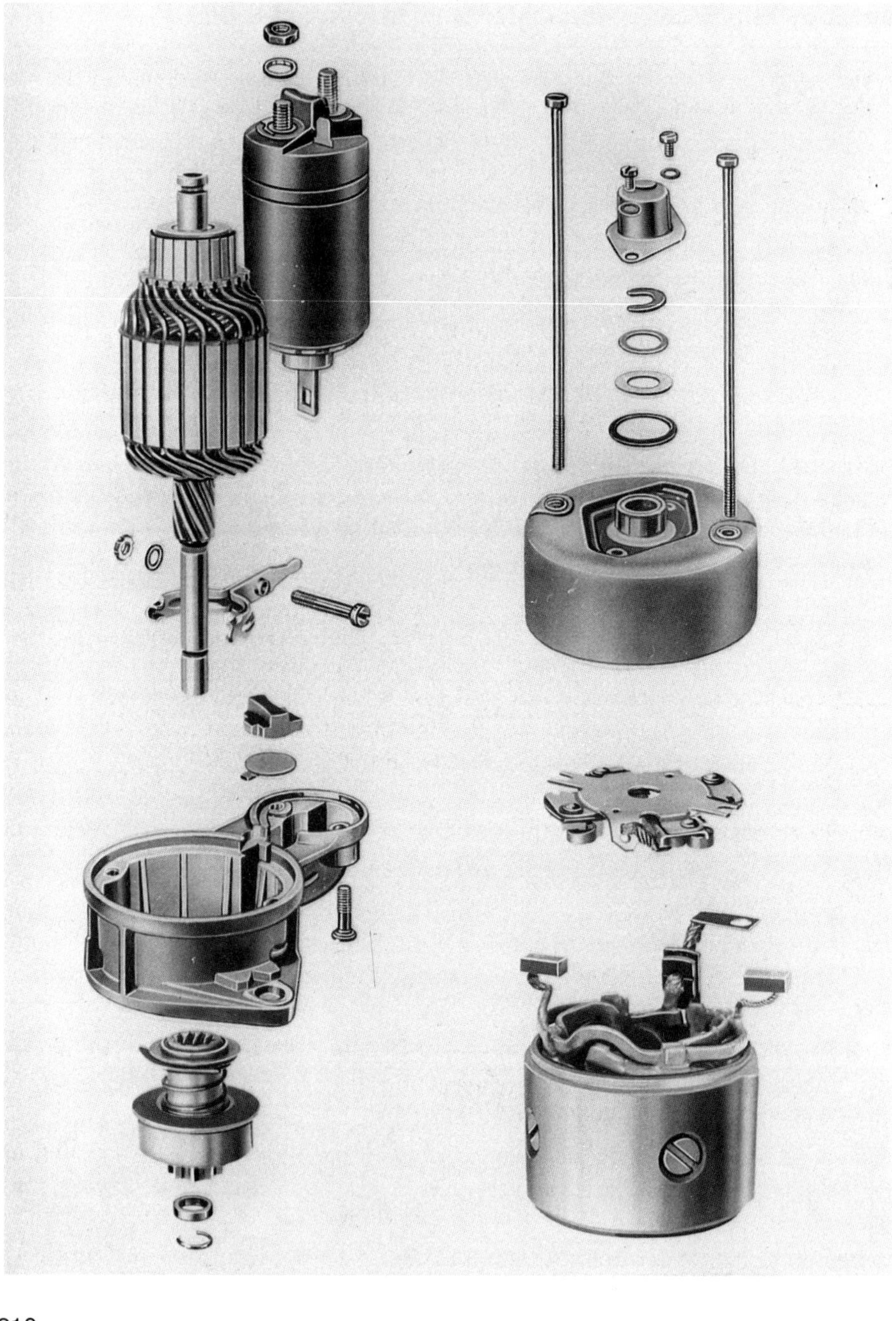

Anlasser ausbauen

Der Ausbau des Anlassers ist relativ einfach. Nachdem Sie den Minuspol der Batterie und alle Kabel am Anlasser abgeklemmt haben, schrauben Sie die oberste Schraube des Anlasserflansches ab. Diese erreichen Sie vom Motorraum aus hinter dem Kühlgebläse rechts, die zweite Schraube des Flansches von unten. Falls Ihnen keine Hebebühne zur Verfügung steht, muß das Fahrzeug aufgebockt werden. Zur Arbeitserleichterung raten wir Ihnen, das rechte Hinterrad abzunehmen.

Der Anlasser kann in einem V.A.G-Betrieb überholt werden. Dabei werden neue Schleifkohlen, neue Lagerbuchsen und ein neues Ritzel eingesetzt. Gleichzeitig werden auch der Anker und die Feldwicklung geprüft. Zusätzlich muß der Kollektor abgedreht werden. Da Sie diese Arbeiten nicht ausführen können, sollten Sie grundsätzlich einen Austausch-Anlasser einsetzen.

Für den Aus- und Einbau des Anlassers benötigen Sie etwa 35 Minuten.

Magnetschalter ersetzen

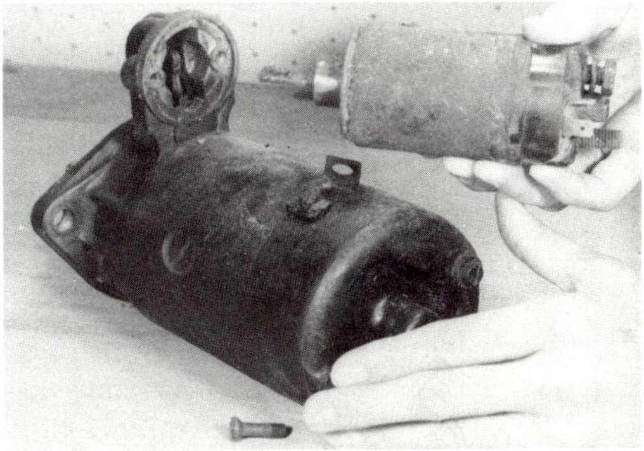

Achtung, wichtiger Hinweis: Vorher unbedingt das Batterie-Masseband abklemmen; Unfallgefahr!

Der Magnetschalter ist mit zwei Schlitzschrauben am Anlassergehäuse befestigt. Der Aus- und Einbau ist problemlos. Der Magnetkern des neuen Magnetschalters muß mit MoS_2-Fett eingesetzt werden, um Korrosionsschäden zu vermeiden.

Praxistip

Vor dem Ersetzen des Magnetschalters sind immer die Plus-Klemme und die Minus-Klemme (Masseverbindung) der Batterie zu prüfen.

Achten Sie beim Einsetzen des Magnetschalters darauf, daß der Schalthebel in den Schlitz der Zugstange des Magnetkerns eingehängt wird. Zum vereinfachten Einbau kann die Achse (Schraube) des Schalthebels ausgebaut und der Schalthebel etwas nach oben gezogen werden.

Achtung: Wenn der Anlasser deutlich einrastet und sehr schnell anläuft, ohne den Motor durchzudrehen, rutscht das Anlasserritzel durch. Derart beschädigte Ritzel können nicht instandgesetzt werden, sondern sind zu ersetzen.

Für das Ersetzen des Magnetschalters benötigen Sie zusätzlich etwa 15 Minuten.

Spannungskonstanter J 6 in Strompfad 37 prüfen und ersetzen

Eine mögliche Störquelle für einen ungenauen Kraftstoff-Vorratsanzeiger ist der Spannungskonstanter. Seine Lage ist dem Stromlaufplan zu entnehmen.

Fahrzeug ohne Radio

Zur Prüfung schließen Sie ein Voltmeter an die Klemme, die den Konstanter mit dem Anzeigegerät verbindet. Ist der Konstanter in Ordnung, so zeigt das Meßinstrument einen pulsierenden Ausschlag. Ist dies nicht der Fall, muß der Konstanter ausgetauscht werden.

Eine weitere Prüfung des Anzeigegeräts selbst ist möglich, wenn man die Geberleitung abzieht (vom Tank kommend) und kurzzeitig gegen Masse hält. Erfolgt kein Ausschlag des Tankanzeigers, so ist das Anzeigegerät selbst defekt. Schlägt der Zeiger jedoch aus, so ist der Fehler in der Leitung zum Geber oder der Geber selbst defekt.

Fahrzeug mit Radio

Das Voltmeter wie oben beschrieben anschließen. Wird keine Spannung angezeigt, so ist die Glühlampe im Spannungskonstanter durchgebrannt.

Die Zenerdiode des Spannungskonstanters prüfen. Dazu die Plusleitung und die Leitung J des Konstanters abziehen. Ein Ohmmeter an der Klemme J und an der Befestigungsschraube des Konstanters anlegen. Das Ohmmeter zeigt einen bestimmten Ausschlag an. Der Widerstandswert kann niedrig oder hoch sein. Die

Klemme des Ohmmeters genau umgekehrt anschließen. Erfolgt nun der gleiche Ausschlag wie bei der ersten Messung, dann ist die Diode defekt, und der komplette Konstanter muß ausgetauscht werden.

Den Konstanter bei ausgeschalteter Zündung ausbauen. Die mit Pfeilen bezeichneten Kunststoffnasen in Pfeilrichtung drücken und die Metallplatte abnehmen. Die Glühlampe (12 V, 5 W) erneuern.

Hinweis: Neuere Fahrzeuge besitzen elektronische Spannungskonstanter, die nicht mehr geöffnet werden können.

Scheibenwischermotor in Strompfad 12, 13 und 14 prüfen und ersetzen

Bevor Sie den Scheibenwischermotor ausbauen, sollten Sie die Stromaufnahme messen. Legen Sie zunächst ein Amperemeter in die Zuleitung zum Schalter (Klemme 30). Die Stromaufnahme liegt in der Wischerstufe 1 bei 2,5 Ampere, in der Stufe 2 bei ca. 3,5 Ampere. Die Wischerblätter werden abgeklappt. Liegt die Stromaufnahme wesentlich höher, sind vermutlich die Wischerwellen an den beiden Wischerlagern defekt und müssen geschmiert bzw. erneuert werden. Für diese Arbeiten ist immer die komplette Einheit von Motor und Gestänge herauszunehmen.

Der Zeitaufwand beträgt etwa 1 Stunde.

Zum Ausbau die Batterie abklemmen. Die Wischerarme abnehmen (bei älteren Modellen die Klemmschraube unter dem Wischerarm abschrauben, bei neueren Modellen die Sechskantmuttern vorne, unter einer schwarzen Kunststoffkappe zu erreichen).

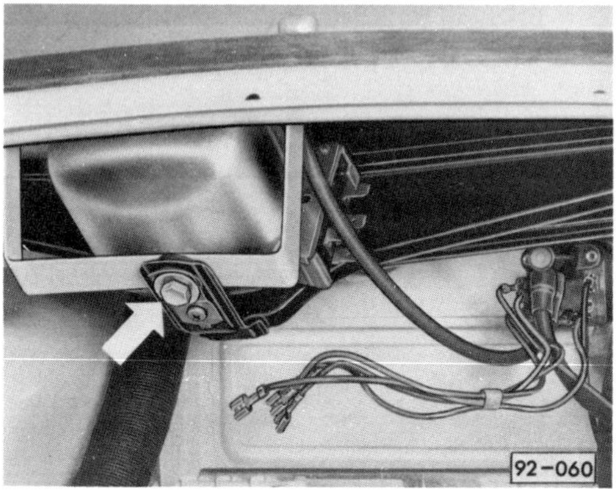

Die äußere Abdeckung der Wischerwelle abschrauben, die Unterlegscheiben und die Dichtgummis abnehmen. Die Steckverbindung am Motor abziehen. Um Verwechslungen auszuschließen, sollten Sie die einzelnen Stecker mit Klebeband kennzeichnen und beschriften. Die Schraube am Motor herausdrehen und die Scheibenwischeranlage komplett abziehen.

Bei neuen Fahrzeugen ist der Scheibenwischer mit einem Schneckentriebmotor ausgerüstet. Die Arbeitsfolge ist hier jedoch ähnlich.

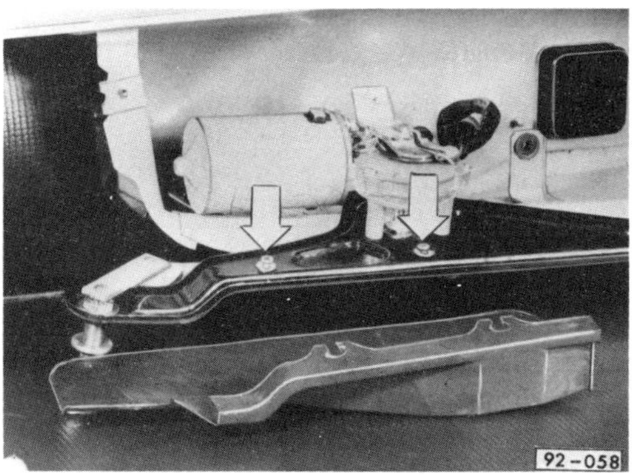

Die Wischerwellen auf Leichtgängigkeit prüfen, gegebenenfalls gangbar machen oder ersetzen. Die Wischerwellen wieder montieren, den Motor provisorisch anschließen. Wenn jetzt ein Helfer im Fahrzeuginneren den Wischerschalter bedient, bemerkt man, daß der Wischer schon in der Gangstufe 1 wieder wie gewohnt läuft.

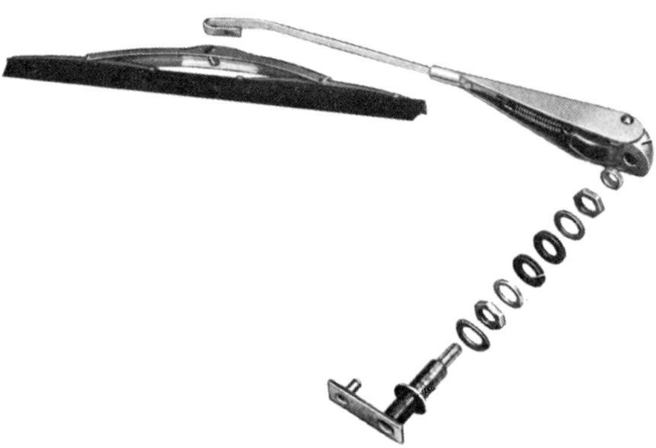

Scheibenwischer des VW 1200

Fehlersuche

Statt einer aufwendigen und wenig nutzbringenden Fehlersuchtabelle empfehlen wir Ihnen, bei Störungen nach dem entsprechenden Stromlaufplan vorzugehen. Dabei ist natürlich ein einfacher Wischermotor wie beim VW 1200, der nur einen Ein- und Ausschalter besitzt, sehr leicht zu prüfen. Etwas schwieriger wird es, wenn wie beim Käfer 1303 zwei Wischgeschwindigkeiten und eine zusätzliche Tippwischfunktion vorgesehen sind. Zur Ergänzung des Schaltplanes bieten wir Ihnen hier zusätzliche Erklärungen:

Tippwischen: Der Motor erhält über den Kontakt 53 a und 53 Spannung und läuft in der Geschwindigkeitsstufe 1 so lange, bis der Hebel losgelassen wird. Der Scheibenwischer läuft selbsttätig in die Ausgangsstellung zurück. Der Kontakt 53 e und 53 ist (Endstellung-Schaltung) wieder geschlossen. Ein Schleifkontakt im Motor bekommt in dieser Stellung noch Spannung über Klemme 53 a, bis die Wischerblätter in die Endlage gelaufen sind. Dann erfolgt die Unterbrechung des Stromkreises. Gleichzeitig wird über den Schaltkontakt 53 e und 53 Masse angelegt; der Anker bremst sich selbst ab.

Erste Geschwindigkeitsstufe: Für den Dauerbetrieb wird der Hebel über den Druckpunkt eingerastet. Die elektrische Schaltung entspricht in dieser Geschwindigkeit der Tippwischfunktion.

Zweite Geschwindigkeitsstufe: Wird der Scheibenwischerhalter in der zweiten Stufe gedrückt, wird der Kontakt 53 a und 53 b geschaltet. Das Ausschalten erfolgt, wie oben beschrieben. Bei Störungen empfehlen wir, die einzelnen im Text beschriebenen Leitungen mit dem Ohmmeter durchzumessen.

Lenkstockschalter aus- und einbauen
Blinkerschalter E2 in Strompfad 41
Scheibenwischerschalter E in Strompfad 13 und 14
Schalter für Handabblendung und Lichthupe in Strompfad 16

Das Minuskabel der Batterie abklemmen. Das Lenkrad abziehen, dazu die Abdeckkappe von Hand abziehen, den Gummistopfen entfernen, die Lenkradmutter herunterdrehen und die Federscheibe abnehmen. Die Schrauben des Blinkerschalters lösen und in den Bohrungen belassen. Den Schalter vorsichtig herausnehmen.

Hinweis:

Achten Sie bei Arbeiten am Lenkstockschalter darauf, daß der Druckschlauch der Scheibenwaschanlage immer gegen Abrutschen gesichert ist, entweder

- durch eine Schlauchklemme oder
- durch ein über den Druckschlauch geschobenes dickes Schlauchstück.

Explosionsbild des Lenkstockschalters des VW 1303

Unter dem Blinkerschalter liegt der Schalter für den Scheibenwischer. Dieser wird von den gleichen Schrauben, mit denen auch der Blinkerschalter befestigt ist, gehalten. Dazu gehören vier Distanzstifte in jede Befestigungsbohrung des Scheibenwischerschalters.

Nach Abnehmen des Sprengrings und Lösen der Klemmschraube für den Lenkstockschalter kann der gesamte Lenkstockschalter abgezogen werden. Das Lenkanlaßschloß muß dabei in Stellung »Fahrt« stehen.

Der Einbau erfolgt in umgekehrter Reihenfolge. Beim Montieren die Kontaktringe zwischen dem Kugellager und dem Lenkrohr nicht vergessen. Beim Festziehen der Klemmschraube des Lenkstockschalters ist darauf zu achten, daß zwischen dem Lenkrad und dem Schalter 2 bis 4 mm Distanz vorhanden sind.

Bei der Arbeitsbeschreibung sind wir davon ausgegangen, daß Blinker- und Wischerschalter nicht ersetzt werden müssen. Ist dies trotzdem der Fall, sind zusätzlich zur Arbeitsbeschreibung noch die Leitungen zum entsprechenden Schalter hinter dem Armaturenbrett abzuklemmen und zum Armaturenbrett durchzuziehen.

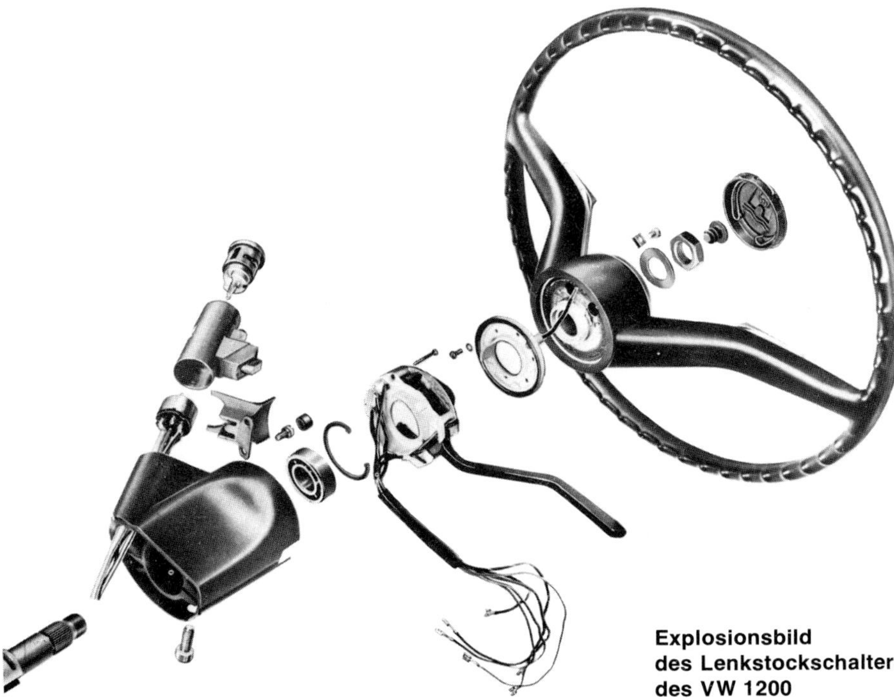

Explosionsbild des Lenkstockschalters des VW 1200

Für den Aus- und Einbau des Lenkstockschalters benötigen Sie etwa 45 Minuten.

Die wichtigsten Drehmomente:

– Lenkradmutter	50 Nm = 5 mkg
– Lenkstockschalterschraube auf Mantelrohr	10 Nm = 1 mkg

Zündanlaßschalter aus- und einbauen

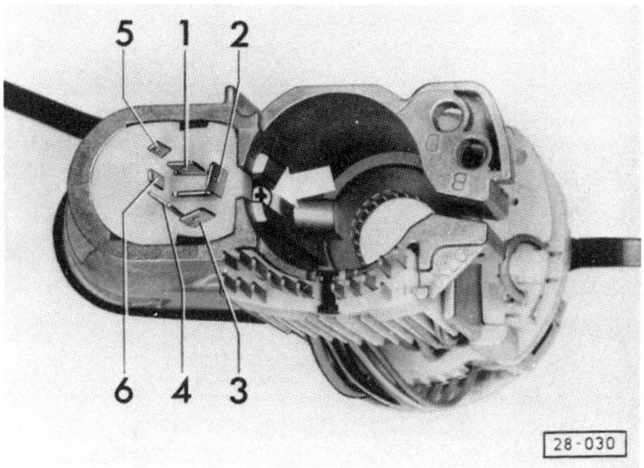

Der Lenkstockschalter wird wie vorher beschrieben ausgebaut. Der Zündanlaßschalter wird nur mit einer Schraube im Lenkstockschalter befestigt (siehe Pfeil).

- 1 Klemme 30
- 2 Klemme 50
- 3 Klemme 15
- 4 Klemme X
- 5 Klemme P
- 6 Klemme S

Der Zeitaufwand beträgt etwa 45 Minuten.

Bei Fahrzeugen, die im Lenkstockschalter nur den Blinkerschalter haben, erfolgt der Ausbau wie im vorher beschriebenen Text.

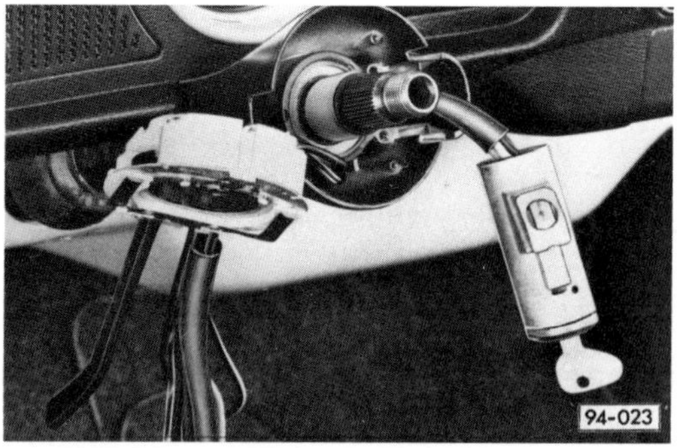

Lediglich beim Aus- und Einbau des Zündanlaßschalters gibt es Unterschiede: Das Lenkrad ausbauen und den Blinkerschalter lösen. Den Blinkerschalter über die Lenksäule ziehen und nach links legen. Den Zündschlüssel in Stellung »Fahrt« drehen. Den Schließzylinder komplett mit Schloßteil und Anlaßschalter aus der Führung ziehen. Den alten Schalter herausnehmen und den neuen befestigen.

Die komplette Einheit, bestehend aus Lenkschloß, Schließzylinder und Anlaßschalter, ist im Lenkschloß einzusetzen. Der Schließzylinder steht dabei auf Stellung »Halt«. Die Leitungen sorgfältig verlegen und durch die Tülle hinter die Schalttafel nach außen führen.

Schließzylinder ersetzen

VW-Käfer 1303

Den Lenkstockschalter wie im vorangegangenen Kapitel beschrieben ausbauen. Die Öffnung für die Demontage des Schließzylinders ist nach Ausbau des Verschlußbleches zugänglich. Zur Entnahme den Schlüssel ungefähr eine Schlüsselstärke nach rechts drehen und den Zylinder komplett mit Schlüssel herausziehen. Beim Hineindrücken des neuen Schließzylinders den Schlüssel nicht im Zylinder lassen. Abschließend das Verschlußblech wieder einsetzen und leicht verstemmen.

VW-Käfer 1200

Den Blinkerschalter wie bereits beschrieben ausbauen. Den Zündschlüssel (in Stellung »Fahrt«) komplett mit dem Lenkanlaßschloß herausziehen. Durch die Öffnung A wird die Haltefeder heruntergedrückt. Den Schlüssel aus der sogenannten Haltestellung ungefähr eine Schlüsselstärke in Richtung B nach rechts drehen. Den Zylinder in Richtung C mit Schlüssel herausziehen.

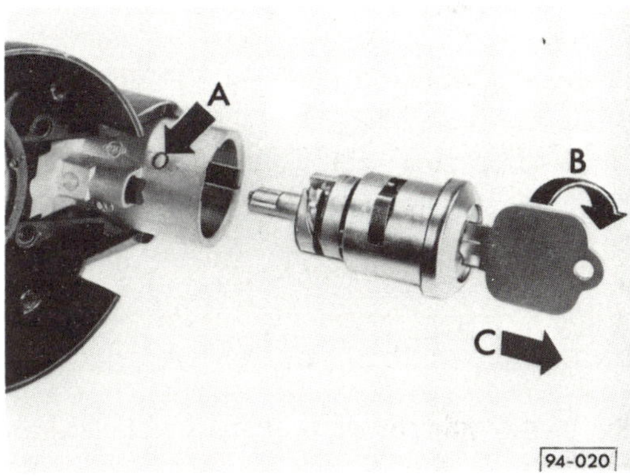

Beim Einbau den Mitnehmer gegen den Schlüssel in Richtung E drücken. Mit eingestecktem Schlüssel den Schließzylinder bis zum linken Anschlag drehen. Nun

Praxistip

Bevor Sie das Lenkrad abnehmen, markieren Sie die Lage des Lenkrades zur Lenksäule mit einer Reißnadel. Nehmen Sie das Lenkrad grundsätzlich nur dann ab, wenn die Vorderräder geradeaus gerichtet sind. Sie ersparen sich damit einige Korrekturen beim Wiedereinsetzen.

den Schlüssel herausziehen und ohne Schlüssel in das Schloßteil einführen. Den Schließzylinder nicht mit Gewalt einsetzen.

Drehmoment der Lenkradmutter: 50 Nm = 5 mkg.

Der Zeitaufwand beträgt etwa 45 Minuten.

Sicherungsbelegung

VW-Käfer ab August 1979

In der Reihenfolge der Nummerierung auf dem Deckel für die Sicherungsleiste:

1 Schlußlicht links
2 Schlußlicht rechts, Standlicht, Kennzeichenleuchte
3 Abblendlicht links
4 Abblendlicht rechts
5 Fernlicht links, Fernlichtkontrolle
6 Fernlicht rechts
7 (frei)
8 Warnlichtanlage
9 Innenleuchte
10 Scheibenwischer, Heckscheibenbeheizung (Steuerstrom)
11 Bremsleuchten, Signalhorn
12 Blinkleuchten, Kraftstoffanzeige, Kontrollampen für Generator, Öldruck und Blinker

Sicherung 9 und 10 = 16 Ampere; alle anderen Sicherungen = 8 Ampere.

Einzelsicherungen in Sicherungshaltern:

Heckscheibenbeheizung (Arbeitsstrom) = 8 Ampere (unter der Rücksitzbank).
Rückfahrleuchten = 8 Ampere (im Motorraum am Gebläsegehäuse).

Praxistip

- Wenn eine Sicherung durchgebrannt ist, sollten Sie immer als erstes nach den Ursachen für den Schaden suchen. Ist beispielsweise ein Kurzschluß vorhanden, brennt die Sicherung sofort wieder durch.
- Sicherungen niemals mit Metallstreifen, etwa aus einer Zigarettenschachtel, reparieren. Sie riskieren dabei einen Schmorschaden bzw. sogar einen Fahrzeugbrand.

VW-Käfer ab Modelljahr 1969

1 Kraftstoffanzeige, Blinkanlage, Horn, Heckscheibenbeheizung (Steuerstrom); für die Arbeitsstrom-Leitung der Heckscheibenbeheizung befindet sich unter der Sitzbank eine 8 Ampere-Schwebesicherung
2 Scheibenwischer, Bremslicht
3 Fernlicht links, Fernlichtkontrolle
4 Fernlicht rechts
5 Abblendlicht links
6 Abblendlicht rechts
7 Standlicht links, Schlußlicht links
8 Standlicht rechts, Schlußlicht rechts, Kennzeichenbeleuchtung
9 Warnlichtanlage, Lichthupe, Innenleuchte
10 Radio

Außenleuchten

Hierzu gehören beispielsweise das Abblend-, Fern- und Standlicht sowie die Rückleuchten. Als geübtem Do-it-yourselfer brauchen wir Ihnen sicherlich das Ersetzen von Glühlampen nicht zu erklären. Bei Störungen ist auch hier wieder die entsprechende Sicherung und die Spannung am Lampenkontakt zu prüfen. Ist beides in Ordnung, sollten Sie die Lampe herausnehmen und prüfen, ob an der Kontaktfahne Strom vorhanden ist. Vielfach sind schadhafte Glühlampen auch an der durchgebrannten Glühwendel zu erkennen. Ist die Wendel noch intakt, kann auch eine Korrosion zwischen Lampe und Fassung Ursache für die Störung sein. Dazu die Glühlampe herausnehmen und mit feinem Schmirgelpapier reinigen; ebenso die Fassung säubern.

Bremslicht instandsetzen
Bremslichtschalter F in Strompfad 30, 31 und 32
Lampen M2 und M4 in Strompfad 32 und 30

Zunächst ist zu prüfen, ob die Sicherung S 11 in Ordnung ist und ob Spannung an den Lampenkontakten anliegt. Dann sind die Glühlampen selbst zu prüfen. Brennt nur eine der Bremsleuchten nicht, ist wahrscheinlich die andere Lampe defekt bzw. Korrosion an der Lampenfassung vorhanden.

Brennen beide Lampen nicht, bei eingeschalteter Zündung das Kabel des Bremslichtschalters am Hauptbremszylinder abziehen.

Zur Arbeitserleichterung das vordere linke Rad abnehmen. Die beiden Flachstecker miteinander verbinden. Leuchten die Bremslichter auf, ist der Bremslichtschalter defekt und muß ersetzt werden.

Für das Instandsetzen des Bremslichtes benötigen Sie etwa 35 Minuten.

Leuchten die Lampen nicht, mit der Prüflampe untersuchen, ob Spannung bzw. Masse vorhanden ist. Den Stromverlauf entsprechend dem Schaltplan über die Sicherung bis zum Zündanlaßschalter verfolgen.

Fahrzeuge mit Zweikreis-Bremsanlage besitzen zwei Bremslichtschalter, die entsprechend der Beschreibung separat geprüft werden müssen.

Zweikreis-Bremskontrolleuchte prüfen

Bei eingeschalteter Zündung muß die Warnlampe aufleuchten. Bei laufendem Motor erlischt die Warnlampe. Leuchtet die Lampe nicht wie beschrieben auf, so ist sie zu ersetzen.

Leuchtet die neu eingesetzte Lampe ebenfalls nicht auf, so muß die komplette Kontrolleuchte ausgebaut werden.

Lampe für Zweikreis-Kontrolleuchte ersetzen

Das Fenster mit dem Bremssymbol ausrasten. Ein Stück Gummischlauch mit etwa 5 mm Durchmesser auf die Glühlampe schieben und die Lampe herausziehen.

Der Einbau erfolgt in umgekehrter Reihenfolge.

Kontrolleuchtenfassung prüfen

Die Leitung zur Klemme K (rotes Kabel) an der Flachsteckerführung zu den Bremslichtschaltern abziehen und mit der Sicherungsdose (Klemme 30) verbinden. Hier erhält die Klemme K Spannung; dabei muß die Warnlampe aufleuchten. Ist dies nicht der Fall, ist die komplette Kontrolleuchte zu ersetzen.

Kontakt für Warneinrichtung überprüfen

Den Fahrzeugmotor anlassen. Den Mehrfachstecker vom Bremslichtschalter des vorderen Bremskreises abziehen. Am hinteren Bremskreis (Steckverbindung nicht abziehen) werden die beiden Kontakte 81 und 82a überbrückt. Jetzt muß die Zweikreis-Bremskontrollampe aufleuchten. Betätigt man jetzt die Fußbremse (die beiden Kontakte bleiben verbunden), muß die Bremskontrolleuchte erlöschen. Die Steckverbindung am vorderen Bremslichtschalter aufsetzen und die Prüfung an diesem Schalter wiederholen.

Leuchtet bei einer Prüfung die Zweikreis-Bremskontrolleuchte nicht auf, so ist derjenige Bremslichtschalter zu erneuern, bei dem gerade die Steckverbindung aufgesetzt war.

Blinkeranlage und Warnlichtanlage prüfen und instandsetzen

Blinkerwarnlicht-Relais prüfen

Bei ausgeschalteter Zündung die Plus-Klemme des Relais bzw. +49 (je nach Hersteller gibt es hier unterschiedliche Bezeichnungen) direkt mit der Klemme 30 verbinden. Schaltet man jetzt den Blinkerschalter rechts oder links ein, müssen die entsprechenden Blinkerlampen aufleuchten. Der Fehler ist dann im Warnlichtschalter zu suchen. Bei nicht aufleuchtenden Lampen ist der Blinkerschalter zu prüfen.

Warnlichtschalter prüfen

Den Warnlichtschalter bei abgeklemmter Batterie ausbauen. Mit dem Ohmmeter die Klemme 30 und die Plus-Klemme auf Durchgang prüfen; dabei ist der Schalter eingeschaltet. Weiter die Klemme 49a gegen R (rechts) und gegen L (links) ebenfalls auf Durchgang prüfen. Zeigt das Ohmmeter einen von Null abweichenden Wert an, so ist der Warnlichtschalter zu erneuern.

Blinkerschalter prüfen

Die Steckverbindung am Lenkschalter abziehen bzw. die schwarz-grün-weiße Leitung 54 BL, die zum Blinkerschalter führt, trennen. Mit einem Ohmmeter von der Klemme 54 BL des Blinkerschalters über die Klemme R und L jeweils den Durchgang messen. Bei einem von Null abweichenden Widerstand ist der Blinkerschalter zu ersetzen.

Bleibt bei Betätigung des Blinkerschalters die Kontrollampe aus, obwohl die Blinklampen funktionieren, sind die Fassungen der eingeschalteten Blinkleuchten auf Korrosion zu untersuchen und zu reinigen; gegebenenfalls Kontaktspray verwenden.

Kontrollieren Sie auch die Blinkerlampen-Bestückung; es ist je eine Kugellampe 12 Volt, 21 Watt vorgeschrieben.

Praxistip

- Beim Einsetzen von Glühlampen den Glaskolben nicht mit den Fingern berühren. Am besten das Verpackungsmaterial beim Einsetzen um die Lampe legen.
- Werden noch funktionsfähige Glühlampen aus der Fassung genommen, um Korrosion zu beseitigen, die Lampen vorsichtig herausnehmen, damit der Glaskolben nicht an der Fassung abbricht.
- Zweifaden-Lampen für Fahr- und Fernlicht (Hauptscheinwerfer) immer so einsetzen, daß die Fixiernase der Lampenfassung unten in die Reflektoraussparung paßt. Die mittlere Steckerfahne der Lampe (Kontakt 56B) steht oben.
- H4-Lampen passen nicht in das Scheinwerfergehäuse für normale Bilux-Lampen. Falls Sie Ihr Fahrzeug mit H4-Lampen ausstatten wollen, ist ein kompletter Scheinwerfersatz zu verwenden.

Karosserie

Karosseriespengler und Autolackierer gelten in ihrer Branche als Spezialisten. Arbeiten an Lack und Blech sind deshalb entsprechend teuer. Was liegt also näher, als solche Reparaturen selbst auszuführen oder gar einen billigen Unfall-Käfer wieder aufzubauen.

Der VW-Käfer macht es dem Do-it-yourselfer leicht, Karosseriearbeiten selbst auszuführen, da alle vier Kotflügel geschraubt sind und durchaus in Eigenleistung

Praxistip

Schweißarbeiten sind immer nach Herstelleranweisung auszuführen. Dazu werden heute ausschließlich Schutzgas- und Punktschweißgeräte eingesetzt. Für den Hobbybereich kommen solche Arbeiten nicht in Frage.

Stellen Sie beispielsweise nach der Demontage der Kotflügel fest, daß der Radlauf im Bereich der Endspitzen vorne bzw. die Stoßstangenbefestigung oder der Boden der Reserveradaufnahme stark verrostet ist, sollten Sie diese Teile in jedem Fall neu einschweißen lassen, wenn dies wirtschaftlich noch vertretbar ist. Zwar könnte man Kotflügel und Hauben auch ohne diese neu eingeschweißten Teile befestigen; jedoch ist dann die Festigkeit des Aufbaues, z. B. bei einem Unfall, nicht mehr gewährleistet. Sie gefährden sich also selbst.

Derart beschädigte Fahrzeuge werden auch vom TÜV nicht mehr abgenommen. Das gleiche gilt, wenn Schweißarbeiten nicht nach den Hersteller-Richtlinien ausgeführt worden sind.

Schweißarbeiten an Rahmenteilen, den Achsen und an Teilen der Lenkung sind absolut unzulässig.

ersetzt werden können. Das gleiche gilt auch für Stoßstangen, Trittbretter, Türen und die beiden Hauben. Bevor Sie aber mit der Arbeit beginnen, lesen Sie die entsprechende Beschreibung sorgfältig durch; denn auch beim Käfer geht es nicht immer ohne Schweißarbeiten ab, vom Können, das beim Lackierer schon eine Kunst ist, einmal ganz abgesehen.

Unsere Empfehlung: Beschäftigen Sie sich intensiv mit der Lackpflege und kleinen Ausbesserungsarbeiten. Hier können Sie schon eine Menge Geld einsparen. Auch beim Wiederverkauf Ihres Autos macht sich die Wagenpflege bezahlt.

Lackpflege

Arbeiten wie Autowaschen und Polieren wollen wir in diesem Buch nicht ausführlich beschreiben; denn diese Arbeiten gehören heute schon zur Routine. Vielfach hat auch die automatische Waschstraße den Schwamm und den Wassereimer verdrängt.

Wir haben unsere Tips in Stichworten zusammengefaßt:

Waschen

Je länger Sie Verunreinigungen auf dem Lack ruhen lassen, um so größer ist die Gefahr, daß der Lack Schaden nimmt. Erwähnen müssen wir an dieser Stelle das Streusalz im Winter. Den Wagen deshalb in dieser Zeit so häufig wie möglich waschen. Dabei viel Wasser verwenden, den Schmutz nicht abreiben, sondern abspülen. Nicht bei jeder Wäsche ist ein Shampoo notwendig. Wird ein Shampoo eingesetzt, nicht in der Sonne waschen; anschließend reichlich nachspülen. Wenn der Wagen äußerlich sauber ist, öffnen Sie die Türen und die Hauben und reiben Sie auch alle Falze und Fugen nach. Solche Stellen sind besonders gefährdet.

Konservieren und Polieren

Der Lack ist eine Beschichtung für das Blech, die leider nicht ganz so dicht ist, wie man sich das wünschen könnte. Um das Eindringen aggressiver Medien zu verhindern, sollte der Wagen regelmäßig konserviert werden, z. B. mit einem Zusatz im zweiten Waschwasser oder aber durch Abreiben mit einem Pflegemittel aus dem V.A.G-Programm.

Praxistip

- Lackpflegemittel sind in aller Regel siliconhaltig. Die Mittel deshalb von den Scheiben fernhalten. Tücher und Schwämme, die für die Lackreinigung eingesetzt wurden, nicht zum Scheibenputzen verwenden. Mit Silicon verunreinigte Scheiben müssen mit einem Siliconentferner beseitigt werden, um die Schlierenbildung bei Regen zu verhindern.

- Teure Wundermittel für den Lack haben in Tests ihre Wirksamkeit noch nie bewiesen. Hier gilt der Grundsatz; je größer das Werbeversprechen, um so wahrscheinlicher ist es, daß ein normales Pflegemittel aus dem V.A.G-Programm den gleichen Nutzen für weniger Geld bringt.

Hingegen sollte der Wagen nur dann poliert werden, wenn der Lack matt ist und diese stumpfe Schicht abgetragen werden soll. Ein leichtes Überpolieren ist auch dann sinnvoll, wenn Kratzer (z. B. am Türgriff) auftreten. Für besondere Verunreinigungen, wie durch Teer oder Insekten, gibt es speziell abgestimmte Entferner (ebenfalls aus dem V.A.G-Programm).

Beachten Sie in jedem Fall die Gebrauchsanweisungen auf den Verpackungen. Schädlich sind beispielsweise die immer wieder zu beobachtenden Polier- oder Konservierungsarbeiten im prallen Sonnenschein.

Kleinere Lackschäden

Bei der Wagenwäsche wird nicht nur der Schmutz vom Lack abgetragen, sondern man hat auch gleichzeitig die Möglichkeit, den Lack auf Schäden – besonders an Steinschlag-gefährdeten Stellen – zu kontrollieren. Selbst kleinste Schäden im Lack sind mit Sicherheit nach dem nächsten Winter zu einer größeren Roststelle geworden. Wichtig ist, daß Sie den Lackschaden ausbessern, bevor sich Rost ansetzt.

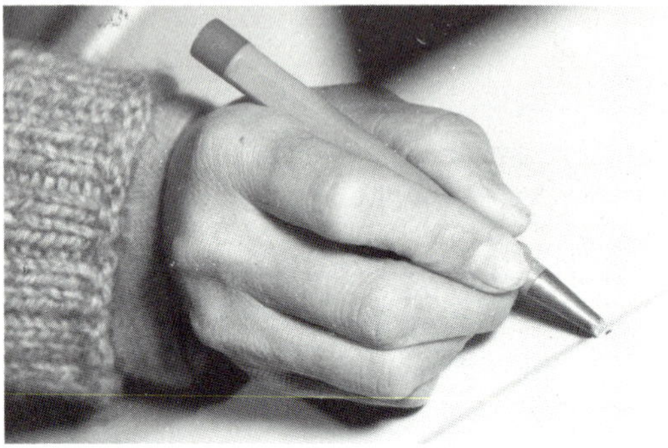

Hat sich Rost gebildet, benutzen Sie zunächst einen kleinen Schraubenzieher oder einen Glasfaserradierer (aus dem Schreibwarengeschäft) und reinigen die beschädigte Stelle von Rostansätzen.

Achtung: Dabei nicht den gesunden Lack beschädigen, jedoch den Lack so weit abtragen, bis eine eventuell vorhandene Aufblühung beseitigt ist.

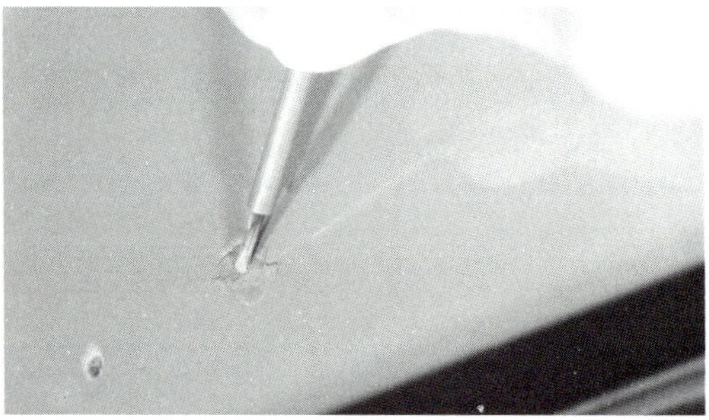

Nun mit einem kleinen Pinsel einen Tupfer Spezial-Korrosionsschutz-Grundierung ALN 747 003 oder aus der Spraydose L 014 103 auftragen und trocknen lassen. Nach dem Trocknen einen Tupfer Originallack aufbringen, so daß die Schadstelle gut ausgefüllt ist. Eventuell den Vorgang mehrfach wiederholen.

Nach einigen Wochen kann die Reparaturstelle durch Polieren korrigiert werden.

Praxistip

- Lackstifte und Spraydosen vor dem Gebrauch gut schütteln, damit der Farbton stimmt.
- In der Original VW-Spraydose ist im Deckel sowohl ein kleiner Lackierpinsel als auch Spachtelmaterial für kleinere Schäden untergebracht. Zum Ausbessern den Lack in den Deckel der Dose sprühen und von dort aus die schadhafte Stelle abtupfen.
- Lackierarbeiten nur an trockenen und warmen Tagen ausführen, damit der Erfolg nicht nur kurzfristig eintritt. Kaltes und feuchtes Blech rostet nach kurzer Zeit wieder nach.

Bei Ihrem V.A.G-Betrieb gibt es für kleinere Ausbesserungsarbeiten Lackstifte als Originalteil.

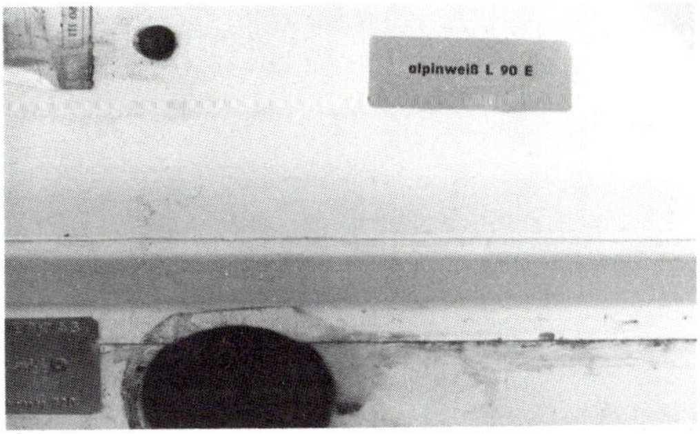

Die richtige Lacknummer und die entsprechende Bezeichnung finden Sie auf einem Klebeschild im vorderen Kofferraum.

Wichtiger Hinweis: Arbeiten Sie mit einem Glasfaserradierer nicht oberhalb Ihres Kopfes, damit keine Glasfasern in die Augen geraten.

Ausbeulen

Beim Ausbeulen und Lackieren von Blechteilen beginnt in diesem Handwerk eigentlich schon die Kunst. Es ist manchmal schon recht erstaunlich, was Spengler und Lackierer leisten, wenn sie ein Unfallfahrzeug wieder aufbauen und anschließend lackieren.

Sie selbst können kleine Beulen durchaus versuchsweise einmal selbst ausrichten. Vielleicht versuchen Sie sich an einem Probeblech, bevor Sie eine Beule an Ihrem Fahrzeug beseitigen und den Schaden dann mit einer Spraydose überlackieren.

Unsere Vorgehensweise ist nur eine grobe Richtschnur. Jeder Handwerker verfolgt hier gerne seine eigene Technik, die mit größeren und kleineren Tricks gewürzt ist.

Praxistip

Ist eine Beule von hinten nicht erreichbar, kann sie mit einem Trick herausgeholt werden. Drehen Sie eine Blechschraube in das Blech und versuchen Sie, die Beule mit einem Nageleisen oder Zimmermannshammer herauszuholen. Die Beule kann am Zurückspringen gehindert werden, wenn man den Beulenrand vorsichtig mit einem Stahlhammer streckt.

Zunächst die Beule großflächig herausdrücken. Benutzen Sie dazu ein kräftiges Montiereisen und legen Sie zwischen Blech und Montiereisen ein Stück Holz, damit im Blech keine herausstehenden Spitzen entstehen. Ist das Blechteil in seiner ganzen Kontur, z. B. an der Kotflügel-Außenkante, verzogen, lohnt sich das Ausbeulen in aller Regel nicht. Hier ist ein Neuteil die bessere Lösung. Korrigieren Sie als nächstes die Beule durch Klopfen mit einem Hammer.

Achtung: Stahlhämmer strecken das Blech; deshalb lieber einen Kunststoff- oder Gummihammer einsetzen.

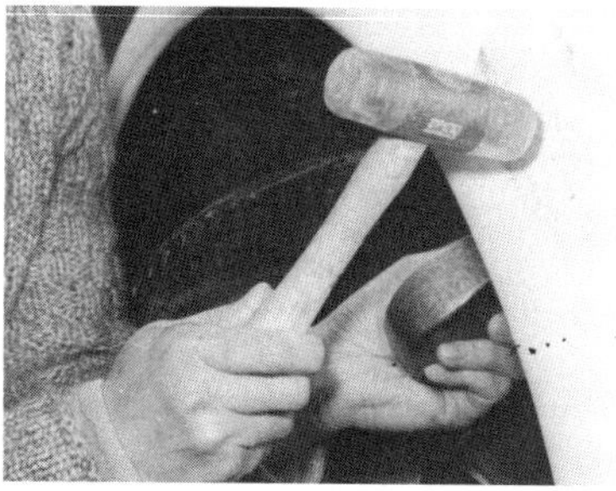

Die zu bearbeitende Stelle wird beim Ausbeulen immer von hinten mit einem Gegenstück abgestützt (z. B. ein Holzklotz oder auch ein Spezialformstück aus einem speziellen Ausbeulwerkzeugkasten). Das Blech darf dabei nie über die normale Kontur zu weit herausgedrückt oder herausgeschlagen werden. Lieber etwas unter »Niveau« bleiben.

Spachteln

Die Beule mit einem groben Schleifpapier (Körnung 120) leicht anrauhen und fettfrei machen.

Die Beule wird dann gespachtelt. Empfehlenswert sind Kunststoffspachtel mit Härter. Nehmen Sie eine ausreichende Menge Spachtel aus der Dose heraus und mischen Sie den Härter entsprechend der Bedienungsanleitung gut in die Spachtelmasse ein.

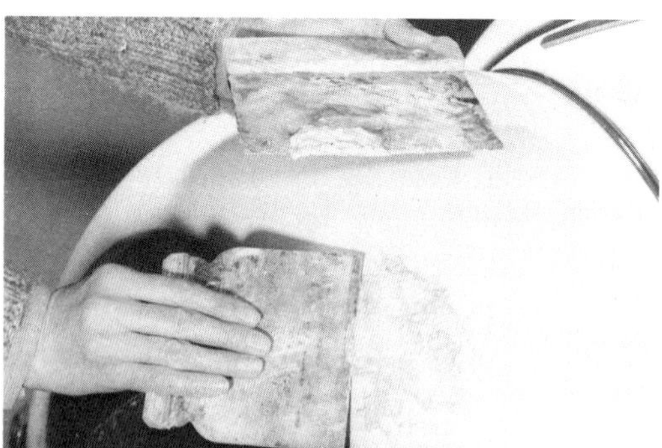

Die Beule nun großflächig zuspachteln. Benutzen Sie dazu keinen zu kleinen Spachtel. Empfehlenswert sind elastische Spachtelwerkzeuge, die sich der Kontur des Blechteiles anpassen. Den Spachtel nur so lange ausziehen, bis die Härterwirkung einsetzt.

Dann die Masse ruhen lassen und grob verschleifen (Schleifpapier-Körnung etwa 240). Den Spachtelvorgang noch einmal wiederholen und dabei etwas mehr auftragen, als die vorgesehene Kontur eigentlich erfordern würde.

Schleifen

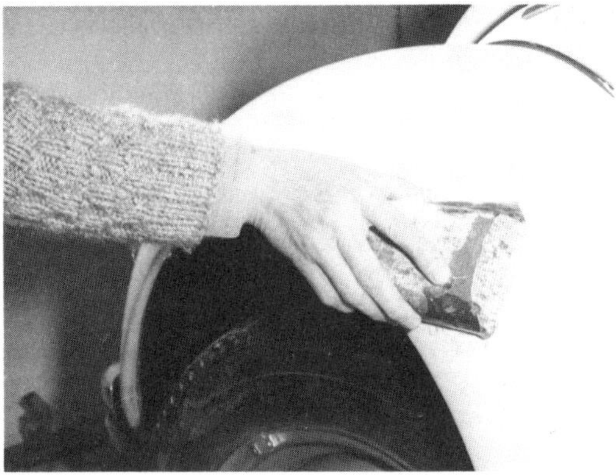

Nach dem Aushärten beginnt der Naßschliff (Naßschleifpapier-Körnung 360 oder feiner). Das Schleifpapier legen Sie um einen Handschleifklotz (aus dem Malergeschäft) und benetzen die zu schleifende Fläche gut mit Wasser. In regelmäßigen Abständen wird das Schleifpapier in einem Wassereimer immer wieder ausgewaschen.

Die Spachtelmasse wird jetzt solange »niedergeschliffen«, bis die gewünschte Kontur des Blechteiles wieder erreicht ist. Stellen sich dabei im Lack kleinere Löcher oder Schleifspuren ein, muß hier nachgespachtelt werden. Bedenken Sie, daß der Lack keine Löcher ausgleichen kann.

Lackieren

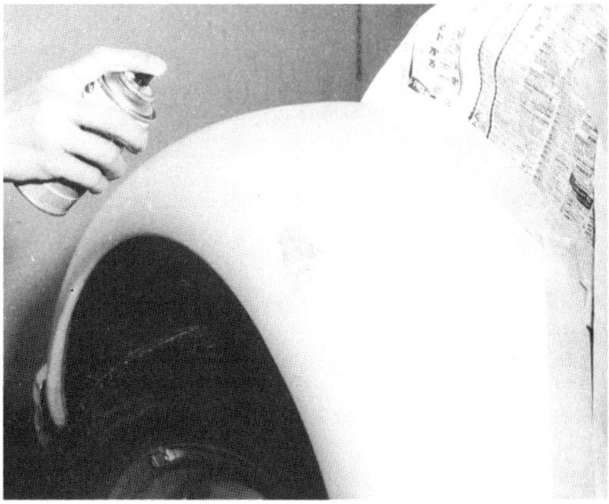

Zum Lackieren das Blechteil gut abtrocknen und mit Verdünner abreiben (fettfrei machen). Die Spraydose gut durchmischen und im sogenannten Kreuzgang die geschliffene Stelle zunächst vorlackieren. Dabei sind noch die angeschliffenen Teile des Bleches zu erkennen. Etwa 5 Minuten antrocknen lassen und dann fertig lackieren.

Achtung: Nicht zu viel Lack auftragen, damit keine Tropfnasen entstehen.

Die nicht zu lackierenden Blechteile werden mit Krepp-Klebeband und Zeitungen abgeklebt. Empfehlenswert ist es, beim Abkleben eine Karosserienaht (Kotflügelkante oder ähnliches) als Grenze für die Lackierung auszusuchen, damit Lackübergänge nicht bemerkt werden. Wurde z. B. auf einer Haube mitten in der Lackfläche ausgebessert, ohne daß die ganze Haube lackiert wurde, sollten die Übergänge beim Lackieren fließend bis in den alten Lack sein.

Nach einer Trocknungszeit von einigen Wochen können dann die rauhen Ränder der Sprühlackierung mit Politur oder Schleifpaste behandelt werden.

Chrompflege

Zum Glück sind die Chromteile in den letzten Jahren immer mehr durch pflegeleichte Teile, z. B. Eloxal- oder Kunststoffteile, ersetzt worden. Beschäftigen Sie sich aber mit Türgriffen, Radkappen und Stoßstangen genauso intensiv wie mit dem Lack. Nur ein Chrompflegemittel verhindert, daß Ihre Radkappe schon nach dem ersten Salzbad im Winter mit Ausblühungen reagiert.

Vordere und hintere Stoßstange ersetzen

Bei der vorderen Stoßstange trennen Sie zunächst die Stromversorgung für die Blinkerleuchten im Kofferraum rechts und links. Die beiden Kabeln werden durch die Gummitüllen hindurch ins Radhaus gedrückt und dann durch die Öffnungen der Stoßstangenhalter nach vorne gezogen. Ist allerdings ein Blinker unbeschädigt geblieben, braucht die Steckverbindung nicht getrennt zu werden. Es genügt, wenn man das Blinkerglas herausschraubt, das Gehäuse aus der Stoßstange herausdrückt und dann durch Verkanten das Gehäuse hinter die Stoßstange legt. Kontrollieren Sie gleich bei dieser Gelegenheit den Zustand der Kunststoff-Spreizdübel, die sowohl das Blinkerglas als auch das Blinkergehäuse in der Stoßstange festhalten.

Bei älteren Fahrzeugtypen befindet sich der Blinker auf dem Kotflügel, so daß sich diese Arbeiten erübrigen.

Achtung: Die Stoßstangenschrauben gut von außen andrücken, damit sich die Schraube im Vierkantloch der Stoßstange nicht mitdreht. Falls diese Panne passiert, die Schraube mit dem Meißel abschlagen oder absägen.

Die Stoßstange abschrauben:

- Mit den Stoßstangenhaltern, wenn diese beschädigt wurden oder ein Kotflügel erneuert werden muß. Die Schrauben dazu befinden sich jeweils hinter dem Kotflügel.
- Ohne die Stoßstangenhalter, wenn nur der Stoßfänger selbst erneuert werden soll. Die Schrauben erreichen Sie am besten mit einer Nuß und der Knarre im Stoßstangenprofil innen.

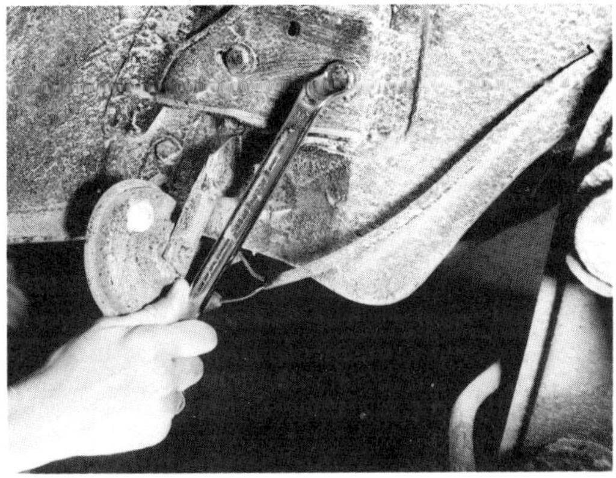

Der Einbau erfolgt in umgekehrter Reihenfolge.

Wenn Sie Ersatzteile kaufen, besorgen Sie sich gleich neue verchromte Stoßstangenschrauben, weil die alten erfahrungsgemäß wegen des meist beschädigten Vierkants sich nicht wieder verwenden lassen. Vergessen Sie auch nicht das schwarze Dekorband, das vorher in das Stoßstangenprofil eingeklebt wird, bzw. verwenden Sie das alte Gummiband wieder, falls dieses montiert war.

Der Zeitaufwand beträgt etwa zwischen 25 Minuten und 1 Stunde.

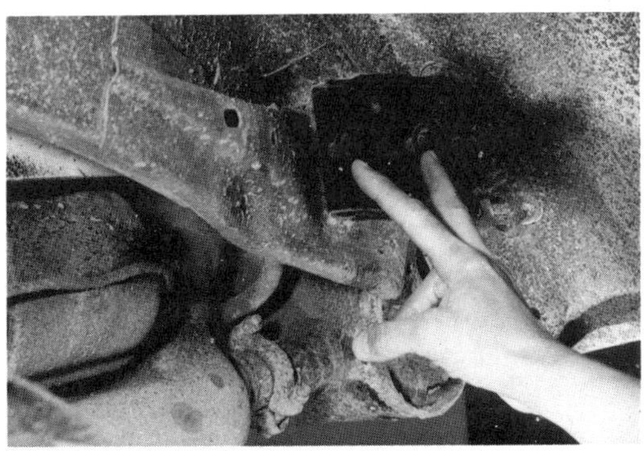

Der Ein- und Ausbau der hinteren Stoßstange entspricht dieser Beschreibung. Allerdings entfällt hier der Aufwand für den Ab- und Anbau der Blinker.

Vorderen und hinteren Kotflügel ersetzen

Wenn die Stoßstangen demontiert sind, können auch die Kotflügel vorne und hinten erneuert werden.

Am besten Sie bestellen die Kotflügel bei Ihrem V.A.G-Händler gleich fertig lakkiert. Eine Lackierung aus der Spraydose ist wegen der großen Fläche nicht ratsam. Meistens ist das Arbeitsergebnis recht enttäuschend.

Der Zeitaufwand beträgt jeweils etwa 1 Stunde und 25 Minuten.

Kotflügel ausbauen

Das Fahrzeug auf der betreffenden Seite aufbocken und das Rad abschrauben. Die Stoßstange mit dem Halter ausbauen, ebenso den Scheinwerfer mit Zierring abnehmen. Der Scheinwerfer selbst ist durch Herausdrehen der drei Blechschrauben (zwei Schrauben oben, eine Schraube unten) zu entfernen. Die Glühlampe bleibt dabei im Gehäuse; deshalb den Mehrfachstecker abziehen und die Standlichtverbindung trennen. Den Dreifachstecker des Hauptscheinwerfers von den Kabelsteckern lösen. Dazu mit einem kleinen Schraubenzieher in die Schlitze der Flachstecker seitlich hineindrücken und die Sicherungsnasen vom Kunststoffgehäuse abbiegen. Die Kabel nacheinander herausziehen.

Praxistip

- Vorsicht: Karosserieteile können scharfkantig sein – Verletzungsgefahr!
- Es kann sein, daß die Befestigungsschrauben des Kotflügels festgerostet sind. Deshalb einige Tage vor dem Demontieren vom Kofferraum aus – soweit erreichbar – die Schrauben mit Rostlöser behandeln.
- Schwergängige Schrauben durch Vor- und Zurückdrehen vorsichtig lösen.
- Abgerissene Schrauben ausbohren und das Gewinde nachschneiden. Bedenken Sie, daß die Gesamtfestigkeit der Kotflügel-Verbindung, z.B. bei einem Unfall, nicht gewährleistet ist, wenn einige Schrauben nicht erneuert werden.
- Grundsätzlich alle Gewinde nachschneiden und die Schrauben beim Ansetzen einfetten oder einölen.

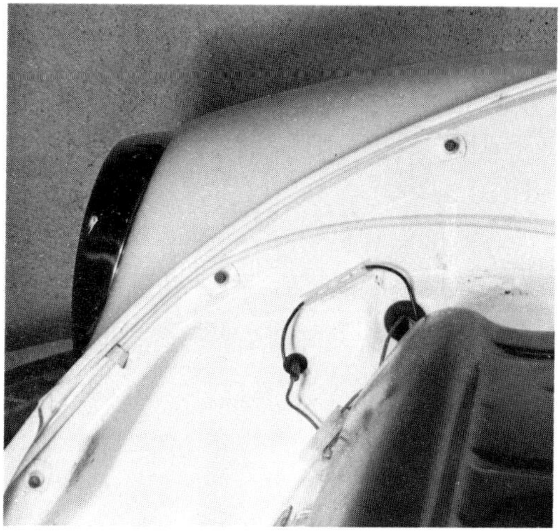

Um Verwechslungen zu vermeiden, sind die Kabel mit Klebeband zu versehen und zu bezeichnen. Den Kabelsatz durch die Gummitülle in das Radhaus drücken.

Im Radhaus alle Schrauben der Kotflügelbefestigung herausdrehen. Ebenso wird die Verbindung zum Trittbrett durch Lösen einer Schraube (mit Gummizwischenlager) demontiert.

Kotflügel anbauen

Die Montage erfolgt in umgekehrter Reihenfolge. Vorher müssen Sie noch zwei wichtige Arbeiten ausführen:

1. Alle Kotflügelanlagekanten sorgfältig entrosten.

2. Die gereinigten Flächen mit Zinkstaubfarbe einstreichen und abschließend mit Decklack versehen. Meistens lösen sich dabei Lackteile, die vom Kotflügel und vom Keder (= der Randverstärkung) nicht mehr abgedeckt werden, also später sichtbar werden. Deshalb sorgfältig arbeiten.

Hinweis: Der neue Kotflügel sollte innen mit einem Unterbodenschutz versehen werden (vor der Montage auftragen). Dazu das lackierte Teil vorsichtig auf eine alte Decke legen, um Lackschäden zu vermeiden. Nach der Montage die Kanten der Schraubverbindung unter dem Kotflügel noch einmal mit Unterbodenschutz behandeln.

Abschließend den Scheinwerfer, die Blinker und die Stoßstange montieren.

Für die Blinkerbefestigung müssen hier bei älteren Fahrzeugen (Blinker auf dem Kotflügel) die Bohrungen für das Blinkergehäuse gebohrt werden. Beim Einsetzen des Scheinwerfersteckers die Kabel nicht verwechseln. Beim Blick von hinten auf die Glühlampe ist der rechte Stecker der Masseanschluß (braunes Kabel). Der obere Stecker (Anschluß 56b) ist das Abblendlicht (bei den meisten Fahrzeugen ein schwarz-gelbes Kabel). Der rechte Anschluß (56a = Fernlicht) hat ein schwarz-weißes Kabel. Nach der Montage die Scheinwerfereinstellung prüfen.

Die Arbeiten am hinteren Kotflügel entsprechen dieser Beschreibung. Hier ist allerdings die Kombinationsleuchte anstelle des Scheinwerfers umzurüsten. Auch hier würden wir, um Verwechslungen auszuschließen, die Kabel mit Klebeband markieren und bezeichnen.

Für das Ersetzen eines Kotflügels benötigen Sie etwa 1 Stunde und 20 Minuten.

Einsteigverkleidung ersetzen

Die Einsteigverkleidung – praxisgerecht häufiger als Trittbrett bezeichnet – wird mit je einer Schraube am vorderen und hinteren Kotflügel und mit mehreren Schrauben entlang des Einstiegs gehalten.

Die Demontage brauchen wir nicht näher zu beschreiben, denn die Schrauben erkennen Sie unter dem Trittbrett auf den ersten Blick.

Der Wagen muß zum Ausbau nicht unbedingt aufgebockt werden. Der Anbau ist aber meist recht schwierig, weil die Schrauben am Einstieg häufiger abreißen und somit die Gewindelöcher ausgebohrt und nachgeschnitten werden müssen. Wenn Sie ein neues Teil kaufen, bringen Sie am besten gleich einen neuen Satz Schrauben samt Zierleisten und den Gummibelag des Trittbrettes mit. Die alten Teile werden beim Zerlegen des Trittbrettes meist beschädigt. Die Mühe des Zerlegens können Sie sich also sparen. Das gleiche gilt auch für den Weg zum Schrotthändler;

denn die hier zu findenden Trittbretter sind in aller Regel genauso verrostet wie das, was Sie gerade abgeschraubt haben.

Vor der Montage des neuen Trittbrettes den Gummibelag mit einem Allzweckkleber befestigen und die Zierleiste anbringen. Die Zierleistenklammern werden mit einer Zange um 45° gedreht; die Zierleiste dabei gut andrücken. Bei dem Anbau die Gummischeibe zwischen dem Kotflügel nicht vergessen. Das Trittbrett von unten mit Unterbodenschutz einsprühen oder einstreichen.

Der Zeitaufwand beträgt etwa 1 Stunde.

Vordere Haube aus- und einbauen

Die vordere Haube wird mit je zwei Schrauben an den Haubenscharnieren befestigt. Zum Abnehmen brauchen Sie allerdings einen Helfer, damit Ihnen die Haube nicht aus den Händen gleitet und einen Lackschaden auf dem oberen Windlauf verursacht. In jedem Fall sollten Sie diesen Bereich vor der Windschutzscheibe mit einer alten Decke abpolstern.

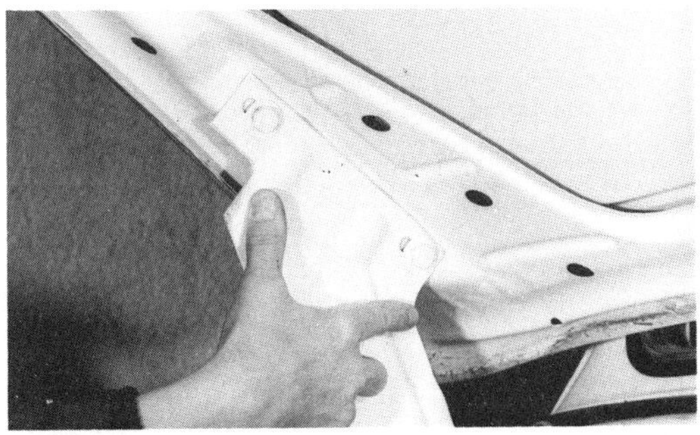

Vor dem Herausdrehen der Schrauben zeichnen Sie die Kontur des Haubenscharniers an der Haube ab, damit bei Wiederverwendung die gleiche Einstellung erreicht wird. Verwenden Sie ein Neuteil, erübrigt sich dieser Hinweis.

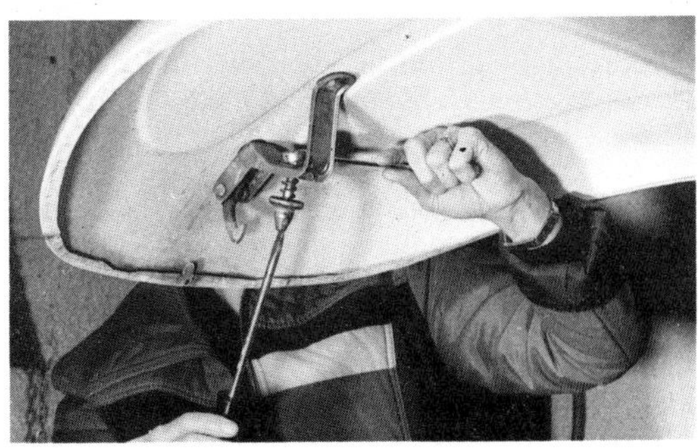

Die neue Haube beziehen Sie am besten wieder als Originalteil, das Sie von dem V.A.G-Betrieb gleich lackieren lassen können. Die Scharniere rechts und links befestigen, ebenso das Schließteil mit Haubengriff.

Vorsicht: Die Haube nicht schließen, sondern langsam in das Schloß gleiten lassen, um zu prüfen, ob die Einstellung korrigiert werden muß. Dazu kann der Schließzapfen in der Haube verstellt werden.

Praxistip

- Bei verklemmter Vorderhaube bedient ein Helfer den Entriegelungshebel im Handschuhfach, während Sie am Haubengriff versuchen, die Haube durch geringfügiges Verwinden nach rechts oder links bzw. nach oben oder unten zu öffnen.
- Als letzte Möglichkeit, die Haube zu öffnen, kann der Deckelgriff von außen entfernt werden. Dazu den Griff in der Mitte durchsägen.

  Achtung: Dabei die lackierte Fläche abdecken (Klebeband anbringen).

  Ein 6 mm-Loch in den Griff bohren, und zwar im Abstand von 38 mm, gerechnet von der Unterkante des Griffes. Jetzt den unteren Griffteil abziehen. Den oberen Teil des Deckelgriffes abdrehen und die Haube öffnen.

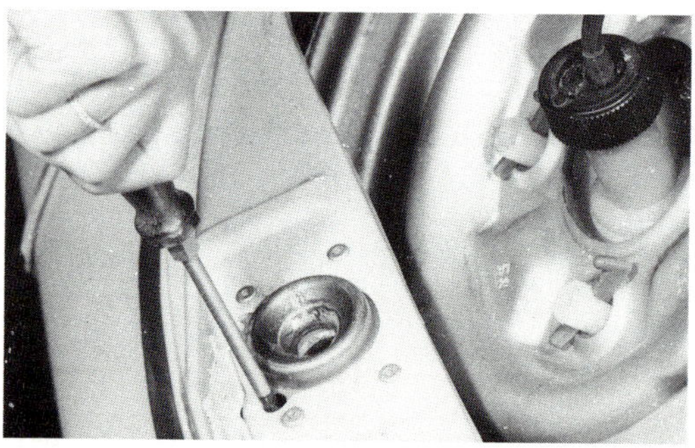

Kontrollieren Sie auch, ob die Betätigung der Haubenentriegelung der Sperriegel im Schloß vollkommen frei wird; gegebenenfalls den Zug neu einstellen. Ein Helfer bedient dabei den Griff der Entriegelung im Handschuhfach, während Sie das Schloßteil am Vorderwagen beobachten.

Die Haube jetzt schließen und den Haubenzug von einem Helfer bedienen lassen. Die Haube muß sich selbsttätig vom Sitz abheben. Ist dies nicht der Fall, das Haubenschloßoberteil (in der Haube) durch Verschieben korrigieren.

Den Haubenzug nach Befestigung eines neuen Haubengriffes erneut prüfen. Achten Sie besonders darauf, daß bei Betätigung des Entriegelungsgriffes im Handschuhfach der Riegel auch tatsächlich gezogen wird. Gegebenenfalls den Griff im Handschuhfach abbohren und den Zug mit der kompletten Betätigung bedienen.

Der Zeitaufwand beträgt etwa 25 Minuten.

Motorhaube ersetzen

Den Luftfilter abnehmen und den Vergaser mit einem Tuch verschließen. Die Kennzeichenleuchte abbauen und die Kabel trennen. Während ein Helfer die Haube hält, lösen Sie die Befestigungsschrauben an den Scharnieren. Die Haube wird jetzt nach oben herausgezogen. Dabei haken die Federn der Deckelarretierung aus.

Bevor Sie die neue Haube aufsetzen, prüfen Sie den Zustand der Gummidichtung; gegebenenfalls sollten Sie diese ersetzen. Dazu die Blechrinne aber nicht aufbiegen, sondern den Gummi mit einem Gleitmittel behandeln und einschieben. Lediglich an den Enden der Führung wird die Blechleiste leicht auf- und später wieder zugebogen.

Die Haube ansetzen; dazu brauchen Sie wieder einen Helfer. Zunächst befestigen Sie die Haube an nur einem Scharnier und setzen dann in schräger Lage der Haube die Haubenfeder ein. Jetzt die Haube andrücken und das zweite Scharnier befestigen. Benutzen Sie in den Inglöchern wieder den Befestigungspunkt, den Sie anhand der alten Markierung erkennen. Das Haubenschloß und die Kennzeichenleuchte einbauen.

Abschließend probieren Sie, ob die Haube genügend auf Spannung sitzt, damit keine Klappergeräusche entstehen. Dazu kann bei älteren Fahrzeugen ein Schließblech in Langlöchern verschoben werden. Neuere Fahrzeuge besitzen an dieser Stelle einen Gummianschlag, der durch Hinein- oder Herausdrehen in der Höhe variiert werden kann.

Der Zeitaufwand beträgt etwa 25 Minuten.

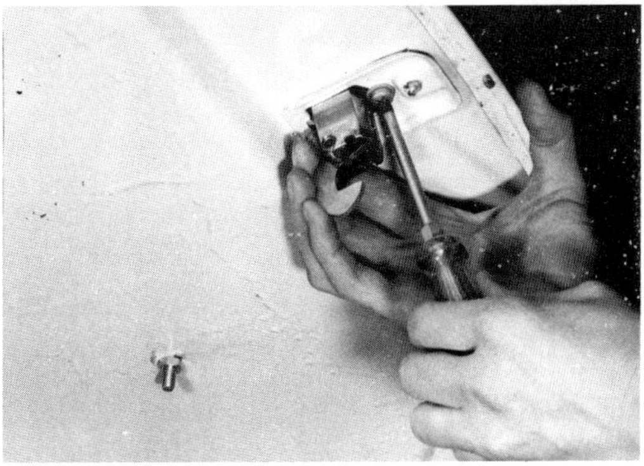

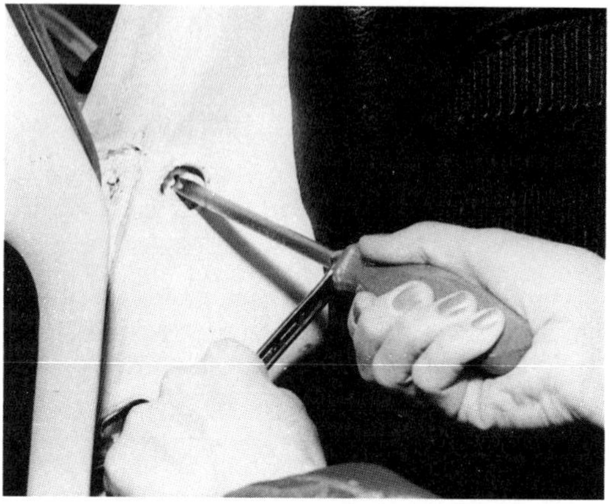

Türen aus- und einbauen

Bevor Sie eine neulackierte Tür bestellen, probieren Sie, ob Sie mit Ihrer Werkzeugausstattung in der Lage sind, die Kreuzschlitzschrauben der Türscharniere zu lösen. Hierzu ist ein großer Kreuzschlitzschraubenzieher notwendig, dessen Klinge mit einem Vierkant ausgestattet ist. Auf diesem Vierkant wird ein Ringschlüssel aufgesetzt, um die entsprechende Kraft aufzubringen. Werkstätten benutzen dazu einen Schlagschrauber.

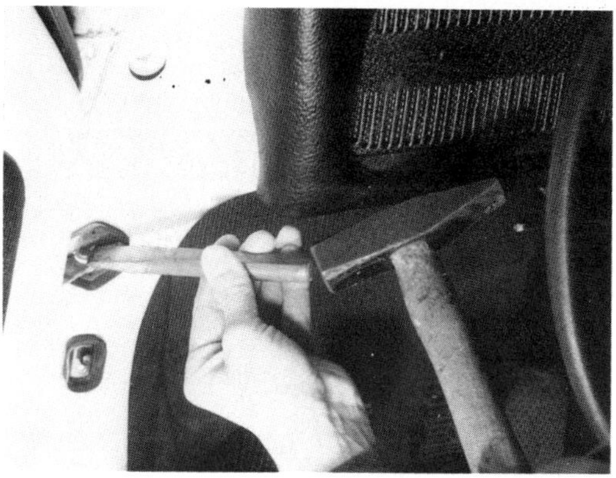

Ist Ihnen diese Arbeit gelungen, die Lage des Scharniers anzeichnen. Benutzen Sie hierfür keine Reißnadel, sondern einen Filzstift. Den Niet des Türhaltebandes herausdrücken. Jetzt die hier zuvor gelösten Befestigungsschrauben der Türhaltebänder herausdrehen. Dabei sollte ein Helfer die Tür festhalten.

Die neue Tür anbauen und die Einbauten übernehmen, wie Fensterführung, Dreieckfenster, Fensterheber, Türdichtung, Türverkleidung, Schloß und Türgriff. Achten Sie beim Anbringen der Türverkleidung darauf, daß die Kunststoffolie zwischen Tür und Verkleidung ringsherum gut mit einem doppelseitigen Klebeband befestigt wird. Im unteren Bereich allerdings wird die Folie in die Tür gesteckt.

Der Zeitaufwand beträgt etwa 2 Stunden und 15 Minuten.

Türen einstellen

Zunächst die Lage der Schließplatte mit einem Filzstift markieren, um später diese Einstellung eventuell wieder finden zu können. Die Schließplatte lösen, aber nur so

Praxistip

- Vorsicht: Bei falscher Einstellung der Türen ist die vorgesehene notwendige Sicherheit während der Fahrt bzw. bei einem Unfall nicht mehr gegeben.
- Ist die gesamte Schließplatte nicht mehr zu verstellen, da die Langlöcher bereits voll ausgenutzt sind, kann man den Schließkeil von der Schließplatte abschrauben und eine etwa 1 mm dicke Unterlage (Blechstreifen) anbringen. Dabei wird die Schließplatte zunächst nicht verändert. Die Tür hat jetzt wieder mehr Vorspannung.

weit, daß sie sich relativ schwer nach innen verschieben läßt; gegebenenfalls mit leichtem Hammerschlag nachhelfen.

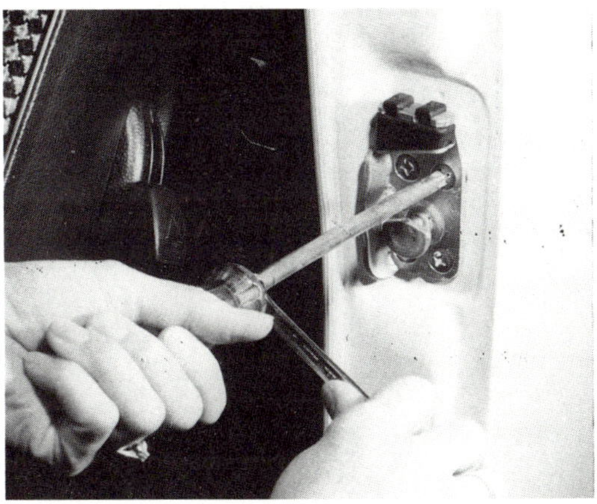

Die Schrauben anziehen, die Türeinstellung prüfen:
- Bei gedrücktem Türgriff muß die Tür ohne größeren Widerstand an der Schließplatte vorbeilaufen.
- Bei losgelassenem Türgriff muß die Tür satt auf Spannung sitzen.

Ist die Tür schwergängig, haben Sie unbemerkt die Schließplatte um die Hochachse gedreht, d.h. die schräge Fläche des Gummischließkeiles sorgt für eine zu hohe Vorspannung. In diesem Fall die Schließplatte im oberen Teil um einige Millimeter nach außen zurücknehmen.

Ein anderer Fehler der Einstellung ist vorhanden, wenn die Tür zwar in der Sicherheitsraste, nicht aber in der Endstufe geschlossen bleibt. Jetzt muß die Schließplatte im oberen Bereich weiter nach innen versetzt werden.

Verriegelung des Ausstellfensters instandsetzen

Bricht der komplette Vorreiber des Dreieckfensters ab, kann dieser ersetzt werden, ohne daß die Scheibe ausgebaut wird.

Dazu werden die Nieten der Vorreiberbefestigung am Ausstellfenster von unten abgebohrt (Bohrer-Durchmesser 3 mm).

Achtung: Die Scheibe nicht beschädigen.

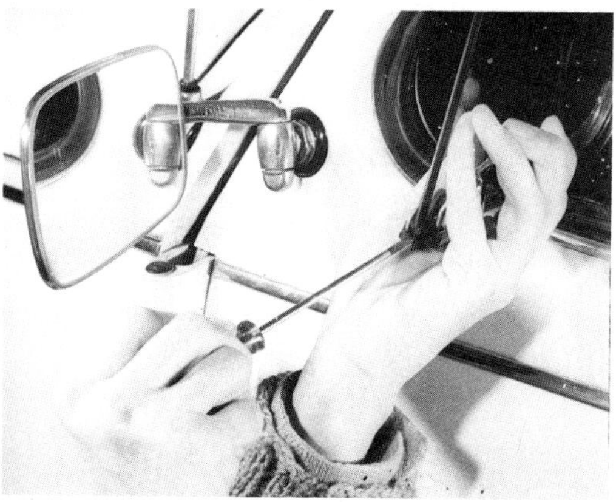

Die Dichtung und den Fensterrahmen mit dem Schraubenzieher etwas aufbiegen und das Vorreiber-Befestigungsblech herausziehen.

Das Neuteil mit einem Gleitmittel, z.B. Glyzerin, einreiben und das Teil einführen. Das Vorreiberblech mit Popblindnieten befestigen (Niet-Durchmesser ca. 3 mm, Schaftlänge der Niete ca. 5 mm). Abschließend die Fugen mit einem Dichtmittel ausstreichen.

Register